页岩气开发基础理论与工程技术丛书

页岩储层结构面及地应力

李　玮　闫　铁　孙文峰　张立刚　等　著

科学出版社
北　京

内 容 简 介

本书从页岩储层结构面及地应力的最新研究成果入手，着重介绍了我国页岩储层孔隙结构、节理、裂缝的发育特征及地应力场扰动，全面总结了页岩储层结构面的识别与描述方法、宏微观多尺度结构系统表征方法、地应力场测试方法与建模、压裂力学机理及储层地应力扰动规律等。全书共 9 章，分别为绪论、页岩储层岩石物理特征、页岩储层结构面发育特征、页岩储层结构面表征方法、页岩储层裂缝系统连通性描述与评价方法、地应力及测试方法、地应力场区域建模、页岩储层水力压裂力学机理、页岩储层地应力场扰动规律，分章节系统论述了页岩储层多尺度结构面发育特征和表征方法、地应力和测试方法，以及压裂裂缝扰动下地应力演化规律。

本书可供高校和科研究所的科研人员及油田现场工程技术人员阅读。

图书在版编目（CIP）数据

页岩储层结构面及地应力/ 李玮等著. —北京：科学出版社，2021.10

（页岩气开发基础理论与工程技术丛书）

ISBN 978-7-03-069860-5

Ⅰ. ①页⋯ Ⅱ. ①李⋯ Ⅲ. ①油页岩–储集层–研究 Ⅳ. ①P618.130.2

中国版本图书馆 CIP 数据核字（2021）第 191769 号

责任编辑：吴凡洁 崔元春 / 责任校对：王 瑞
责任印制：师艳茹 / 封面设计：蓝正设计

科 学 出 版 社 出版
北京东黄城根北街 16 号
邮政编码：100717
http://www.sciencep.com

北京汇瑞嘉合文化发展有限公司 印刷
科学出版社发行 各地新华书店经销
*
2021 年 10 月第 一 版 开本：787×1092 1/16
2021 年 10 月第一次印刷 印张：15 3/4
字数：348 000

定价：238.00 元

（如有印装质量问题，我社负责调换）

作 者 简 介

李玮 教授，博士生导师，“龙江学者”特聘教授，油气钻井技术国家工程实验室高效钻井破岩技术研究室副主任，黑龙江省油气藏压裂改造与评价重点实验室主任，黑龙江省首批头雁团队“油田高效开发及智能化”创新研究团队骨干成员，黑龙江省高等学校“油气钻井高效破岩技术”科技创新团队带头人。

一直从事深部地层破岩机理、钻井提速技术、水力压裂改造等方向的研究工作。主持国家自然科学基金项目等省部级以上项目 15 项；获省部级奖励 7 项，其中省部级一等奖 2 项，省部级二等奖 3 项；获教育部 2012 全国优秀博士论文提名论文、孙越崎青年科技奖、首届“龙江科技英才”特殊支持计划等。发表学术论文 96 篇，SCI 收录 30 篇，EI 收录 22 篇，行业 Top 期刊论文 5 篇；获发明专利授权 32 项。

闫铁 二级教授、博士生导师，东北石油大学研究室主任，黑龙江省“龙江学者”特聘教授，享受国务院政府特殊津贴专家，《东北石油大学学报》主编，中国石油学会石油工程硕士研究生教育认证委员会委员，中国岩石力学与工程学会理事，黑龙江省高等学校“油气钻井高效破岩技术”科技创新团队负责人，国家科学技术奖评审网评专家，国家自然科学基金评审专家，《石油学报》、《石油钻探技术》、《复杂油气藏》和 *Petroleum Research* 等的编委。

先后主持和参加国家重大科技专项、国家自然科学基金等省部级以上项目 30 余项，曾获国家科技进步奖二等奖 1 项，中国石油天然气集团公司和黑龙江省科技进步奖 15 项。在国内外核心期刊发表学术论文 250 余篇，其中被 EI 和 SCI 收录 120 余篇，出版学术专著 3 部；获得专利授权 40 项，其中发明专利 30 项。

孙文峰 博士，讲师。2017 年 12 月东北石油大学石油与天然气工程专业博士毕业，并留校任教。从事高效钻井破岩理论与技术研究，参与国家科技重大专项、国家自然科学基金项目等科研项目 6 项，获省部级科研奖励 1 项。以第一作者或通讯作者发表学术论文 10 余篇；出版学术专著 1 部；获发明专利授权 6 项。

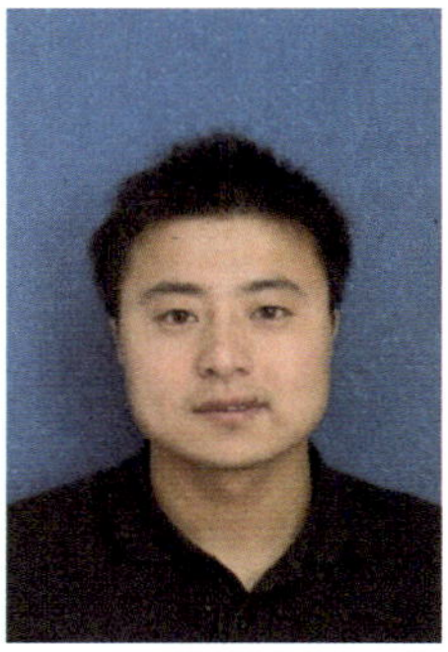

张立刚 教授，博士生导师。东北石油大学石油与天然气工程实验中心主任，《非常规油气》杂志青年编委，国家自然科学基金通讯评审专家，黑龙江省高等学校“油气钻井高效破岩技术”科技创新团队和非常规油气成藏与开发国家重点实验室培育基地骨干成员。

先后承担国家自然科学基金青年科学基金项目、黑龙江省自然科学基金项目、黑龙江省教育厅青年人才项目、“龙江科技英才”培育项目等省部级以上项目 6 项，参与国家自然科学基金重大项目 1 项、国家自然科学基金面上项目 2 项，“十二五”和“十三五”国家重大科技专项 2 项，获得省部级科技进步奖 6 项。发表学术论文 70 余篇，其中被 SCI 收录 11 篇、EI 收录 17 篇，出版学术著作和教材 3 部；获发明专利授权 13 项。

丛书编委会

丛 书 序

作为一个石油人，常常遇到为人类未来担心的人忧心忡忡地问：石油还能用多久？关于石油枯竭的担忧早已有之。1914 年，美国矿务局预测，美国的石油储量只能用 10 年；1939 年，美国内政部说石油能用 13 年；20 世纪 70 年代，美国的卡特总统说：下一个 10 年结束的时候，我们会把全世界所有探明的石油储量用完。事实上，石油不但没有枯竭，而且在过去的几十年里，世界石油储量和产量一直保持增长，这是科技进步使然。

回顾石油的历史，公元前 10 世纪古巴比伦城墙和塔楼的建造中就使用了天然沥青，石油伴随人类已经有 3000 年的历史。近代以来，在许多重大的政治经济社会事件中总会嗅到石油的气息：第一次世界大战，1917 年英军不惜代价攻占石油重镇巴格达；第二次世界大战，盟军控制巴库和中东的石油供应，为最终胜利发挥了巨大作用；1956 年，发生控制石油运输通道的苏伊士危机；1973 年，阿拉伯国家针对美国开始石油禁运，油价高涨 4 倍；1990 年，石油争端引发海湾战争；2008 年 7 月 11 日，国际原油价格创下每桶 147.27 美元的历史新高；2012 年，由于页岩气产量的增长，北美天然气价格降至 21 世纪以来的最低水平，使美国能源格局产生根本性的变化，被称为页岩气革命。

页岩气革命是 21 世纪最伟大的一次能源革命，其成功的因素是多方面的，无疑，水平井技术和分段水力压裂技术做出了最突出的贡献。可是，页岩气的开采早已有之。早在 1821 年在美国纽约弗雷多尼亚就有了第一次商业性页岩气开采，1865 年美国退伍军人罗伯茨就申请了第一个压裂专利，1960 年美国工程师切林顿提出了水平井钻井方案，直到 1997 年，美国米切尔能源公司进行了第一次滑溜水压裂，实现了页岩气盈利性大规模商业开采，页岩气革命的引信被无声地点燃。

为什么早年的页岩气开采、水平井技术、压裂技术没有引发页岩气革命？我以为偶然的发现和片段的奇想固然可喜，但唯有构建完整的科学理论体系和普适的技术规范才使得大规模工业化应用成为可能。过去北美的页岩油气开发是这样，今天中国的页岩油气开发也一定是这样。

与北美相比，中国的页岩储层具有地质构造强烈、地应力复杂、埋藏较深、地表条件恶劣和水资源匮乏等特点，简单照搬北美页岩油气的理论与技术难以实现高效开发，需要系统开展页岩油气开发理论与方法的研究。为此，2011 年国家自然科学基金委员会组织页岩气高效开发重大科学问题研讨会，2014 年设立“页岩油气高效开发基础理论研究”重大项目，该项目以中国石油大学(北京)为依托单位，联合中国石油大学(华东)、西南石油大学、东北石油大学和中石化石油工程技术研究院共同承担。

这个项目基于当前我国页岩油气高效开发的战略需求与工程技术理论前沿科学问题，系统开展页岩油气工程地质力学理论、安全优质钻井技术、储层缝网改造理论和高效流动机理方面的研究，其研究成果涵盖了相关科学问题的诸多方面。例如：在页岩微观表征与断裂方面，分析了入井流体作用下页岩微观各向异性特征和时效规律，建立了考虑天然裂缝尺度与湿润性的页岩压裂缝网扩展模型，研究了毛细管力影响下页岩裂缝网络的扩展特征，为页岩微观断裂提供科学依据；在宏观页岩破坏方面，开展了龙马溪组页岩室内宏观力学行为研究，得到了页岩在压缩应力作用下的 4 个变形阶段，探讨了最大主应力与页理面法线方向夹角对页岩强度、脆性和各向异性的影响，为研究页岩复杂的破坏规律奠定了实验基础；在新型破岩方式方面，借助扫描电镜和CT 图像三维重构技术，开展了淹没条件下水射流冲蚀破岩试验，分析了岩石宏观破坏过程和微观破坏形貌特征，探索了渗流冲击力与页岩破坏程度的关系，研究结果可为水射流提高页岩破碎效率提供理论指导；在水力压裂物理模拟方面，采用真三轴压裂物理模拟的方法，研究了页岩储层压裂过程中的水力裂缝扩展行为和裂缝形态；在页岩气开发机理方面，建立了考虑页岩基岩有机质分布特征和相应运移机制的尺度升级数学模型，探索了吸附能力与渗流尺度模型的关系，对准确描述页岩气的开发动态提供依据。在理论研究的基础上形成了工程地质甜点评价、高性能水基钻井液、全井段缝网压裂、井工厂立体开发等系列方法，并在涪陵、永川和威荣等地区试验应用百余井次。其间建成了我国首个国家级页岩气示范区，页岩气产量由 2 亿 m^3 增加到 109 亿 m^3，实现了深层页岩气勘探开发的重大突破，理论研究为此做出了应有的贡献。相关成果与中石化相结合，获得 2018 年国家科技进步奖一等奖。本丛书是此项研究的部分成果。

这些研究成果的取得与各界人士的支持密不可分。这里我首先要感谢沈平平先生，他是我崇拜的长者，5 年里他主持了 10 余次页岩油气高效开发基础理论的学术讨论，无论是艰深的数学物理模型还是复杂的勘探开发问题，他总是以他丰富的研究经验，给出娓娓的点评、直率的建议。

我还要感谢谢和平院士、彭苏萍院士、高德利院士、李阳院士、李根生院士和张东晓院士，他们自始至终在关心这项页岩油气的研究，并给出许多重要的方向性建议。

感谢丁云宏、冯夏庭、黄桢、黄仲尧、琚宜文、鞠杨、李晓、刘书杰、刘同斌、刘曰武、马发明、石林、孙宁、王欣、王香增、许怀先、张金川、赵亚溥、周德胜、周文、周英操、庄茁等专家，他们多年来与作者在科学理论和工程技术方面许多的讨论和帮助使我们受益匪浅。

感谢我的同行和好友，中石化的曾义金、林永学、蒋廷学、周建等专家，石油高校的赵金洲、姚军、葛洪魁、闫铁、郭建春、李相方、李勇明、金衍、田守嶒、李玮、卢运虎等教授。当工业界专家与高等院校学者密切结合，共同研讨，总能激发自由的想象力，萃取科学性灵，探究缜密的工程细节。这是我们一次非常愉快的合作。

本丛书的出版是国家自然科学基金重大项目“页岩油气高效开发基础理论研究”（项目编号：51490650）资助的结果，在此衷心感谢国家自然科学基金委员会的大力支持。

壳牌公司首席科学家、哈佛大学教授、孔隙弹性力学的奠基人毕奥特在 1962 年获得铁摩辛柯奖的演讲中说："让我们期待科学界人文精神和综合分析风气的复兴，工程科学作为一门专门性的技术学科，不但需要精湛技能、先天优秀的禀赋，还需要社会的认可。现代工程学的本质是综合的，工程师和工科高校在恢复自然科学领域的统一性和核心理念上将会担当重任。"

我们相信，以非常规油气开发为契机，石油工程科学的新气象正在出现！

陈勉

2019 年 10 月 1 日于北京

前　言

我国页岩气资源储量丰富，页岩气产量增长迅速，高效开发页岩气资源对于我国的能源安全和经济建设具有重大意义。但是，我国页岩气勘探开发仍处在起步阶段，钻完井周期长、压裂改造效果不理想、开发成本高等问题普遍存在。要解决上述问题，就需要系统认识页岩储层结构面及地应力特征与测试表征方法。

页岩之所以能够成为天然气储层，就是因为页岩内部大量发育多尺度的孔隙、裂缝等结构面。小到微纳米级孔隙、微裂隙，大到米级的天然裂缝、断层等多尺度结构面，不仅为页岩气提供了储集空间，还为页岩气流向井筒提供了运移通道。不同尺度结构面对页岩气生、储、运的意义不同，识别和表征方法也完全不同，因此，如何识别和表征不同尺度页岩结构面系统显得非常重要，是页岩气高效开发的一个关键问题。另外，页岩储层结构面的广泛发育，造成岩石具有较强的非均质性和各向异性，传统地应力计算模式无法反映页岩储层原地应力和压裂扰动下地应力的物理本质和实际规律，不利于页岩储层压裂施工方案的设计与优化。页岩储层地应力场控制人工改造裂缝的起裂、延伸、转向，同时对页岩井壁的稳定性亦有重要影响，因此，掌握页岩储层地应力场测试、建模方法及扰动规律是页岩气压裂改造增产的一个关键问题。

本书对页岩储层结构面特征及描述方法、地应力及测试方法、地应力场区域建模及扰动规律的现有成果进行系统总结，全面阐述了页岩储层结构面及地应力特征与测试方法，为页岩气资源评价、安全优质钻井、储层压裂改造及多尺度渗流研究提供科学指导。

全书共分为 9 章，第 1 章绪论、第 8 章页岩储层水力压裂力学机理由赵欢编写；第 2 章页岩储层岩石物理特征、第 3 章页岩储层结构面发育特征、第 4 章页岩储层结构面表征方法由孙文峰编写，第 5 章页岩储层裂缝系统连通性描述与评价方法由李玮编写，第 6 章地应力及测试方法、第 7 章地应力场区域建模、第 9 章页岩储层地应力场扰动规律由张立刚编写，全书由李玮、闫铁、孙文峰统稿，闫铁教授审定。

本书由国家自然科学基金重大项目“页岩油气高效开发基础理论研究”（51490650）资助完成，在此表示感谢。

作　者

2020 年 10 月

目 录

第 1 章　绪　　论

1.1　页岩气开发现状

根据能源信息署(EIA)2013 年的评估结果，我国页岩气技术可采资源量达 31.6 万亿 m^3；《页岩气发展规划(2016–2020 年)》提出，根据 2015 年国土资源部资源评价最新结果，全国页岩气技术可采资源量 21.8 万亿 m^3，其中海相 13.0 万亿 m^3、海陆过渡相 5.1 万亿 m^3、陆相 3.7 万亿 m^3，反映出我国页岩气资源储量较大。

2018 年，中国成为继美国和加拿大之后的全球第三大页岩气生产国，页岩气产量约为 109 亿 m^3，累计完成页岩气钻井 898 口，提交探明储量约 1.05 万亿 m^3。其中，中国石油化工集团有限公司(简称中国石化)的页岩气探明储量 7254.92 亿 m^3，产量 66.17 亿 m^3；中国石油天然气集团有限公司(简称中国石油)页岩气探明储量 3200.75 亿 m^3，产量 42.64 亿 m^3。

按照国家能源局发布的《页岩气发展规划(2016–2020 年)》，在政策支持到位和市场开拓顺利情况下，2020 年力争实现页岩气产量 300 亿 m^3，2030 年实现页岩气产量 800 亿～1000 亿 m^3。

国内的页岩气田主要分布于四川盆地和塔里木盆地。根据自然资源部的统计，截至 2018 年 6 月，重庆涪陵页岩气田累计探明地质储量 6008 亿 m^3，成为除北美之外最大的页岩气田，生产页岩气突破 180 亿 m^3。四川威远–长宁地区页岩气累计探明地质储量 1635 亿 m^3。此外，延长油矿在鄂尔多斯盆地，中国地质调查局在贵州遵义正安、湖北宜昌陆续获得页岩气工业气流，实现了页岩气勘探新区、新层系的重大突破。

国家能源局发布的《页岩气发展规划(2016–2020 年)》提出，努力推进涪陵、长宁、威远、昭通和富顺–永川 5 个页岩气重点建产区的产能建设，对宣汉–巫溪、荆门、川南、川东南、美姑–五指山和延安 6 个评价突破区加强开发评价和井组实验，适时启动规模开发，力争取得新突破[1]。

1.2　页岩储层结构特征

1.2.1　页岩微观孔隙结构研究现状

页岩气藏的储层特征和储气机制与常规气藏存在较大差异[2,3]，龙鹏宇等[4]和张金川等[5]认为页岩气在储层中的赋存主要包括以下 3 种形式：游离态、吸附态和溶解态，其中以游离态和吸附态为主。张雪芬等[6]认为吸附气含量最大，占页岩气总含量的 40%以上。Martini 等[7]认为吸附气是密歇根(Michigan)盆地安特里姆(Antrim)页岩气的主体，游离气只占 25%～30%。Kinley 等[8]认为游离气是 Barnett 页岩气的主体，占比在 50%以上。无论是游离气还是吸附气都与页岩孔隙息息相关，孔隙为游离气提供储集空间、为吸附气提供吸附空间，孔隙与温度、压力、页岩组分、总有机碳(TOC)含量等页岩储层特征参数共同控制页岩气的赋存、运移和释放[9]。研究孔隙结构特征，对于理解页岩气的赋存机制、评价页岩气资源量、提高页岩气的开采效率具有积极作用。

1. 页岩储层微观孔隙类型

页岩储层孔隙与常规储层孔隙相比孔径更小，形态、分布及成因更复杂，非均质性更强。关于页岩储层孔隙分类主要有 3 种方式，分别是按孔径分类、按孔隙赋存位置分类及按孔隙连通性分类(表 1.1)。孔径分类法是基于研究手段对页岩孔径的识别能力进行划分，是最常用的页岩储层孔隙划分方式，目前按孔径大小进行孔隙分类时普遍采用国际理论与应用化学联合会(IUPAC)的划分方案，认为微孔孔径＜2nm，中孔孔径为 2～50nm，大孔孔径＞50nm，此外还包括 Xoaotb 十进制孔隙划分方案，认为微孔孔径＜10nm，过渡孔孔径为 10～100nm，中孔孔径为 100～1000nm，大孔孔径＞1000nm[10]。按孔隙赋存位置划分页岩储层孔隙类型是依据场发射扫描电镜(FESEM)观察结果，按孔隙连通性划分页岩储层孔隙类型是基于流体(汞、N_2 等)注入实验结果。

表 1.1 页岩储层孔隙分类

Table 1.1 Classification of shale pores

分类依据	分类情况	子分类
孔径	微孔，孔径＜2nm 中孔，孔径 2～50nm 大孔，孔径＞50nm	中孔可进一步划分为： 细介孔，孔径为 2～10nm； 中介孔，孔径为 10～25nm； 粗介孔，孔径为 25～50nm
孔隙赋存位置	粒间孔、粒内孔、有机质孔	粒间孔：颗粒间孔、晶间孔、黏土层间孔、刚性颗粒边缘孔 粒内孔：草莓状黄铁矿微晶间孔、黏土层内孔、边缘溶蚀孔、化石内孔、印模孔
孔隙连通性	开孔，与外表面相连的空腔； 闭孔，与外表面不相连的空腔	开孔进一步划分为： 盲孔，与外表面只有一路连接的开孔； 通孔，完全穿过样品的孔

2. 页岩储层微观孔隙结构表征方法

页岩储层多发育纳米级孔隙，孔径小、渗透率极低，导致页岩储层孔隙度与孔径测试存在较大困难，如何有效识别和表征页岩储层孔隙结构亦存在较大难度。现有的页岩气孔隙识别与表征方法充分借鉴了多孔材料表征技术[11]。Maex 等[12]将页岩储层微观孔隙结构表征方法总结为 3 种类型，即图像分析法、流体注入法和非物质注入法。

1) 图像分析法

图像分析是利用显微镜、透射电子显微镜(TEM)、扫描电子显微镜(SEM)等微区观察技术对页岩中的孔隙进行观察，获取图像并进行分析，以获得泥页岩中的孔隙大小、形状、分布及颗粒的接触情况等信息。该技术的主要优势是直观，特别是在孔隙形态学方面具有绝对优势，结合统计学方法还能获取孔隙度、孔径分布等定量信息[13]。

页岩脆性矿物含量较高，且广泛发育微裂缝等天然弱面，机械抛光过程中可能导致矿物断裂，会在样本表面形成“假孔隙”，机械抛光过程中产生的研磨微粒可能会进入孔隙内部出现“掩埋”或“遮挡”现象，导致扫描电子显微镜下观察机械抛光的样本切面并不能取得令人满意的效果。Reed 等[14]将金属表面处理工艺的氩离子抛光技术引入页岩抛光处理中，获得了超高品质表面层，并结合高分辨率扫描电子显微镜观察研究页岩纳米尺度孔隙结构，取得了较好的效果。目前，高分辨率场发射扫描电镜与低能态氩离子抛光技术结合，对样品表面抛光处理后进行观察与高分辨率图像获取，此种方法在国内外已有大量应用。邹才能等[15]采用氩离子抛光技术与 FESEM 对四川盆地须家河组、鄂尔多斯盆地延长组致密砂岩储层，以及四川盆地志留系页岩储层孔隙结构进行了研究，发现小于 1μm 的纳米级孔隙。Loucks 等[16]使用 FESEM 研究了 Barnett 页岩，观察到大量小至 5nm 的纳米级孔隙，并能根据需要在一定区域范围内进行二维或三维表征。Chalmers 等[17]、Loucks 等[18]分别利用高分辨率场发射扫描电镜及场发射扫描电镜与聚离子束刻蚀双束联用系统(FESEM-FIB)获取了美国多套产气页岩的纳米级孔隙图像。Bai 等[19]利用 FESEM-FIB 对美国的典型页岩气储层进行了三维结构表征。

2) 流体注入法

流体注入法是将汞等非润湿性流体及 N_2 和 CO_2 等气体在不同的压力下注入样品并记录注入量与相应的压力，通过不同的理论方法计算获取孔径分布、孔体积及比表面积等信息，实验过程相对简单，获取的数据相对全面，因而在目前页岩气储层孔隙研究中应用最为广泛。受实验方法的限制，流体注入法只能用于研究开孔，不能表征闭孔。

国外所用高压压汞仪最大进汞压力约为 400MPa，能够探测的孔隙直径下限为 3nm。基于高压压汞(MICP)技术，Nelson[20]对北美页岩进行了大量统计分析，结果表明北美页岩大部分孔隙直径均小于 100nm。Ross 和 Bustin[21]通过压汞实验发现，无机矿物对页岩孔隙度具有较大影响，主要原因是黏土矿物中含有大量连通性孔隙。陈尚斌等[22]结合退汞曲线及 TOC 成因将页岩孔隙划分为 3 种类型，不同类型孔隙的开放孔数量、连通性存在较大差异。谢晓永等[23]通过压汞法和 N_2 吸附法对南海某油田泥页岩孔径分布进行了测定和对比分析，认为 N_2 吸附法能较为准确地反映页岩微孔、中孔的分布情况，而压汞法则能弥补 N_2 吸附法对大孔分析的不足。田华等[24]认为压汞法能有效反映泥页岩中的大孔与微裂隙信息。

气体等温吸附是在等温条件下将 N_2 和 CO_2 等探针气体注入样品，记录不同压力下探针气体在介质表面的吸附量，并利用理论模型计算以揭示样品的表面及孔隙结构特征。Ross 和 Bustin[21]用低压 CO_2 和 N_2 吸附研究加拿大西部沉积盆地潜力生气页岩以分析页岩成分对孔隙的影响。田华等[24]将 CO_2 吸附法、N_2 吸附法与压汞法联合使用以表征中国多地泥页岩中的孔隙特征。Clarkson 等[25]利用 CO_2 吸附法、N_2 吸附法研究北美页岩储层，发现 CO_2 吸附法与 N_2 吸附法的孔径分布在重复孔径段相似度高，并认为低压 CO_2 吸附法与 N_2 吸附法联合应用能有效表征 100nm 以下的孔隙。

3）非物质注入法

此类技术主要包括核磁共振（NMR）技术、计算机断层扫描（CT）技术。核磁共振孔隙度用饱和水样品的核磁共振信号强度来反映，孔径分布则根据孔径与其中流体的弛豫时间（T_2）间的正相关关系（孔径越大，则弛豫时间越长）进行换算获得。Yao 等[26]认为 NMR 孔隙度受测试环境、仪器参数、样品的微孔隙、顺磁性物质及流体类型等多因素影响，其测试结果往往比液体饱和孔隙度、氦孔隙度及压汞孔隙度偏低。孙军昌等[27]研究了页岩岩心的 NMR 孔隙度、T_2 谱响应特征、比表面积等储层特征，并发现页岩 NMR 孔隙度普遍小于水测法孔隙度。

计算机断层扫描是利用射线（X 射线或 γ 射线）穿过物质后强度的衰减作用研究物质内部结构的无损检测技术，按其分辨率与发展阶段可分为 CT、微米 CT、纳米 CT 三类。Ma 等[28]、邹才能等[15]、白斌等[29]将 CT 技术应用于非常规储层孔隙的研究。随着重建算法的改进、微纳米加工技术的进步及针对地质样品的专门优化，CT 技术在泥页岩孔隙研究中发挥出了更大的作用。

1.2.2 页岩多尺度裂缝研究现状

天然裂缝发育程度是页岩气形成的主要条件之一。随着页岩气、煤层气及致密砂岩气等非常规油气资源的大规模开采，储层岩石的多尺度结构问题成为研究热点，开展从宏观到微观的孔隙裂缝多尺度研究可以为储层资源评价、储层压裂改造提供技术支持，已经成为非常规油气开发的必要环节。

1. 页岩储层裂缝分类

页岩储层中天然裂缝的类型与划分按照不同的分类方法可以有不同的分类方案且具有不同的实际意义[30]。按照地质成因可将其划分为构造裂缝、成岩裂缝和异常高压裂缝等类型，当前页岩裂缝类型划分主要采用成因分类方法；按照力学性质可将其划分为剪切裂缝、拉张裂缝等类型；按照裂缝与层面的相交状况可将其划分为穿层缝、层内缝及顺层缝等类型，这种分类方案有助于定性评价裂缝对储层渗流能力的贡献程度；按照裂缝尺度划分又可将其分为宏观裂缝和微观裂缝。在实际研究过程中，可以根据不同的需要采取不同的分类方法。

丁文龙等[31]依据地质成因将页岩裂缝划分为两大类 12 个亚类，并给出了每个亚类裂缝的主要成因（表 1.2）。王超等[32]为了研究页岩储层裂缝系统的发育特征及影响因素，通过对岩心、薄片的观察与统计，依据页岩裂缝发育形态，将页岩裂缝分为层理缝、刺穿高角度缝、内部高角度缝、低角度缝和微裂缝 5 种类型。龙鹏宇等[4]通过对页岩露头、岩心的宏观观察和薄片、电镜微观观察统计将页岩裂缝分为构造裂缝、层间页理缝、层面滑移缝、成岩收缩微裂缝和有机质演化异常压力缝 5 种类型。朱利锋等[33]通过对川南长宁地区页岩野外露头、岩心及镜下微观观测统计，依据地质成因、力学性质和发育形态相结合的方式将页岩储层裂缝分为三大类 6 个亚类（图 1.1），认为采用多方式联合分类更为合理，有利于页岩裂缝系统的识别与表征。

表 1.2 页岩地质成因裂缝类型划分[34]

Table 1.2 Classification of fracture types of shale

类型	亚类	主要成因
构造裂缝	剪切裂缝	受局部或区域构造应力作用，页岩韧性剪切破裂形成的高角度
	张剪性裂缝	剪切裂缝和张剪性裂缝，经常与断层或褶皱伴生
	滑脱裂缝	在伸展或挤压构造作用下，沿着泥页岩层面滑动的剪切应力产生的裂缝
	构造压溶缝合线	水平挤压作用压溶形成的裂缝
	垂向载荷裂缝	垂向载荷超出泥页岩抗压强度形成的裂缝
	垂向差异载荷裂缝	上覆地层不均匀载荷导致页岩破裂形成的裂缝
非构造裂缝	成岩收缩裂缝	成岩过程中页岩脱水收缩、暴露地表风化失水收缩干裂、黏土矿物相变等作用形成的裂缝
	成岩压溶缝合线	沉积载荷作用使岩层负载引起成岩期压实和压溶作用，或由于卸载，岩层载荷减小、应力释放，岩层内部产生膨胀、隆起和破裂形成的裂缝
	超压裂缝	岩层内异常高流体压力作用形成的微裂缝
	热收缩裂缝	页岩受侵入岩浆烘烤变质、温度梯度作用、受热岩石冷却收缩破裂产生的裂缝
	溶蚀裂缝	页岩差异溶蚀作用形成的裂缝
	风化裂缝	页岩长期遭受风化剥蚀作用，岩石机械破裂形成的裂缝

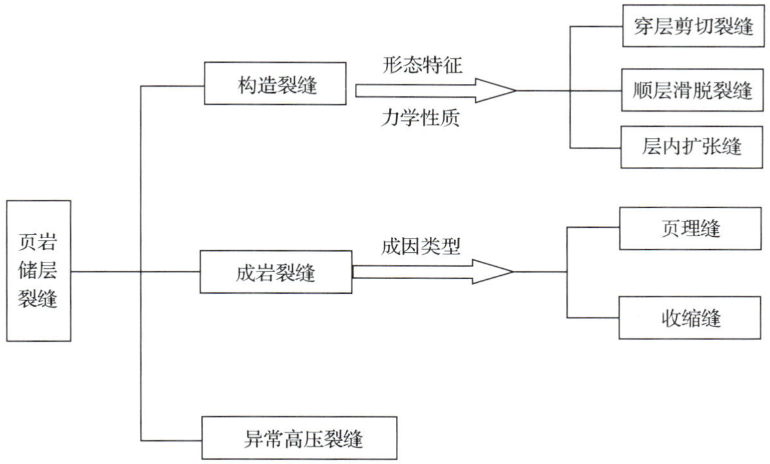

图 1.1 页岩储层裂缝分类划分[33]

Fig. 1.1 Classification of fractures in shale reservoirs

丁文龙等[34]将致密砂岩气储层裂缝的研究尺度划分为 3 类：大尺度裂缝、中等及小尺度裂缝和微尺度裂缝。大尺度裂缝指野外露头剖面上观察到的宏观裂缝，其高度和延伸长度通常都在米级及以上；中等及小尺度裂缝指从岩心或微电阻率扫描成像测井中可以观察到的裂缝，该类裂缝长度往往在几毫米到几十厘米之间；微尺度裂缝只有在镜下才能观察到，可分为粒内微缝、粒缘微缝及晶间微缝，其开度(也称为宽度)通常小于 20μm。页岩裂缝研究尚处于探索之中，表征的重要参数主要包括裂缝规模(长度和宽度)、产状、充填状况及裂缝密度等，其中裂缝规模和裂缝密度是判断裂缝发育程度的重要量化指标[1]。

王玉满等[35]根据前人的研究成果并结合生产实践，按照裂缝开度将其分为 5 级：微裂缝(裂缝开度小于 0.1mm)、小裂缝(裂缝开度为 0.1～1mm)、中裂缝(裂缝开度为 1～10mm)、大裂缝(裂缝开度为 10～100mm)和巨裂缝(裂缝开度大于 100mm)。郭旭升等[36]认为用肉眼直接能观察到的裂缝统称为宏观裂缝，并根据裂缝产状将宏观裂缝进一步划分为高角度缝(斜交缝、垂直缝)和低角度缝(页理缝和层间滑动缝)；需要借用电子显微镜观察到的裂缝，统称为微裂缝，并依据微裂缝成因和发育位置将微裂缝进一步划分为解理缝、晶间缝和贴粒缝，同时认为页岩微裂缝一般宽度小于 10μm，需借助氩离子抛光扫描电镜等具有高分辨率的仪器进行识别。王超等[32]认为微裂缝长度一般在纳米级到微米级，开度在几百纳米到几微米。汪吉林等[37]认为页岩微裂缝开度范围主要集中在几百纳米到几百微米，并将开度小于 1μm 的裂缝定义为超微裂缝。

2. 页岩储层裂缝发育特征描述

在页岩裂缝基本特征描述方面，前人做了大量的工作，得出了很多成果。王芳川等[38]依据岩心资料，对渝东南地区龙马溪组页岩裂缝进行了观测，统计了岩心裂缝的基本特征参数并计算了裂缝线密度，确定了用裂缝特征参数描述裂缝发育程度的方法。Fidler[39]通过野外露头观测、岩心观测、储层特征测试及地质力学测试等手段，研究了北美伊利诺伊(Illinois)盆地上泥盆统新奥尔巴尼(New Albany)页岩裂缝系统，认为通过地质力学方法研究页岩裂缝系统是有效的，尽管如此，单一的研究方法无法全面表征页岩裂缝发育特征，需要结合露头、岩心观测，掌握裂缝发育的基本特征参数。丁文龙等[40]对影响页岩裂缝发育的非构造因素和构造因素进行了定性或半定量分析，认为页岩中石英、长石和碳酸盐含量高，岩石的泊松比低、杨氏模量高、脆性大，容易在外力作用下形成天然裂缝和诱导裂缝，TOC 含量高、异常高压是页岩裂缝发育的有利因素。王玉满等[41]通过建立双孔隙介质孔隙度解释模型，对四川盆地周缘地区下志留统龙马溪组(含上奥陶统五峰组)富有机质页岩段的裂缝孔隙进行了定量评价。王濡岳等[42]研究了渝东南地区牛蹄塘组页岩裂缝的发育特征，认为牛蹄塘组页岩中发育不同类型的宏观裂缝和微裂缝，宏观裂缝以构造裂缝为主，微裂缝主要为非构造成因的层间缝、粒间缝和粒内缝，构造因素是裂缝发育最主要的控制因素，脆性矿物与有机质含量对页岩岩石力学性质与裂缝的发育具有重要影响。郭旭生等[36]认为页岩宏观裂缝与微裂缝均受控于页岩的力学性质、气层异常高压、距主滑脱面的距离、斑脱岩的发育程度及构造作用，天然裂缝发育的非均质性控制了页岩气单井产量，微裂缝与低角度缝对页岩气产量具有积极作用，而高角度缝的大规模发育对页岩气生产不利。汪吉林等[37]通过室内实验和镜下观测，总结了重庆南川地区龙马溪组页岩微裂缝发育的宽度范围、优势方位及在压汞实验阶段进汞量曲线图上的表现等特征，探讨了微裂缝发育的影响因素，认为页岩矿物含量、有机质含量、有机质成熟度、物性参数及构造变形程度等对微裂缝发育具有重要影响，以“＞100nm 孔体积”和“总进汞量”为微裂缝发育程度指标，运用 BP 神经网络模型对微裂隙发育程度进行预测研究。杨春梅等[43]通过扫描电子显微镜和原子力显微镜(AFM)对四川盆地 JY1 井、YC4 井龙马溪组产气页岩微裂缝进行了研究，认为页岩脆性矿物含量对微裂缝的发育具有积极影响，描述了 JY1 井和 YC4 井页岩微裂缝的形态、分布与尺寸，并通过

MATLAB 软件对 AFM 图像进行积分处理，提出了微裂缝占空比(微裂缝的有效空间体积与实际页岩体积和微裂缝空间和的平均比值)的概念，发现页岩解吸气产量与微裂缝占空比之间存在良好的正相关关系。Gale 等[44]研究了北美 Barnett 页岩微裂缝发育特征，测试了页岩微裂缝的方向、长度、开度及力学特性，认为页岩微裂缝开度通常小于 50μm，多被方解石充填，高角度缝(>75°)占比较大，裂缝长度整体上呈幂率分布，由于微裂缝多被充填且开度较小，其对页岩储层的孔渗性影响不大，但可以作为页岩天然弱面，对储层改造具有极为有利的影响。

1.3 页岩储层结构面发育特征表征方法

页岩中发育着各种尺度的节理、层理及天然裂缝等结构面，是一个典型的多尺度复杂网络系统。全面表征页岩裂缝网络系统不仅要描述页岩裂缝的基本特征，还要研究裂缝系统的分布规律及发育程度。目前国内外表征岩体裂缝网络系统的模型概括起来有两大类[45,46]：一类为力学模型。该类模型在理论角度上令人满意，可以模拟裂缝真实的产生过程和机理，但是由于裂缝形成经历多个地质构造运动，力学过程复杂，同时岩性、地层流体等因素也会影响裂缝的生成，对于页岩等复杂裂缝网络系统，用这类模型模拟裂缝的准确分布存在困难[47-49]。另一类为几何模型。该类模型种类很多，也是石油与地质工作者最常用的模型。这类模型的特点是将裂缝的每个参数单独表征，包括裂缝形态、平面度、裂缝尺寸、位置、间距、产状等。随着研究的不断深入，发展出了裂缝参数的关联模型，即裂缝网络模型。裂缝网络模型有很多类型，Dershowitz[50]发展了一种基于泊松过程的更加反映真实裂缝网络的模型，最著名的几何模型应该是圆盘模型，Baecher 模型[51]是最早的圆盘模型，之后许多学者相继发展了圆盘模型。这些随机模型同样存在不足之处，如不能有效表征裂缝分布的集中程度、与地质历史时期相关的裂缝分布及被方解石等矿物充填的裂缝。近年来，统计学、分形学、拓扑学及图论的发展，为岩石裂缝网络描述提供了较好的数学手段[52,53]。

随着页岩气的大规模开采，如何全面、准确地预测和表征岩石裂缝网络显得越来越重要[54]。众多学者在前述裂缝网络模型的基础上，结合不同的裂缝识别手段，针对不同的裂缝系统建立了诸多裂缝网络表征方法。Murray[55]、曾锦光等[56]、丁中一等[57]、周新桂等[58]、季宗镇等[59]应用岩石力学及几何学理论研究构造裂缝，定量预测储层构造裂缝的分布规律，产生了岩石破裂法、能量法、曲率法等诸多裂缝描述和预测方法；Pedersen 等[60]、王军等[61]利用地震数据，应用基于蚂蚁体各向异性的裂缝表征方法确定裂缝密度及方位；申辉林和高松洋[62]、贾凌霄等[63]利用测井数据，应用 BP 神经网络算法对岩石裂缝进行了表征及预测；侯贵廷[64]、Borodich[65]、鞠玮等[66]采用分形几何与分形统计的方法对裂缝参数进行定量计算，从而实现对裂缝系统的分形学描述；曾联波等[67]、王艿川等[38]采用统计方法分别描述了致密砂岩与页岩储层的裂缝分布规律；Davide 和 Doug[68]、郎晓玲和郭召杰[69]综合地质、地震、测井、工程等多类型、多尺度数据建立了离散裂缝网络(DFN)模型，并计算裂缝孔隙度及渗透率等物性参数。以上方法从不同角度、针对不同裂缝系统进行了较为有效的表征与评价。

整体来看，由于页岩结构面发育的随机性、非均匀性和复杂性，当前对页岩多尺度裂缝的研究缺乏系统性，研究的不足之处主要表现在以下几个方面：①多尺度页岩裂缝系统识别与表征缺乏完善有效的方法和标准参数体系。②有关页岩微裂缝的研究存在明显的不足之处，缺少页岩微裂缝识别与定量表征方法。③页岩裂缝网络发育规模与分布规律缺乏系统的表征方法。④页岩裂缝网络连通性方面的研究较少，缺少相关方面的定量评价方法。

1.4 页岩储层地应力测试及建模方法

地应力是在地质构造运动和岩体重力等作用下形成的，地应力形成后，许多局部因素使其发生变化，因而地应力的分布往往是十分复杂的，局部应力和区域应力之间有相当大的差异[70]。地应力场的测量和计算是地质力学和岩石力学研究的基本内容之一，评价的主要内容包括地应力的大小、方向、分布规律及其演变过程，既包括局部和单井的，还包括宏观和区域的，地应力的准确认识是油气资源评价、油藏模拟、油气井工程设计和施工的基础，不但决定区域稳定性和岩体稳定性，而且对油气藏开发具有重大影响[71]。油气勘探开发的众多问题与地应力密切相关，如地质构造形成与演化、油气运移和聚集、钻井过程中井壁的稳定性、水平井的设计、采油过程中的出砂、油层改造和注水开发中的井网布置等。从某种意义上讲，油气勘探开发过程要解决的就是地下岩体渗流场、应力场、温度场的耦合问题。将地应力测试方法按照数据来源进行归类，大概可以分为五大类：基于岩心的方法、基于钻孔的方法、地质学方法、地球物理方法(或地震学方法)和基于地下空间的方法，见表 1.3。

表 1.3 原地应力测试和估算方法汇总[72]

Table 1.3 Summary of in-situ stress testing and estimation methods

方法类别	序号	中文名称	英文名称
基于岩心的方法	1	非弹性应变恢复法	anelastic strain recovery (ASR)
	2	差应变曲线分析法	differential strain curve analysis (DSCA)
	3	差波速分析法	differential wave velocity analysis (DWVA)
	4	岩心诱发裂纹法/饼状岩心	drilling induced fracture in core/core discing (DIFC/CD)
	5	声发射法	acoustic emission method (AE)
	6	圆周波速各向异性分析法	circumferential velocity anisotropy (CVA)
	7	岩心二次应力解除法	overcoring of archived core (OCAC)
	8	微裂隙岩相分析法	petrographic examination of microcracks
	9	轴向点荷载分析法	axial point load test
基于钻孔的方法	10	微型水压致裂法	micro-hydraulic fracturing (MHF)
	11	套筒压裂法	sleeve fracturing (SF)
	12	原生裂隙水压致裂法	hydraulic test of pre-existing fractures (HTPF)
	13	套心解除法	overcoring method (OC)

续表

方法类别	序号	中文名称	英文名称
基于钻孔的方法	14	钻孔崩落	borehole breakouts (BBO)
	15	孔壁诱发张性裂缝	drilling induced fractures (DIF)
	16	钻孔变形	borehole deformation
	17	钻孔渗漏实验	leak off test (LOT)
地质学方法	18	地倾斜调查	earth tilt survey
	19	断层滑动反演	fault slip data
	20	新构造运动节理测绘	surface mapping of neotectonic joints
	21	火山口排列调查	volcanic vent alignment
地球物理方法	22	震源机制解	earthquake focal mechanisms
	23	地球物理测井(微震测井、定向伽马射线、正交偶极子声波测井)	geophysical logging
基于地下空间的方法	24	扁千斤顶法	flat jacking method
	25	表面解除法	surface relief method
	26	反分析法	reverse analysis method

地应力测试技术要求高、花费高，测试结果往往比较分散，给地应力的大量测量和合理利用带来困难。将地质、岩石力学参数、井点地应力等多种信息进行融合和集成，借助有限个测点的地应力资料反演区域地应力场，是一种更有效的途径，也能够为油田勘探开发的工程设计和现场施工提供较为可靠的参考[73]。通常采用的数学理论及数学模型包括：储层初始应力场近似处理为储层自重产生的应力场，通过施加边界的方法调整应力场的分布，使用有限元结合回归法综合分析计算地应力场的分布、应力函数趋势分析和位移反分析等。各方法适用于不同的实际目标区域情况，对地应力的反演计算必须以实际测量的地应力点数据为基础，综合考虑各种影响因素并将其反映在各种反演模型中，进行有理论依据和实际佐证的反演，最终得到最接近实际地应力分布情况的反演计算结果。

1.5　页岩储层水力压裂力学机理

早期的水力劈裂研究认为，岩石的劈裂机理是劈裂液的液体压力超过最小主应力，岩石与最小主应力垂直的方向上首先开裂，且裂缝沿这一方向扩展。水力劈裂用来测量地应力就是用这一原理。对于破裂压力预测和裂缝的起裂与延伸，国内外进行了大量的研究，Hubbert 和 Willis[74,75]于 1957 年提出了第一个破裂压力的计算公式，该公式应用了太沙基(Terzaghi)有效应力，并假设岩石没有渗透性，后人称为 Hubbert-Willis(H-W)公式。Haimson 和 Fairhurst[76]于 1967 年考虑到岩石的渗透性，建立了破裂压力计算公式，后人称为 Haimson-Fairhurst(H-F)公式[77-79]。黄荣樽[80]于 1981 年考虑原地应力、井筒内压和压裂液渗滤影响，建立了垂直裂缝与水平裂缝的破裂压力计算方程。李传亮和孔祥言[81]根据多孔介质的双重有效应力概念，研究了油井压裂过程中岩石破裂压力的计算问题，提出了一个新的综合计算公式。上述公式只适用于裸眼完井，实际上水力压裂施工基本上都是在套管射孔完井中进行的。射孔的影响导致了井筒周围应力场的二次分布。此时上面的公式就不再适用于此种情况，因此，陆续有很多人开始对射孔完井方式下的破裂压力进行研究。Daneshy[82-84]讨论了在不考虑漏失情况下水力裂缝在层状地层中的延伸，指出岩石性质是主要的控制因素，他还初步对射孔完井的水力压裂进行了试验模拟。Behrmann 和 Elbel[85]在三轴应力机上对射孔、裂缝进行了室内试验，研究了裂缝的几何形态及射孔参数对水力压裂的影响。试验结果指出裂缝或者沿着射孔根部起裂，或者沿着井轴与最小主应力平行方向及井壁的切面起裂，裂缝起裂与注入速度和射孔方位有关。Abass 等[86]从岩石力学角度讨论了定向射孔的必要性，他认为定向射孔时，应将方位放在地层中易产生水力裂缝的方向，可以在储层中形成一条宽的平面裂缝，而不会产生多条平行裂缝、重新定向裂缝及 T 形裂缝，有助于成功进行压裂处理；研究还表明，通过定向射孔可以降低地层破裂压力，并提出了欲压裂井的定向射孔设计方法。Yang 等[87]利用线弹性二维有限元模型，研究了存在预裂纹情况下，井筒附近切向应力场的分布。Papanastasiou 和 Zervos[88]利用线弹性有限元模型研究了射孔井筒周围的应力场分布。Walton 等[89]对弱胶结砂岩的射孔进行了理论和试验探讨。李传亮[90]假设射孔为 90°相位，方位与最大水平、最小水平主应力方向重合，于 2002 年提出了基于双重有效应力的直井射孔完井条件下的破裂压力计算公式。银本才[91]推导出了直井、180°或 0°方位射孔，射孔孔眼平行于最大主应力方向时的破裂压力计算公式，以及完井形成垂直裂缝的破裂压力计算公式。胡永全等[92]用有限元方法对射孔完井水力压裂的破裂压力进行了计算。张广清等[93]使用三维有限元模型结合岩石抗拉强度准则，系统研究了射孔对破裂压力的影响，考虑的射孔参数包括射孔密度、射孔深度、射孔方位角和射孔孔眼直径。邓金根等[94]通过室内真三轴水力压裂模拟试验及数值计算，研究了定向射孔对裂缝启裂压力、启裂位置及裂缝延伸的影响规律，证明了定向射孔有利于降低地层破裂压力，形成一条大而平整的水力裂缝可以达到提高低渗透储层水力压裂效率及成功率的目的。

1.6 页岩储层水力压裂对地应力的扰动规律

水平井分段压裂过程中，不仅井眼和射孔孔眼会导致应力集中从而影响裂缝的起裂和扩展，每个张开的裂缝对围岩、邻近裂缝起裂扩展还会产生应力干扰影响，此附加的应力场称为“应力影”效应，它影响着裂缝宽度和裂缝扩展路径，制约了支撑剂的铺展和网状裂缝的形成[95]。1993 年，Palmer 研究了煤层中压裂裂缝的诱导应力场，指出裂缝面附近的应力场会发生转向，在裂缝净压力及裂缝形态的影响下，应力分布规律也有所不同[96,97]；2004 年，刘洪等[98-100]基于弹性力学，建立了考虑流-固耦合作用的气井重复压裂诱导应力场数学模型，并对重复压裂前的地层应力场进行了分析和模拟；2011 年和 2012 年，Roussel 和 Sharma[101-103]针对压裂水平井通过一条或多条有效裂缝诱导产生应力干扰的三维数值模型计算应力反向和重定向的程度，并优化了压裂设计中水平井的裂缝间距。2014 年，Li 等[104]提出了一个简单的分析模型确定裂缝诱导应力和避免裂缝合并的最小缝间距，并用 FLAC^{3D} 有限元模型对其结果进行了分析验证，同时提出等应力点概念，基于此点可以合理优化缝间距形成复杂缝网。在国内，2003 年，刘建军等[105,106]建立了三维状态下的水力压裂流-固-热耦合作用数学模型，为计算压裂裂缝起裂和延伸提供了方法和依据；2004 年，张劲和张士诚[107]提出了计算水平井压裂应力场的有限元方法，借助有限元模拟软件分析裂缝间的扰动规律；2007 年，罗天雨等[108]建立了考虑多缝相互干扰的裂缝扩展延伸理论模型，并对三维裂缝的延伸规律进行了模拟；2011 年，于永军等[109]采用权函数理论求解有限尺度地层剖面内部裂缝尖端应力强度因子，分析裂缝干扰与竞争起裂行为；2012 年，尹建等[110]建立了人工裂缝诱导应力场数学模型，并结合诱导应力场中最大水平主应力、最小水平主应力方向发生转向作为裂缝转向判断依据，形成了射孔间距优化方法；2014 年，翁定为等[111]建立了应力场变化的平面模型和数值模型，采用对比模拟分析的方法，指出诱导应力场在裂缝附近存在非转向区域。上述研究成果揭示了水力压裂过程中应力场的扰动过程、规律及对工程设计的指导作用，也为将来复杂地质结构、井身结构和压裂模式下的地应力扰动研究奠定了基础[112,113]。

第 2 章　页岩储层岩石物理特征

2.1　页岩储层岩石特征测试

页岩储层天然裂缝、孔隙等多尺度结构面受储层岩石特性影响，因此，本章开展了页岩储层岩石物理特征研究，作为多尺度结构特征研究的基础。选择川南地区龙马溪组页岩为研究对象，收集该区 A 区块 W 井龙马溪组页岩岩心 67.5m(2189.8～2257.3m)，按间隔采样的方式，采集测试样本 33 块；采集该区 B 区块龙马溪组页岩剖面(P 剖面)露头样本 20 块，在纵向上基本涵盖了该区龙马溪组页岩的各个层段，结合采集的岩心和露头样本能够较好地反映川南地区页岩储层特征。图 2.1、图 2.2 分别为采集的页岩岩心及露头样本，对上述样本进行页岩储层特征实验测试，可得到页岩储层特征参数，进而分析各参数间的相互关系。

图 2.1　页岩岩心样本

Fig. 2.1　Shale core samples

(a)　(b)

图 2.2　页岩露头样本

Fig. 2.2　Shale outcrop rock samples

具体实验测试情况如下：

1. 页岩矿物含量测试

依据石油天然气行业标准《沉积岩中黏土矿物和常见非黏土矿物 X 射线衍射分析方法》(SY/T 5163—2018)，采用 Panalytical X Pert PRO MPD 型 X 射线衍射仪进行全岩矿物含量及黏土矿物含量测试，全岩矿物含量测试样本 53 个(岩心样本 33 个、剖面样本 20 个)，黏土矿物含量测试样本 33 个(岩心样本 33 个)。

2. 页岩 TOC 含量测试

依据国家标准《沉积岩中总有机碳的测定》(GB/T 19145—2003)，采用 LECO CS-200 红外碳硫测定仪进行 TOC 含量分析测试，测试页岩样本 53 个(岩心样本 33 个、剖面样本 20 个)。

3. 页岩岩石力学特性测试

采用刚性伺服控制岩石力学测试系统进行页岩单轴抗压实验，得到应力-应变曲线，计算页岩的抗压强度、弹性模量及泊松比，测试样本 9 个，均取自岩心样本。

4. 页岩孔隙度与渗透率测试

孔隙度、渗透率测试运用氦孔隙度法，采用 PoroPDP-200 覆压孔隙度渗透率测量仪，选用纯度为 99.99%的氦气进行测试，测试样本 53 个(岩心样本 33 个、剖面样本 20 个)。

2.2　页岩矿物含量测试分析

岩石矿物含量特征是页岩裂缝、孔隙等不连续结构发育的重要控制因素，直接影响页岩气的产量，美国 Barnett 页岩气产量最高的地区石英含量达到 45%，而黏土矿物含量仅 27%。Bowker[114]认为页岩储层压裂裂缝的起裂及扩展受岩石脆性的影响，而岩石脆性矿物含量是岩石脆性的主控因素。王兰生等[115]也指出页岩气储层的形成不仅需要较高的有机质丰度，还要含有一定量的石英、长石等脆性矿物。据美国页岩气勘探开发的经验，在页岩气的成功开发过程中，裂缝起到非常重要的作用，而岩石的矿物组成影响页岩的脆性特征，进而影响裂缝的发育程度和后期压裂改造难易程度。丁文龙等[40]认为当黏土矿物含量较少，石英、长石和碳酸盐等矿物较多时，岩石脆性较大，容易形成裂缝系统，可提高储层渗透性，进而有利于页岩气在储层中的运移。

2.2.1　全岩矿物含量测试数据

本章对川南地区 33 个岩心样本和 20 个露头样本进行了全岩 X 射线衍射分析，对 33 个岩心样本进行了黏土矿物 X 射线衍射分析。实验数据分析显示，川南地区龙马溪组页岩储层矿物成分主要包括石英、钾长石、斜长石、黏土矿物、方解石、白云石及黄铁矿和菱铁矿。本章分析了各矿物含量所占的比重，并以样本标准偏差的变异系数表征各矿物成分的离散度，在一定程度上反映了页岩矿物组成的非均质性。

1. W 井岩心样本全岩矿物分析

川南地区 A 区块 W 井龙马溪组产气页岩矿物含量统计分析数据见表 2.1。各样本全岩矿物组成如图 2.3 所示。

表 2.1 W 井龙马溪组产气页岩矿物含量统计数据 （单位：%）

Table 2.1 Statistical data table of shale mineral content in Longmaxi formation in W well

矿物名称	矿物含量	平均值	标准偏差	离散度
黏土矿物	20.7～54.5	37.6	8.6	22.9
石英	25.6～59.4	40.0	7.1	17.7
钾长石	0.0～8.9	2.8	2.2	79.6
斜长石	2.8～18.3	8.0	3.9	49.4
方解石	1.1～25.7	8.5	5.8	68.3
白云石	0.0～8.0	2.7	2.4	90.2

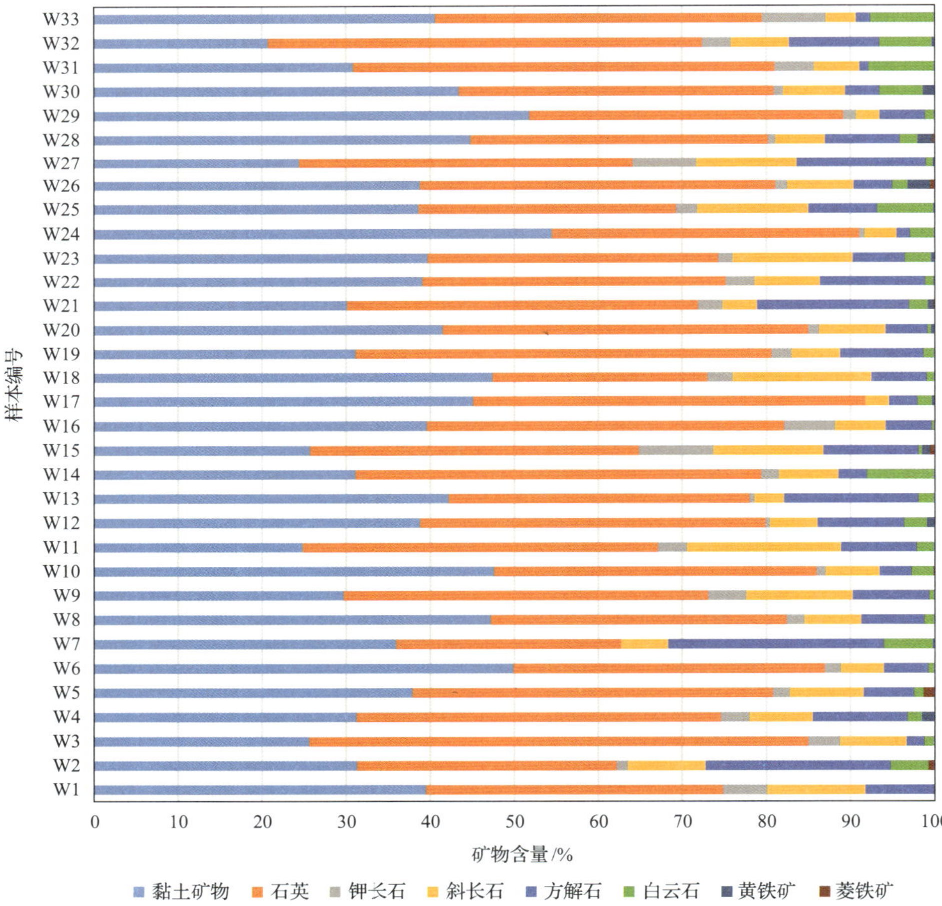

图 2.3 W 井岩心样本全岩矿物组成

Fig. 2.3 Whole rock mineral composition of core samples in W well

从各矿物组分样本分布的标准偏差及离散度来看，W 井龙马溪组页岩岩心样本的矿物组分离散度较大。矿物含量最高的黏土矿物、石英矿物的样本标准偏差分别为 8.6%和 7.1%(表 2.2)，北美产气页岩岩心样本矿物含量的标准偏差一般不会高于 5%，体现出了川南地区龙马溪组产气页岩矿物含量在纵向上具有较强的非均质性。

表 2.2　W 井岩心样本全岩矿物含量统计

Table 2.2　Statistics of total mineral content of core samples in W well　(单位：%)

统计量	黏土矿物	石英	钾长石	斜长石	方解石	白云石	黄铁矿	菱铁矿
最大值	54.5	59.4	8.9	18.3	25.7	8.0	2.7	1.3
平均值	37.6	40.0	2.8	8.0	8.5	2.7	0.3	0.1
最小值	20.7	25.6	0.0	2.8	1.1	0.0	0.0	0.0
标准偏差	8.6	7.1	2.2	3.9	5.8	2.4	0.7	0.3
离散度	22.9	17.7	79.6	49.4	68.3	90.2	168.2	265.2

2. P 露头剖面样本全岩矿物分析

川南地区 B 区块龙马溪组露头样本矿物组成及统计分析情况如图 2.4、表 2.3 所示。从主要矿物含量(黏土矿物、石英)的样本标准偏差及离散度来看，该区露头剖面矿物含量具有较高的离散度，说明 B 区块龙马溪组页岩矿物含量同样具有较强的非均质性。

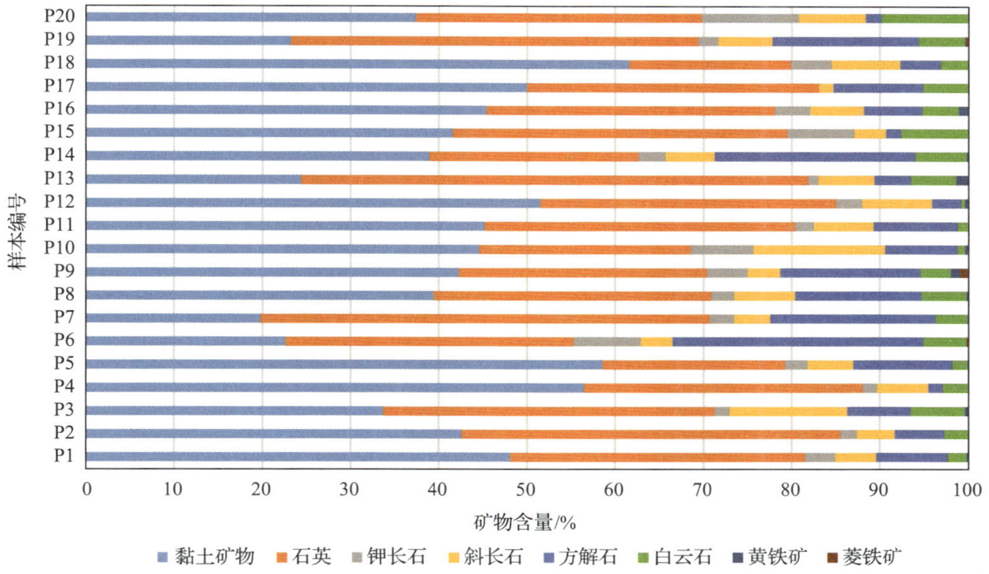

图 2.4　P 露头剖面样本全岩矿物组成

Fig. 2.4　Whole rock mineral composition in core samples of W well

表 2.3 P 露头剖面样本全岩矿物含量统计

Table 2.3 Statistics of total rock mineral content of P section （单位：%）

统计量	黏土矿物	石英	钾长石	斜长石	方解石	白云石	黄铁矿	菱铁矿
最大值	61.6	57.5	11.0	14.9	28.4	9.8	1.4	0.9
平均值	41.4	34.2	3.7	6.3	10.0	4.0	0.3	0.1
最小值	19.8	18.3	0.0	1.6	1.6	0.4	0.0	0.0
标准偏差	11.97	9.67	2.70	3.14	7.38	2.34	0.42	0.21
离散度	28.93	28.27	72.38	49.79	73.71	58.06	148.11	300.73

2.2.2 页岩矿物含量分布

1. 页岩黏土矿物含量分布

W 井岩心与 P 露头剖面页岩含量最多的 3 种矿物均为石英、黏土矿物和方解石，这 3 种矿物对页岩孔隙、裂缝等不连续结构影响最为显著，本章统计了以上 3 种矿物的样本分布情况。图 2.5 为黏土矿物含量样本频数分布直方图。可以看到，W 井岩心页岩黏土矿物含量在 35%～40%的样本频数最多，整体呈正态分布。P 露头剖面页岩黏土矿物含量在 35%～50%的样本频数较多，由于样本数量不足，没有表现出明显的分布趋势。全部样本黏土矿物含量呈正态分布，样本频数峰值区间为 35%～40%。

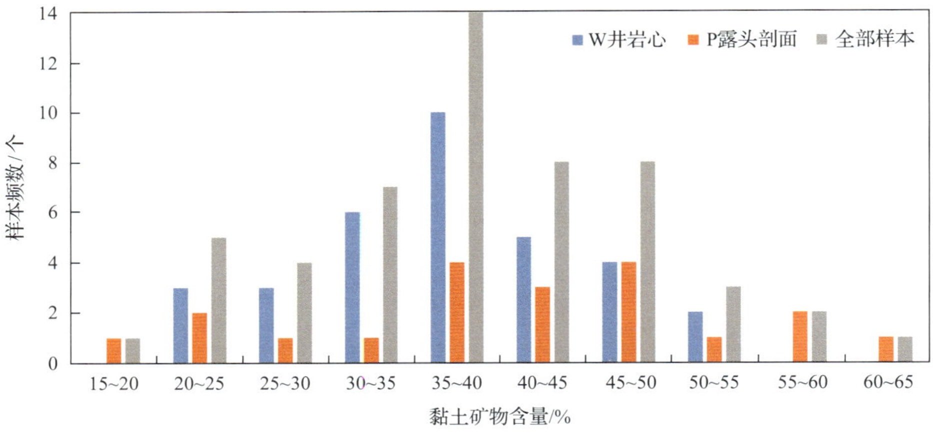

图 2.5 黏土矿物含量样本频数分布直方图

Fig. 2.5 Histogram of sample frequency distribution of clay mineral content

2. 页岩石英含量分布

图 2.6 为石英含量样本频数分布直方图。W 井岩心样本石英含量频数在 35%～40%分布最多，P 露头剖面样本石英含量频数在 30%～35%分布最多，A 区块与 B 区块石英含量均值特征一致。全部样本石英含量服从正态分布。

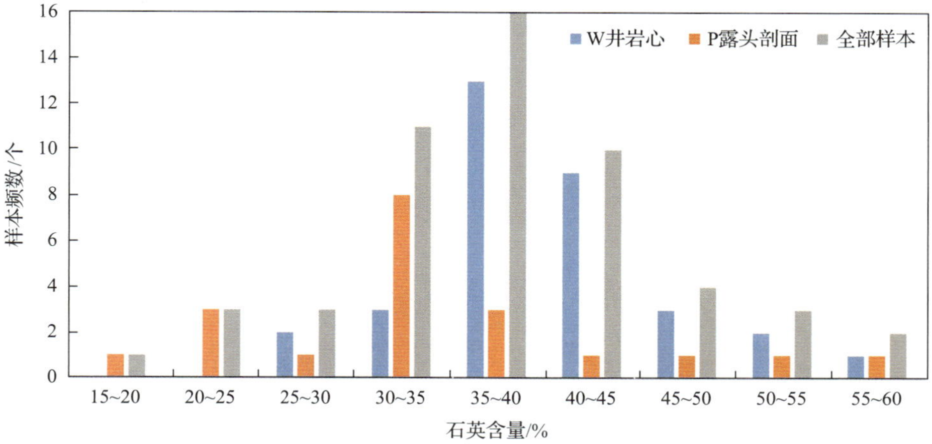

图 2.6　石英含量样本频数分布直方图

Fig. 2.6　Histogram of sample frequency distribution of quartz content

3. 页岩方解石含量分布

图 2.7 为方解石含量样本频数分布直方图。W 井岩心方解石含量样本频数主要分布在 5%～10%和 0～5%；P 露头剖面样本和全部样本方解石含量样本频数分布同样服从此规律，方解石含量在川南地区 A、B 两区块龙马溪组页岩地层中的分布规律一致。

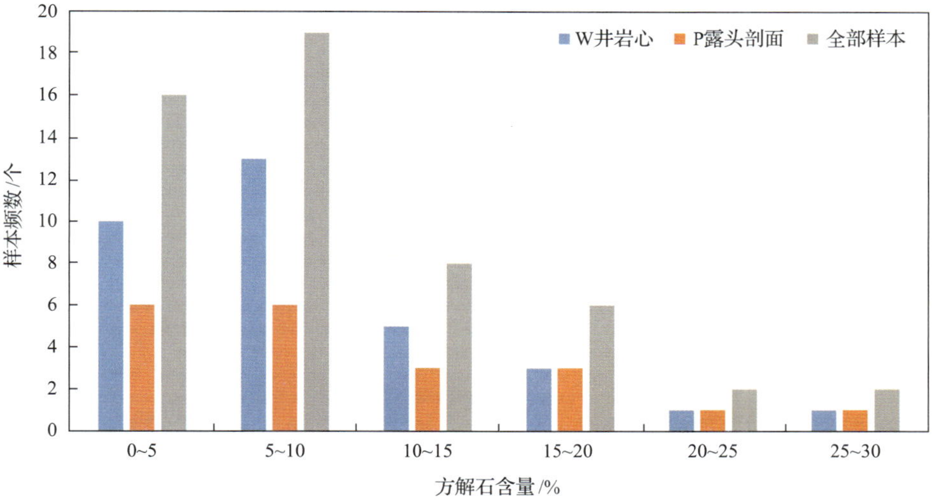

图 2.7　方解石含量样本频数分布直方图

Fig. 2.7　Histogram of sample frequency distribution of calcite content

2.2.3　黏土矿物组成

黏土矿物对页岩储层微观孔隙结构有重要影响，其中蒙脱石及伊/蒙混层含量控制页岩储层比表面积，可为页岩吸附气提供储集空间。此外，黏土矿物组成对页岩钻井工程井壁稳定性、储层压裂改造均有重要影响。W 井岩心样本黏土矿物包括伊/蒙混层、伊利石、绿泥石、蒙脱石和高岭石，具体黏土矿物含量如表 2.4、图 2.8 所示。

表 2.4 W 井岩心样本黏土矿物含量统计数据

Table 2.4 Statistical data of clay mineral content in core samples of W well （单位：%）

统计量	蒙脱石	高岭石	绿泥石	伊利石	伊/蒙混层
最大值	1.40	2.54	6.66	37.35	18.84
平均值	0.42	0.76	3.24	26.47	7.40
最小值	0.09	0.09	0.50	12.70	0.93
标准偏差	0.31	0.76	1.67	6.99	4.73
离散度	74.33	99.93	51.36	26.41	63.92

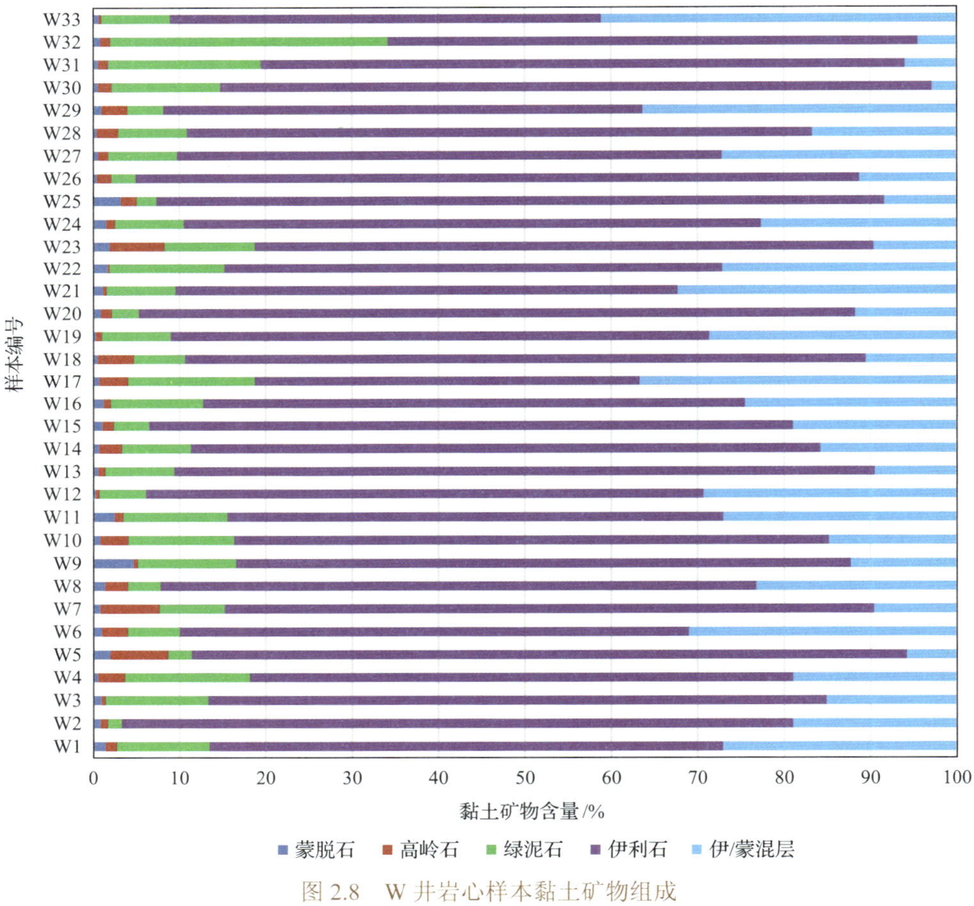

图 2.8 W 井岩心样本黏土矿物组成

Fig. 2.8 Clay mineral composition in core samples of W well

W 井岩心所含黏土矿物中，伊利石含量最高，所占比重接近 70%；伊/蒙混层含量次之，所占比重接近 20%；高岭石和蒙脱石含量最少。各黏土矿物所占比重如图 2.9 所示。

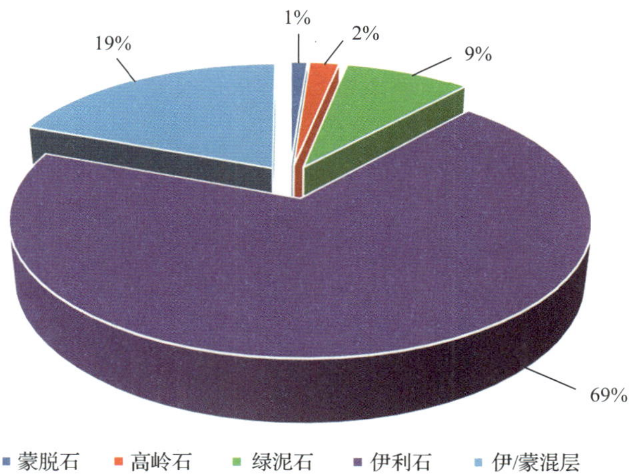

图 2.9 各黏土矿物所占比重

Fig. 2.9 Proportion of clay minerals

2.2.4 碳酸盐岩的矿物组成

碳酸盐岩在海相页岩中广泛存在，成岩过程中，以方解石为主的碳酸盐岩具有很强的化学胶结作用，易充填页岩原生孔隙与裂缝，在四川盆地海相页岩中多见天然裂缝、孔隙被方解石充填的现象，因而碳酸盐岩尤其是方解石的增加会对泥页岩的孔隙产生阻塞作用导致孔隙度降低。本书所采集样本的碳酸盐岩矿物包括方解石、白云石及菱铁矿，图 2.10 是全部样本中碳酸盐岩中矿物所占比重，可以看到研究区方解石含量占比高达 75%，菱铁矿含量极少。

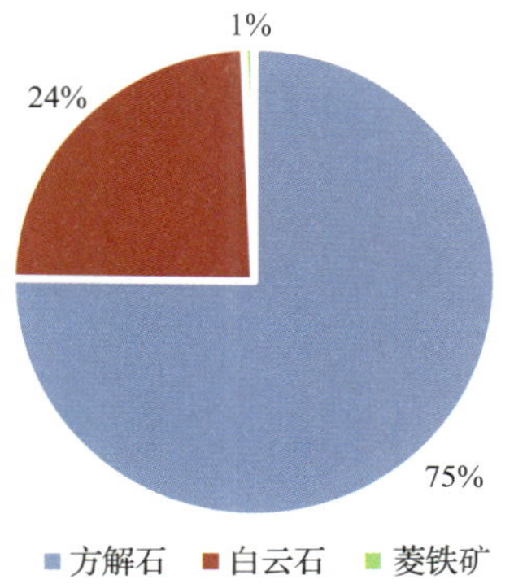

图 2.10 碳酸盐岩中矿物所占比重

Fig. 2.10 Mineral composition of carbonate

2.2.5 页岩矿物脆性指数

脆性指数是考量地层脆性及可压裂性的一个较为常用的指标，通常矿物脆性指数定义如下：

脆性指数=石英含量/(石英含量+碳酸盐含量+黏土矿物含量)

丁文龙等[40]认为富有机质页岩中石英、长石和碳酸盐含量越高，其脆性越大。也有学者将矿物脆性指数定义为

脆性指数=(石英含量+长石含量+碳酸盐含量)/矿物总量[70]

Nelson[30]认为石英、长石和白云岩是富有机质黑色页岩中的脆性矿物。考虑到方解石对页岩孔隙、裂缝的充填作用，在不考虑页岩储层改造能力的前提下，认为方解石对

岩石脆性不具有积极意义，结合研究区页岩矿物含量特征，本书定义矿物脆性指数如下：

脆性指数=(石英含量+长石含量+白云石含量)/矿物总量

据此得到 W 井岩心样本和 P 露头样本的矿物脆性指数，如图 2.11 所示。全部样本脆性指数最大值为 0.72，最小值为 0.30，平均值为 0.52，标准偏差为 0.095，离散度为 18.2%。整体来讲，川南地区龙马溪组页岩矿物脆性指数较大，页岩脆性较强，且脆性非均质性较弱，有利于网络裂缝的形成。

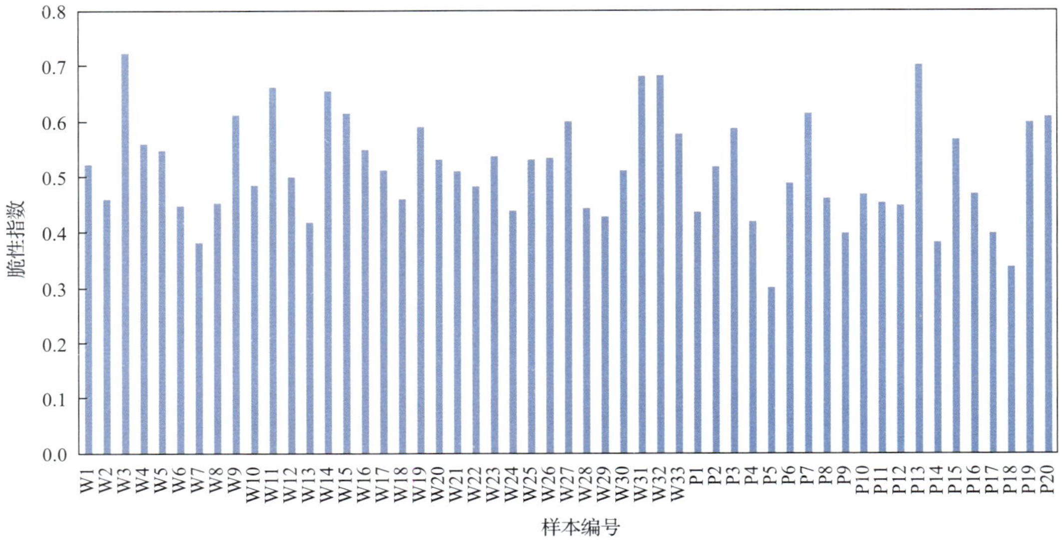

图 2.11　全部样本脆性指数

Fig. 2.11　Brittleness index of all samples

2.3　TOC 含量测试分析

2.3.1　TOC 含量测试数据

TOC 是评价岩石中有机质丰度的重要指标，也是页岩气藏能否形成的物质基础。因此，具有经济价值的页岩气远景区必须具有足够高的有机质丰度，以产生商业性规模的天然气。北美 Fort Worth 盆地 Barnett 页岩 TOC 含量为 3.0%～13.0%，平均值达 4.5%[116]。页岩气产量高的地方，TOC 含量相应也高，TOC 含量与气体含量(包括总气体含量和吸附气量)有很好的正相关关系。

TOC 含量不但控制着页岩的含气量，而且对页岩储层物性具有直接影响：第一，页岩有机质的孔隙度和渗透率远高于岩石基质，在一定范围、一定层位，有机质可以提供孔隙空间和渗流通道。第二，TOC 含量在一定程度上控制着页岩原生孔隙和天然裂缝的发育程度[25]。有机质孔是页岩孔隙类型的重要组成部分，一般情况下，TOC 含量越高，有机质孔越发育，页岩孔隙度越大，页岩有机质边缘广泛发育微裂缝，增强了页岩储层的孔渗性。也有研究表明，TOC 含量越高，岩石脆性越强，越容易在构造应力作用下形成天然裂缝和诱导裂缝。丁文龙等[40]将 TOC 含量与裂缝发育程度之间的关系划分为 4 类：①TOC 含量小于 2.0%时，裂缝发育程度差；②TOC 含量为 2.0%～4.5%时，裂缝发育程度中等；③TOC 含量为 4.5%～7.0%时，裂缝发育程度好；④TOC 含量大于 7.0%时，裂缝发育程度很好。

为深入研究 TOC 含量对页岩储层特征的影响，本书对 W 井岩心及 P 露头剖面样本进行了 TOC 含量测试，具体测试结果如图 2.12 所示。川南地区 A 区块龙马溪组 W 井岩心样本的 TOC 含量最大值为 4.3%，最小值为 0.33%，平均值为 1.84%，标准偏差为 0.94%，离散度为 51.12%；B 区块龙马溪组 P 露头剖面样本 TOC 含量最大值为 3.54%，最小值为 0.39%，平均值为 1.72%，标准偏差为 1.03%，离散度为 59.69%。整体来讲，两区块 TOC 含量相差不大，较北美主要页岩气产区 TOC 含量偏低，两区块页岩 TOC 含量离散程度较大，反映了研究区页岩 TOC 含量具有较强的非均质性。

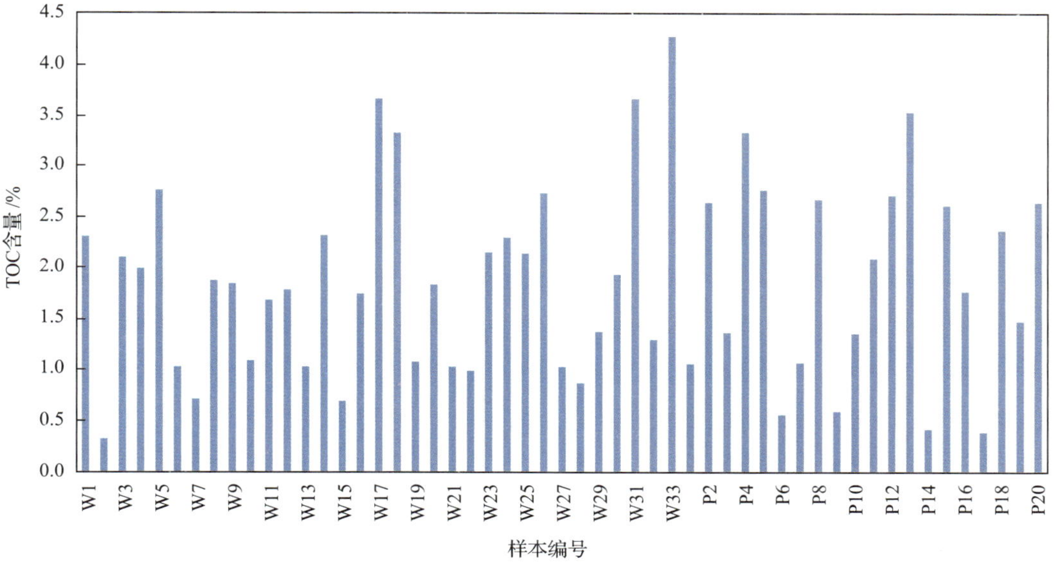

图 2.12 全部样本 TOC 含量数据

Fig. 2.12 TOC data of all sample

2.3.2 TOC 含量分布

图 2.13 为 TOC 含量样本频数分布直方图。由图 2.13 可知，W 井岩心样本 TOC 含量在 1.0%～2.0%的频数最大；P 露头剖面 TOC 含量在 2.0%～3.0%的频数最大；全部样本 TOC 含量在 1.0%～2.0%的频数最大，呈正态分布。

2.3.3 TOC 含量与矿物含量的关系

本小节分析了各矿物含量与 TOC 含量的关系，发现研究区龙马溪组页岩方解石含量与 TOC 含量存在很好的相关性，页岩方解石含量越高，TOC 含量越低，如图 2.14 所示，二者之间呈现负指数关系。其他矿物含量与TOC含量之间无明显相关性。有关富有机质页岩储层方解石含量与TOC含量关系的负指数关系需进一步研究确定。

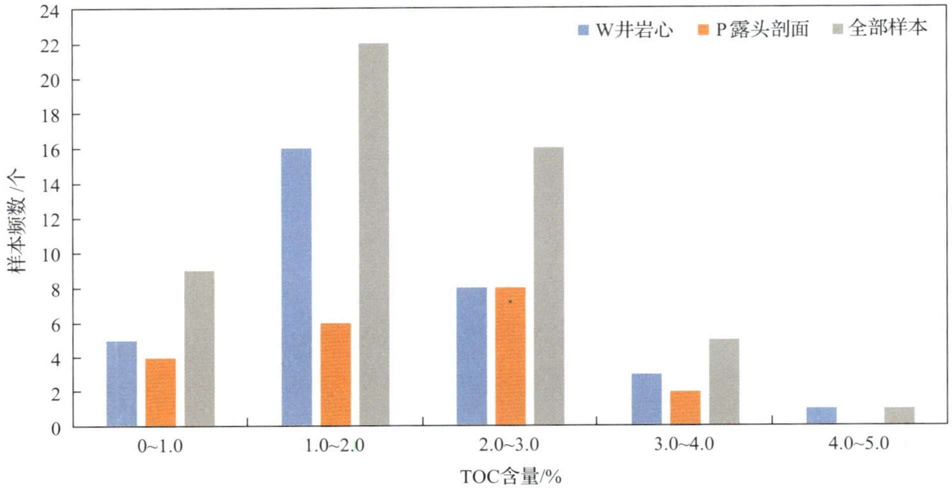

图 2.13 TOC 含量样本频数分布直方图

Fig. 2.13 Histogram of frequency distribution of TOC content

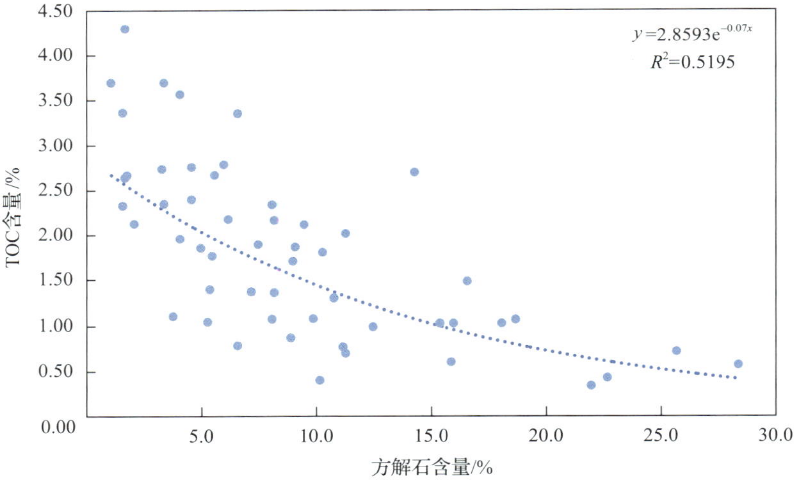

图 2.14 全部样本 TOC 含量与方解石含量的关系

Fig. 2.14 Relationship between TOC content and calcite content

2.4 页岩岩石力学特性测试分析

由于页岩较为致密，属于硬脆性岩石，且层理、微裂隙发育，页岩岩石力学性质与其他致密岩石相比具有独特性。页岩岩石力学性质的差异是页岩孔隙、裂缝等不连续结构发育的控制因素之一[117,118]。对于含气页岩储层，不仅需要关注其矿物组分、脆性指数等参数是否有利于页岩孔隙裂缝发育，还需要关注页岩岩石力学特性对裂缝发育的控制作用。页岩岩石力学参数中的弹性模量与泊松比直接反映页岩脆性，具有高弹性模量、低泊松比的页岩具有较高的脆性，在构造应力等外力作用下容易产生天然裂缝[119]。

2.4.1 页岩岩石力学参数测试

川南地区龙马溪组页岩的单轴抗压强度较高，单轴抗压实验测得 9 个样本的抗压强度最小值为 85MPa，最大值为 110MPa，平均值为 94.7MPa；计算得到的弹性模量最大值为 14.56GPa，最小值为 6.32GPa，平均值为 10.20GPa；泊松比最大值为 0.37，最小值为 0.29，平均值为 0.32。总体来看，川南地区龙马溪组页岩呈现出较强的脆性特征，表现为弹性模量较高、泊松比较低，屈服前弹性特征显著，屈服后岩石迅速破坏、应力即刻跌落，受层理、微裂隙等不连续结构面的影响，破坏过程中容易形成较为复杂的裂缝网络。

2.4.2 岩石力学性质与脆性指数的关系

页岩脆性特征受自身矿物含量控制，本小节对比了岩石矿物脆性指数与岩石力学参数(弹性模量、泊松比、抗压强度)之间的关系。图 2.15 为页岩弹性模量、泊松比与脆性指数的关系，从图中可以看到，页岩中矿物脆性指数越大(脆性矿物含量越高)，页岩脆性特征越明显，其弹性模量越高而泊松比越低。图 2.16 为页岩抗压强度与脆性指数之间的关系，从图中可以看到，二者具有一定的相关性，随着脆性指数的增大，页岩平行层理方向的抗压强度下降，分析认为脆性指数较大的页岩样本越有可能发育更多的微裂缝等不连续结构，导致样本抗压强度下降。

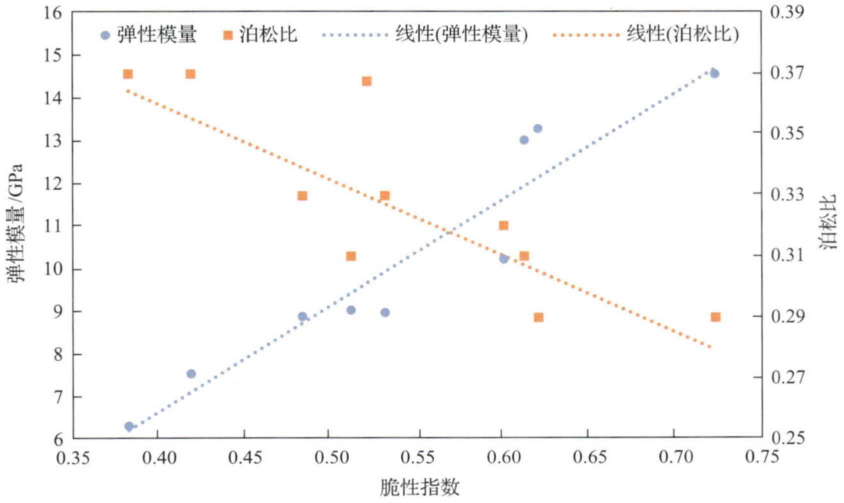

图 2.15 弹性模量、泊松比与脆性指数的关系

Fig. 2.15 Relationship between modulus of elasticity, Poisson's ratio and brittleness index

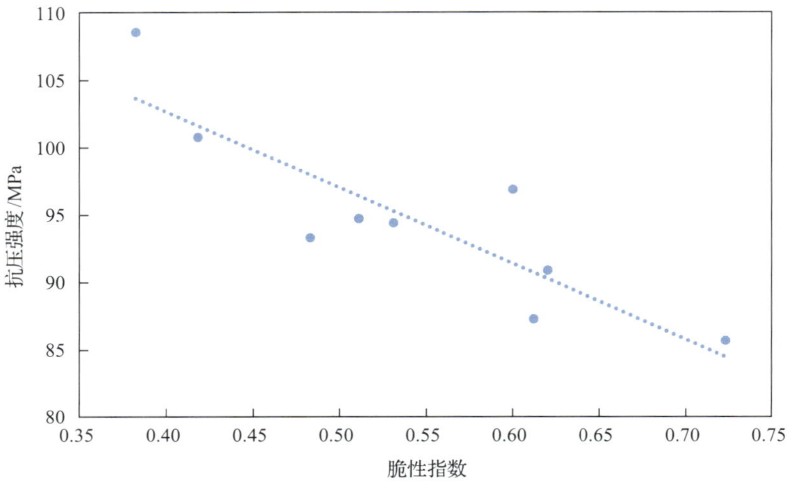

图 2.16 抗压强度与脆性指数的关系

Fig. 2.16 Relationship between compressive strength and brittleness index

2.5 页岩孔渗性测试分析

页岩气开发实践证实，具有开采价值的页岩气储层必须具有较好的孔隙度和渗透率。北美成功开发的页岩气田中孔隙度一般大于3%，渗透率一般大于0.001mD①。孔隙度与渗透率在反映页岩储层物性特征的同时，在一定程度上能够反映页岩储层的孔隙、裂缝发育情况。

2.5.1 孔隙度测试分析

1. 页岩孔隙度综合评价

图 2.17 为 W 井岩心和 P 露头剖面全部样本的孔隙度测试数据。W 井岩心样本孔隙度最大值为6.45%，最小值为0.82%，平均值为3.05%，标准偏差为0.94%，离散度为51.12%；P 露头剖面样本孔隙度最大值为 6.85%，最小值为 0.94%，平均值为 3.03%，标准偏差为 1.85%，离散度为 60.89%。北美主要产气页岩孔隙度平均值一般高于 5%，研究区孔隙度总体较北美主要产气页岩孔隙度偏低。从标准偏差和离散度数据来看，W 井岩心孔隙度较 P 露头剖面孔隙度更趋稳定。

2. 页岩孔隙度样本频数分布

图 2.18 为孔隙度样本频数分布直方图。由图 2.18 可知，A 区块岩心样本孔隙度主要分布在 2.0%～4.0%；B 区块 P 露头剖面样本孔隙度主要分布在 1.0%～2.0%；从全部样本来看，页岩孔隙度主要分布在 1.0%～4.0%，呈正态分布。

① $1D = 0.986923 \times 10^{-12} m^2$。

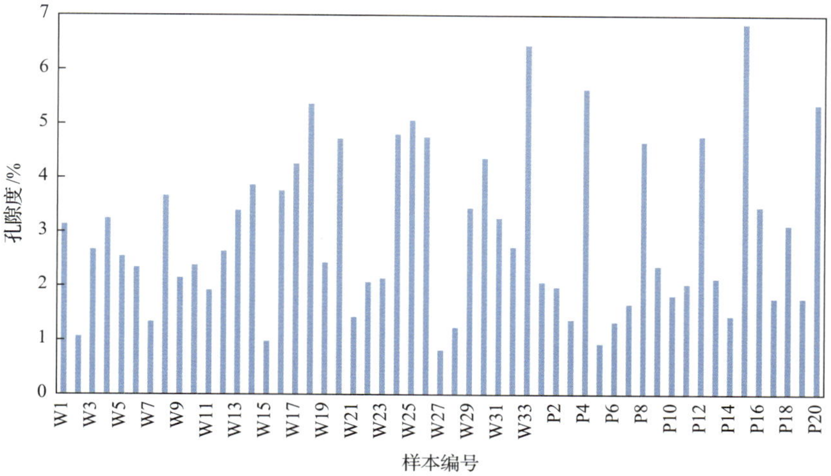

图 2.17　全部样本的孔隙度测试数据

Fig. 2.17　Porosity data for all samples

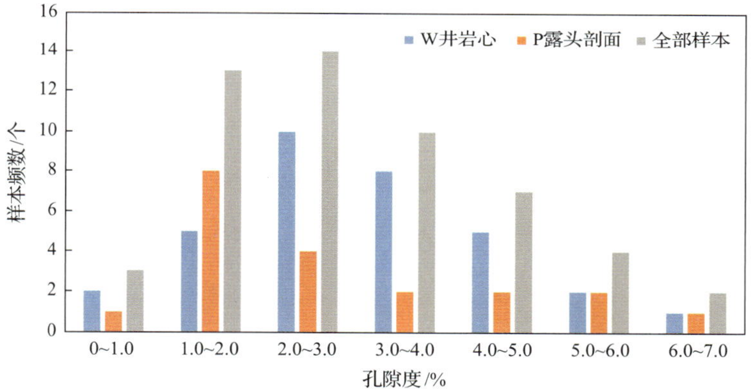

图 2.18　孔隙度样本频数分布直方图

Fig. 2.18　Histogram of frequency distribution of porosity samples

3. 页岩孔隙度影响因素分析

页岩储层主要发育纳米级孔隙，孔隙发育受多种因素共同控制。国内外学者通过研究认为孔隙发育与页岩 TOC 含量、黏土矿物含量、碳酸盐矿物含量存在相关性[120,121]。其中 TOC 含量与孔隙度呈正相关关系，且是控制纳米级孔隙体积及比表面积的主要内在因素[122]。

本节分析了样本孔隙度与 TOC 含量、页岩矿物含量的关系。图 2.19 为页岩孔隙度与 TOC 含量的关系，由图可知，页岩孔隙度与 TOC 含量存在明显的正相关性，相关系数达到 0.5775，与前人研究结论相符，表明了有机质孔在页岩储层中是较为发育的。图 2.20 为页岩孔隙度与石英含量的关系，可见研究区内页岩储层孔隙度与石英含量之间并无明显关系。图 2.21 为页岩孔隙度与黏土矿物含量的关系，可见 W 井岩心孔隙度与黏土矿物含量存在微弱的正相关性。图 2.22 为页岩孔隙度与方解石含量的关系，可见研究区内页岩孔隙度与方解石含量之间存在较为明显的负相关性，分析认为这种负相关性是方解石充填作用导致的。

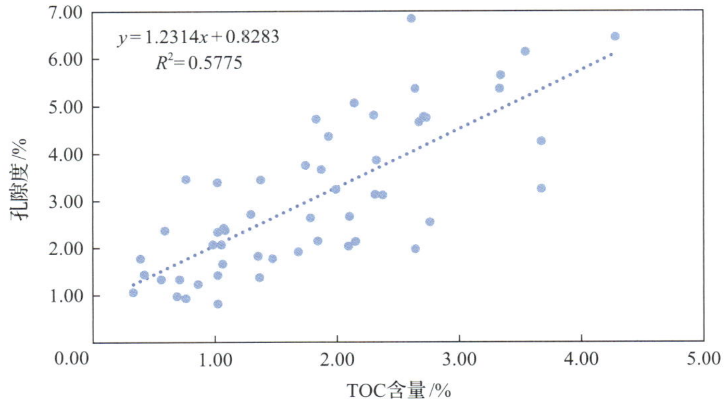

图 2.19 页岩孔隙度与 TOC 含量的关系

Fig. 2.19 Relationship between shale porosity and TOC content

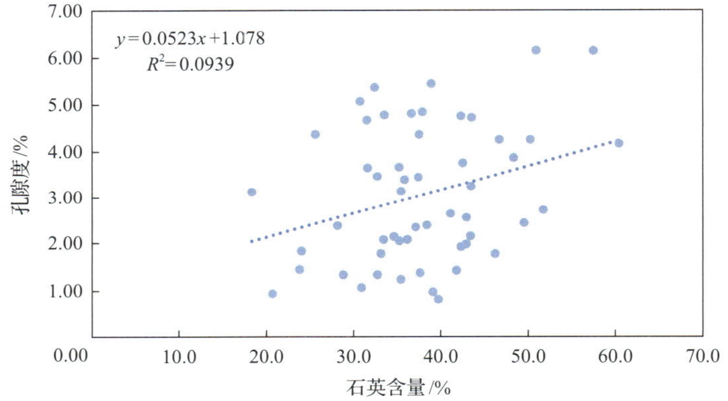

图 2.20 页岩孔隙度与石英含量的关系

Fig. 2.20 Relationship between sample porosity and quartz content

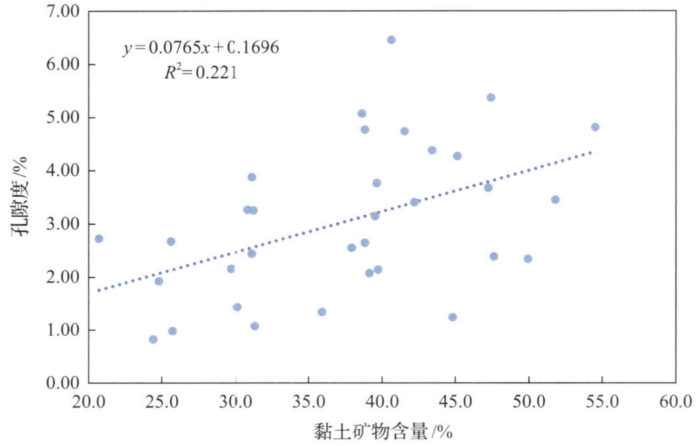

图 2.21 页岩孔隙度与黏土矿物含量的关系

Fig. 2.21 Relationship between shale porosity and clay mineral content

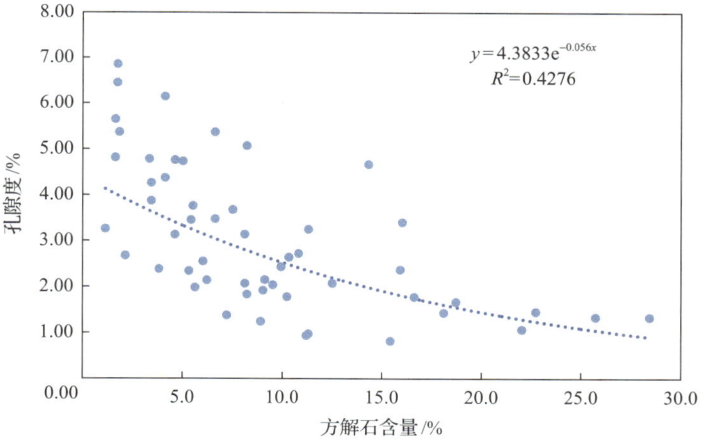

图 2.22 页岩孔隙度与方解石含量的关系

Fig. 2.22 Relationship between shale porosity and calcite content

2.5.2 渗透率测试分析

1. 页岩渗透率综合评价

渗透率是储层物性特征研究中最重要的参数之一，在储层评价、开发方案设计、数值模拟及产能评级过程中必不可少。致密页岩储层渗透率通常在纳米级，与页岩储层孔隙、裂缝发育程度及孔缝间的连通状态直接相关。

W 井岩心 33 个样本水平渗透率最大值为 17.2mD，最小值为 0.0012mD，平均值为 1.39mD，离散度达到 270.87%，最大值与最小值之间相差 5 个数量级，测试样本中存在 5 个渗透率大于 1mD 的样本，分析认为超高渗透率是因为样本中发育水平层理裂缝。W 井岩心样本渗透率分布如图 2.23 所示。

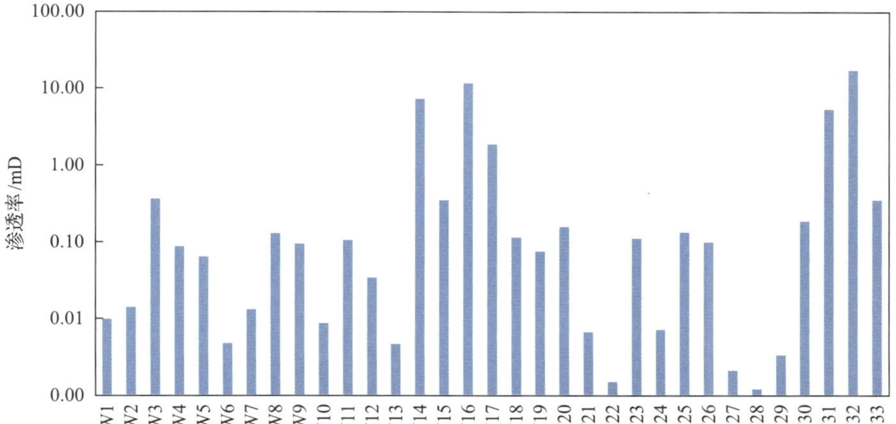

图 2.23 W 井岩心样本渗透率分布

Fig. 2.23 Permeability distribution of core samples in W well

2. 页岩渗透率影响因素分析

页岩属于致密储层，基质渗透率极低，页岩渗透率主要受储层连通孔隙、微裂缝发育程度等因素影响。图 2.24 是页岩渗透率与孔隙度关系图，为排除裂缝干扰，剔除了渗透率超高的 5 个页岩样本数据，可以看到渗透率与孔隙度之间呈现微弱的正相关关系。图 2.25 是页岩渗透率与矿物脆性指数关系图，可以看到页岩渗透率与矿物脆性指数呈现出一定的相关性，脆性指数越大，渗透率越高。分析认为页岩矿物脆性指数影响页岩裂缝发育程度，页岩矿物脆性指数越高，裂缝发育潜力越大，越有可能具有较高的渗透率。

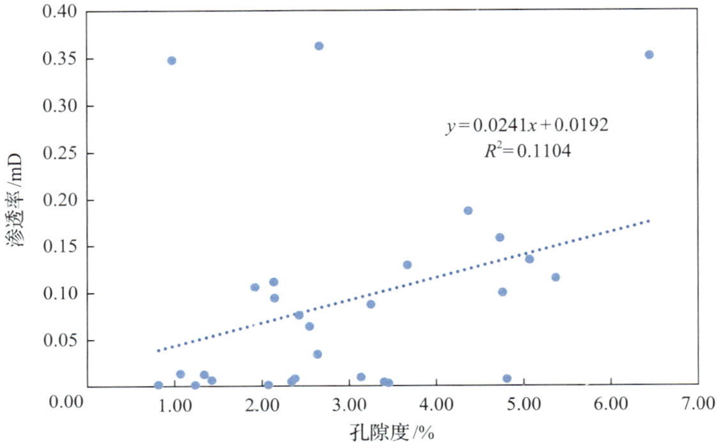

图 2.24 页岩渗透率与孔隙度关系

Fig. 2.24 Relationship between permeability and porosity of shale

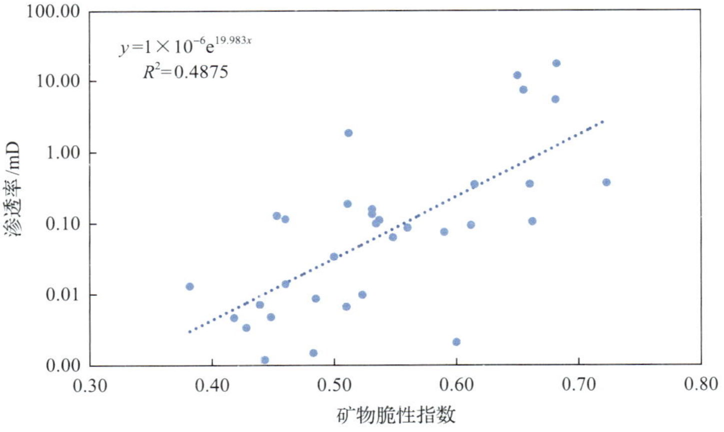

图 2.25 页岩渗透率与矿物脆性指数关系

Fig. 2.25 Relation between permeability and mineral brittleness index

第 3 章　页岩储层结构面发育特征

3.1　页岩微观结构特征

3.1.1　页岩孔隙结构发育特征

Loucks 等[16]研究了北美 Barnett 页岩的微纳米孔隙，按照孔径大小将页岩孔隙分为微米孔(直径大于 0.75μm)和纳米孔(直径小于 0.75μm)。在国内，邹才能等[123]、邱振等[124]通过扫描电子显微镜研究了四川盆地海相页岩的孔隙结构，将页岩孔隙分为有机质纳米孔、颗粒内纳米孔和有机质中的微裂缝。聂海宽等[125]将页岩孔隙划分为有机质孔、矿物质孔及两者之间的孔隙。杨峰等[126]通过大量的场发射扫描电镜实验，发现了页岩中的古生物化石孔隙和基质中的微裂缝，按照页岩孔隙成因及赋存位置将页岩孔隙分为 5 类：有机质纳米孔、黏土矿物粒间孔、岩石骨架矿物孔、古生物化石孔和微裂缝。

本章采用 Quanta 200F 场发射扫描电镜对川南地区龙马溪组页岩样本进行了观察，为提高 SEM 图像精度，对样本进行了氩离子抛光。图 3.1 为扫描电镜观测下的页岩孔隙。

(a)　　(b)

图 3.1　扫描电镜观测下的页岩孔隙

Fig. 3.1　Pore of shale under scanning electron microscope

根据场发射扫描电镜镜下的观察结果，并结合前人研究成果，将页岩孔隙按照成因及形态划分为粒间孔、粒内孔、晶间孔、有机质孔、溶蚀孔、生物化石孔、微裂缝等类型，可以进一步将粒间孔、粒内孔、晶间孔、溶蚀孔、生物化石孔归纳为无机质孔，这样可以将页岩孔隙类型划分为无机质孔、有机质孔和微裂缝 3 种类型，具体情况见表 3.1。

表 3.1 页岩孔隙分类

Table 3.1 Classification of shale pores

孔隙类型		成因机制	孔径	常见分布特征
有机质孔		有机质成熟生烃	2～500nm	常呈近球形、椭球形、凹坑状或片麻状等分布于热演化程度较高的有机质中
无机质孔	粒间孔	矿物颗粒堆积形成	5～1000nm	多见于软硬颗粒接触处和黏土矿物聚合体中
	粒内孔	矿物成岩转化	8～100nm	多见于层状或薄片状黏土矿物颗粒层间
	晶间孔	晶体生长过程中不紧密堆积	5～200nm	见于骨架颗粒或胶结物晶体接触处
	溶蚀孔	溶蚀作用	200～1000nm	见于长石、方解石等化学不稳定矿物中
	生物化石孔	生物化石作用	1～30μm	见于古生物化石骨架、体腔内部
微裂缝	解理缝	沉积成岩作用	1～60μm	多数被完全充填，一般与高角度张性裂缝连通
	黏土矿物晶间缝	成岩作用	0.5～100μm	连通性好，开度变化大，部分被充填
	贴粒缝	有机质演化	0.5～100μm	缝面不规则，不成组出现，多充填有机质、方解石

粒间孔：指页岩矿物颗粒之间的孔隙(图 3.2)，是页岩发育的主要孔隙之一，孔径一般在 5～1000nm，是沉积物颗粒间的不完全胶结或者成岩作用改造形成的，多发生在石英、长石等脆性矿物颗粒与有机质、黏土矿物颗粒之间，在外力作用下，容易进一步演化形成微裂缝。

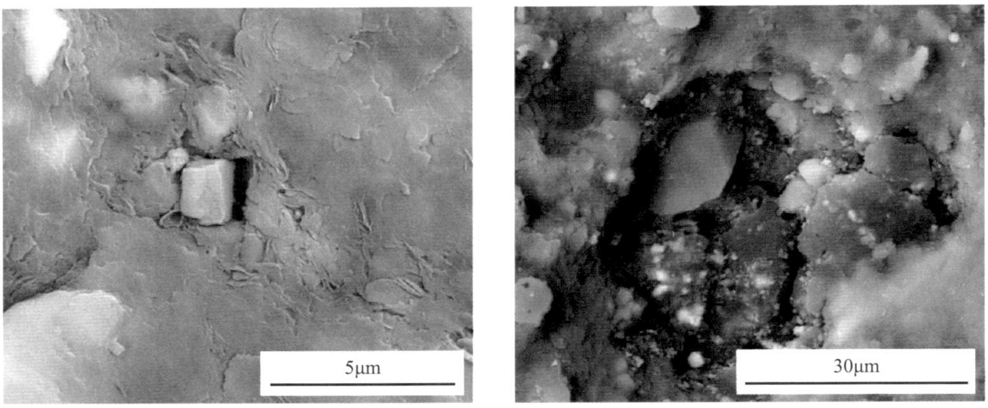

(a) (b)

图 3.2 页岩矿物颗粒之间的孔隙

Fig. 3.2 Shale pore between mineral particles

粒内孔：指矿物颗粒内部的孔隙(图 3.3)，在泥页岩中主要指黏土矿物粒内发育的孔隙，是泥页岩发育的主要孔隙类型之一，伊利石、蒙脱石等黏土矿物多呈现薄片状或纤维状，颗粒内部会广泛发育粒内孔，孔径一般在 8～100nm。

晶间孔：指矿物晶粒之间的孔隙(图 3.4)，在页岩中主要指黄铁矿或黏土矿物晶体间的孔隙，常形成于黄铁矿或者黏土矿物集合体中，孔径一般在 5～200nm。页岩晶间孔是常见的页岩孔隙类型，镜下可以观察到，除了黏土矿物外，黄铁矿矿物晶粒之间密集分布晶间孔。

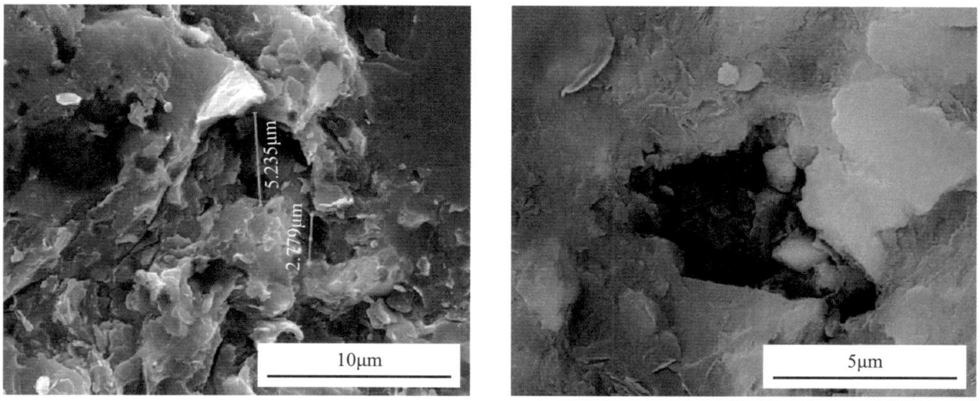

(a) (b)

图 3.3 页岩矿物颗粒内部的孔隙

Fig. 3.3 Pores in the interior of shale mineral particles

(a) (b)

图 3.4 页岩矿物晶粒之间的孔隙

Fig. 3.4 Pore between the grains of shale minerals

溶蚀孔：主要指粒间溶孔和粒内溶孔(图 3.5)，在泥页岩中发育较少，是泥页岩中的石英、长石、碳酸盐等不稳定矿物在水或者生烃过程产生的有机酸作用下发生化学溶解作用形成的。溶蚀孔的孔径较大，一般在 200～1000nm 以上。

生物化石孔：指在生物化石中发育的孔隙(图 3.6)，在泥页岩中发育较少，在古生物化石骨架和腔体中发育形成。在部分页岩岩样中，存在一些古生物化石如腹足类化石、藻类化石和介形类化石等。这些微化石大小不等，长度在 10～100μm，保存比较完整。古生物化石骨架的腔体内部可发育孔隙，孔隙直径可达 30μm。页岩生物化石孔形状多呈椭球状、狭缝状、多边形及不规则形状等。该类型孔隙孔径一般较大，孔隙连通性好。

有机质孔：指有机质内部发育的孔隙(图 3.7)，主要呈近球形、椭球形、弯月形、凹坑状等。有机质纳米孔是页岩中存在最广泛的孔隙类型之一，一块直径为几微米的有机质颗粒可含有成百上千个纳米孔，是有机质生烃演化过程中因体积缩小而形成的，有机质孔孔径一般在 2～500nm。

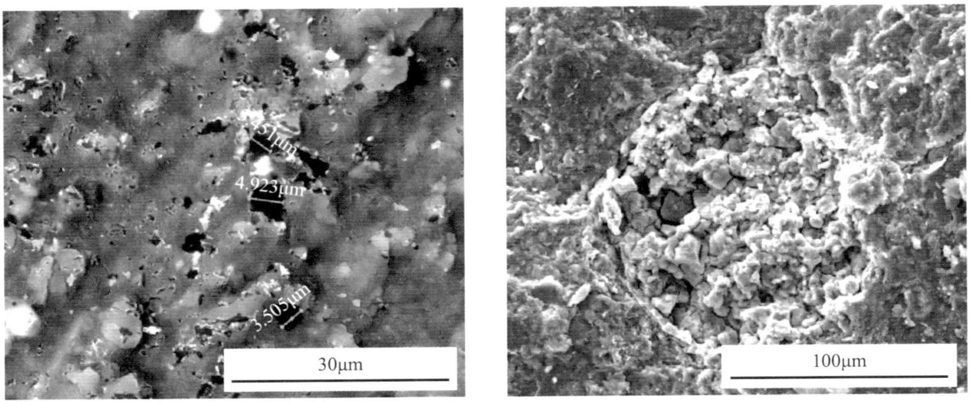

(a) (b)

图 3.5 页岩溶蚀孔

Fig. 3.5 Dissolution pore of shale

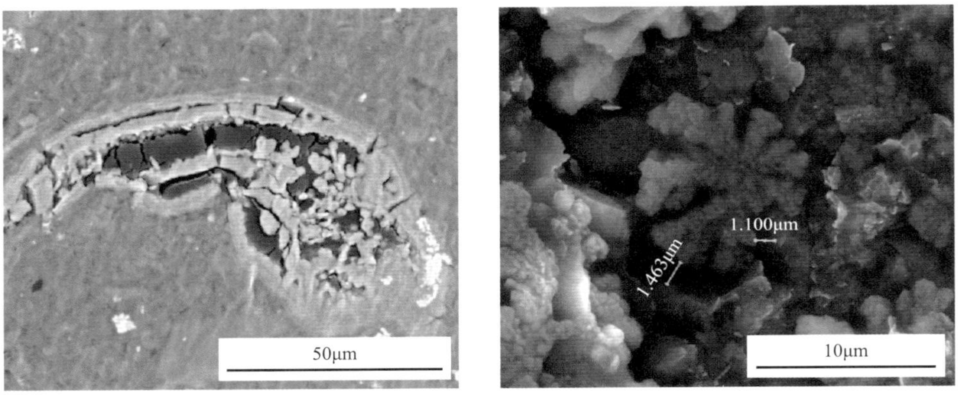

(a) (b)

图 3.6 页岩生物化石孔

Fig 3.6 Fossil pore of shale

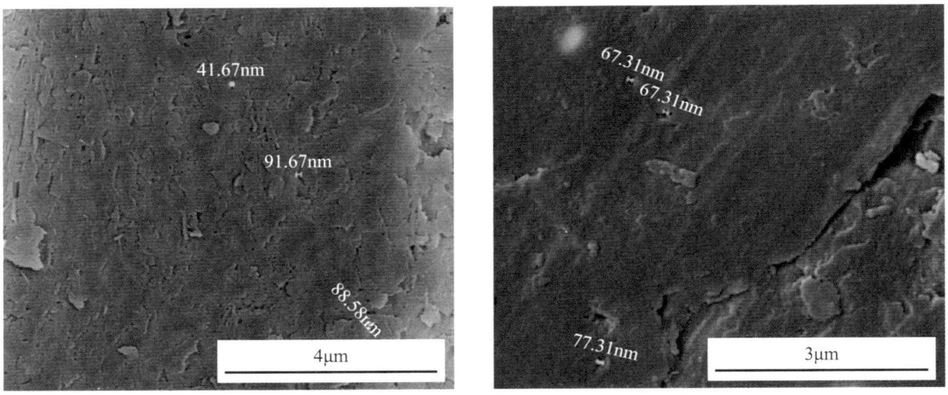

(a) (b)

图 3.7 页岩有机质孔

Fig. 3.7 Pore of organic matter in shale

3.1.2 页岩微裂缝发育特征

1. 页岩微裂缝大小

页岩储层微裂缝广泛发育，不但为游离气提供储集空间，而且是沟通微观孔隙与宏观裂缝的主要通道，在页岩气体的渗流中具有重要作用。页岩微裂缝介于宏观裂缝与微观孔隙之间，多数学者在研究页岩裂缝时，认为通过肉眼直接观察到的裂缝为宏观裂缝，通过扫描电子显微镜才能观察到的裂缝为微裂缝。Gale 等[127,128]通过高倍扫描电子显微镜观察 Barnett 页岩中的微裂缝，发现镜下观察到的微裂缝开度大多小于 50μm，能够很好地沟通页岩孔隙；Zeng 等[129]在研究渝东南地区龙马溪组页岩时，发现镜下观测到的微裂缝开度一般在 0.5μm 以下，较大的微裂缝超过 1μm，是良好的渗流通道。本节通过氩离子抛光扫描电镜观察到的川南地区龙马溪组页岩微裂缝开度一般在数十纳米至数十微米，开度小于 1μm 的微裂缝居多(图 3.8)，页岩微裂缝长度在 3～100μm，多处于 5～20μm。

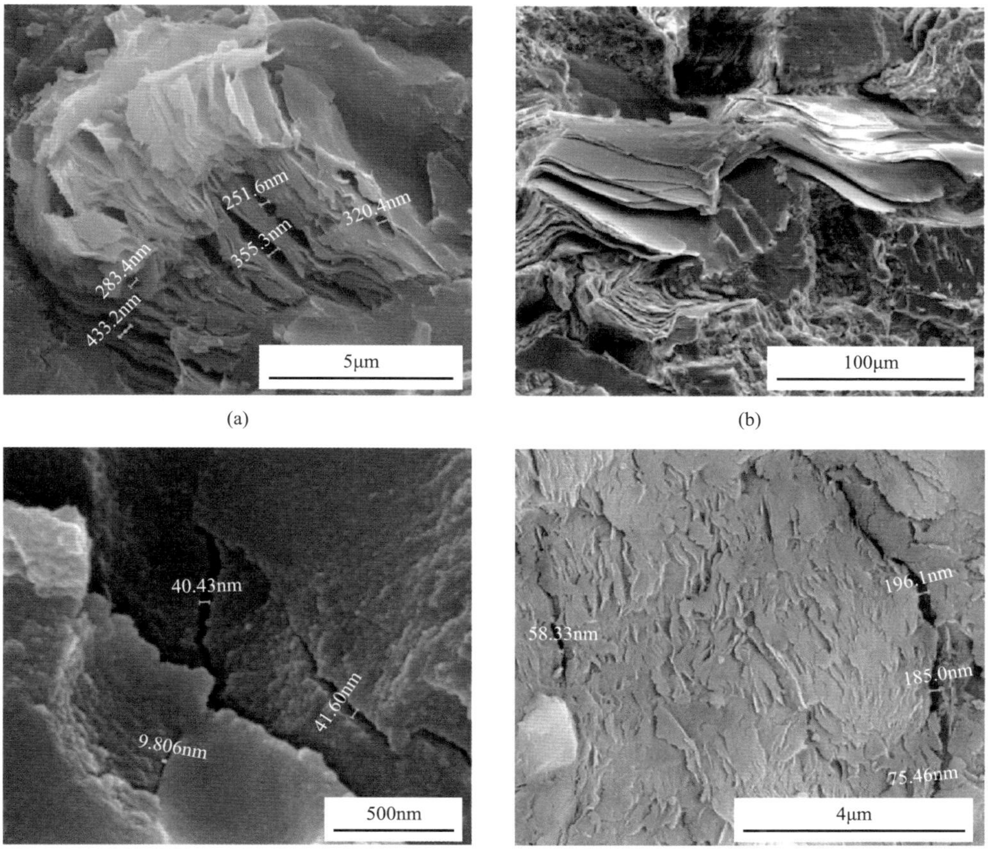

图 3.8 页岩微裂缝

Fig. 3.8 Shale micro fractures

通过扫描电子显微镜在不同放大倍数下观察川南地区龙马溪组页岩微裂缝，共计观察到360条微裂缝，微裂缝开度在0.02～200μm。图3.9为页岩微裂缝开度分布统计结果，可以看到，研究区页岩微裂缝开度主要集中在0.02～50μm，此部分微裂缝占比达到75%；开度小于1μm的微裂缝比较发育，占总裂缝数的26%；开度大于50μm后，微裂缝呈逐渐减少的趋势。

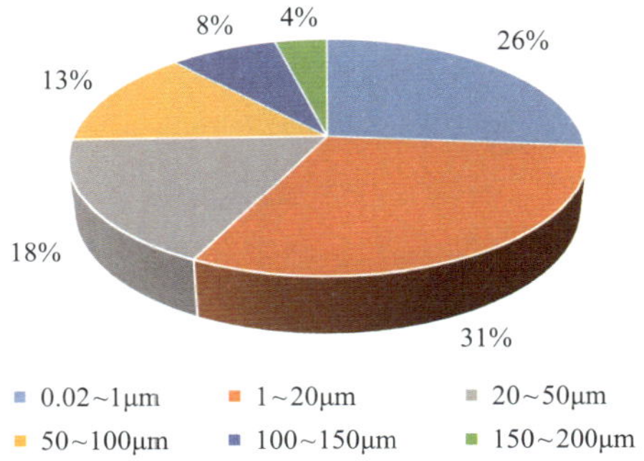

图3.9 页岩微裂缝开度统计

Fig. 3.9 Statistics of shale microcrack width

2. 页岩微裂缝类型

电镜观察下可见页岩微裂缝发育位置多样，成因类型多样。郭旭升等[36]认为页岩微裂缝开度一般应小于10μm，需要在显微镜下才能观察到，按微裂缝成因及位置将其分为3类：解理缝、黏土矿物晶间缝和贴粒缝(表3.1)。解理缝一般发育于片状矿物内部或边缘，裂缝面一般比较平直，裂缝弯曲程度小，一般情况下裂缝张开，裂缝开度一般在1～60μm，微裂缝长度一般与片状矿物长度有关[图3.10(a)]。黏土矿物晶间缝是黏土矿物在成岩作用过程中脱水形成的，裂缝开度一般小于1μm，裂缝长度一般不会超过50μm[图3.10(b)]。贴粒缝是页岩微裂缝的主要类型，主要是沿页岩碎屑颗粒、黏土矿物、有机质界面处形成的微裂缝。由于微裂缝沿矿物或有机质颗粒分布，一般呈弯曲状，少部分呈近平行状或羽列状连续分布，微裂缝开度一般在0.5～100μm[图3.10(c)～(f)]。在贴粒缝中，碎屑颗粒与黏土矿物间的贴粒缝连通性较好，微裂缝开度变化大，微裂缝方向一般会沿碎屑颗粒和黏土矿物界面延伸[图3.10(c)、(d)]；碎屑颗粒、黏土矿物和有机质间的贴粒缝是有机质在演化过程中产生局部异常压力使岩石破裂产生的微裂缝，该种微裂缝一般缝面不规则，不成组系，多充填有机质[图3.10(e)、(f)]。

3. 页岩微裂缝方向

受构造应力作用，页岩宏观裂缝一般具有方向性，分布上具有一定的组系特征[130,131]。扫描电子显微镜观察统计下，页岩微裂缝并没有表现出明显的方向性(图3.11)，微裂缝方向呈发散状态，杂乱无章地分布，部分微裂缝相互沟通，连通性好，有利于页岩气在低渗透页岩储层中的渗流运移。分析认为，研究区页岩微裂缝以贴粒缝为主，而贴粒缝主要受成岩作用及有机质演化作用控制，构造应力作用不起主导作用，所以微裂缝分布上并没有表现出明显的组系特征。

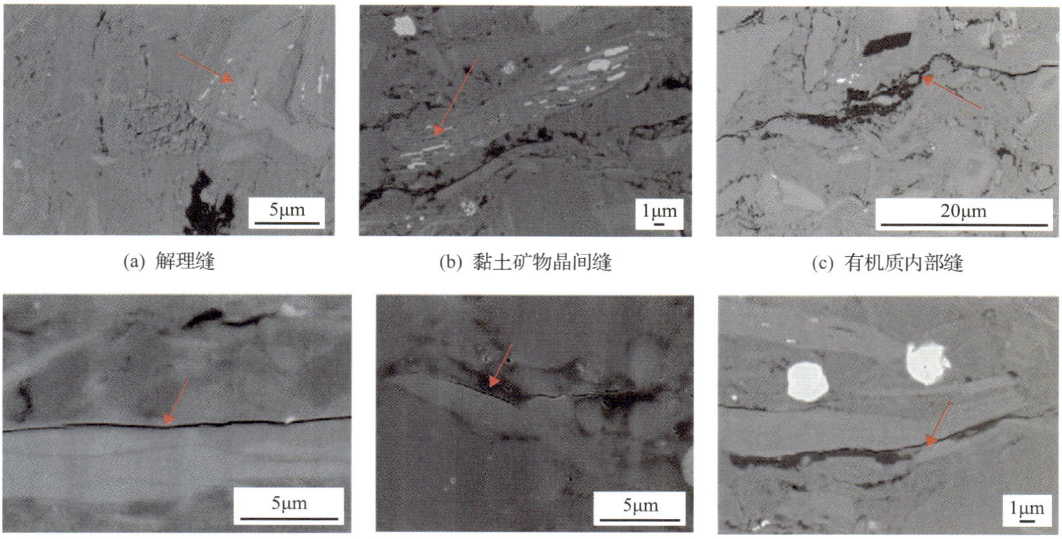

(a) 解理缝　(b) 黏土矿物晶间缝　(c) 有机质内部缝

(d) 碎屑颗粒与黏土矿物间的贴粒缝　(e) 碎屑颗粒与有机质间的贴粒缝　(f) 黏土矿物与有机质间的贴粒缝

图 3.10　页岩微裂缝类型[36]

Fig. 3.10　Types of shale micro fractures

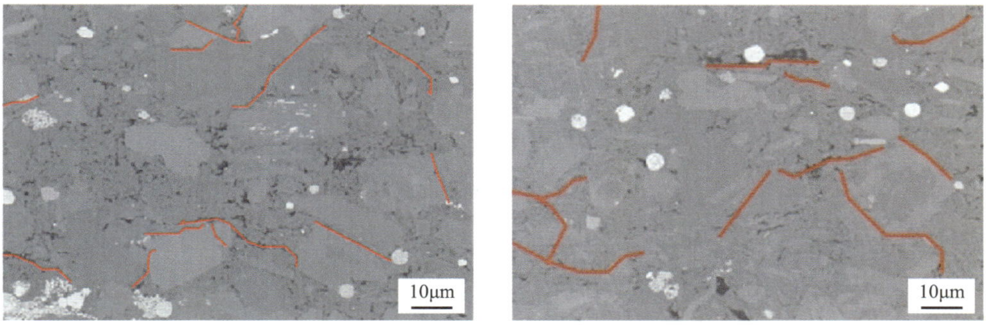

(a)　(b)

图 3.11　页岩微裂缝方向

Fig. 3.11　Direction of microcrack in shale

3.2　页岩宏观结构特征

3.2.1　页岩宏观裂缝分类

页岩储层裂缝是指由于构造变形作用或物理成岩作用形成的在储层岩石中天然存在的不连续结构。岩石裂缝被定义为岩石内部的不连续结构面，是失去结合力的岩石发生破裂形成的。广义上断层也是一种裂缝，狭义上将裂缝定义为沉积岩中的节理，地质上将裂纹、裂隙都归为裂缝[132]。页岩与砂岩等其他岩性储层岩石相比具有不同的岩石矿物成分及力学性质，导致发育在其中的裂缝类型与发育在其他岩性储层中的裂缝不同。当前有关页岩的分类主要是从裂缝成因、产状、几何形态、破裂性质等方面进行划分，其中以成因为基础的分类方案最可行[133]。龙鹏宇等[4]对低孔、低渗的泥页岩储层裂缝进行了分类，依据其成因划分为构造裂缝(张性构造裂缝和剪性构造裂缝)、层间页理缝、层面滑移缝、成岩收缩微裂缝和有机质演化异常压裂缝 5 种裂缝(表 3.2)，这 5 种裂缝的地质成因、识别特征和分布规律都不尽相同(图 3.12)。

表 3.2　页岩主要裂缝成因类型综合分析

Table 3.2　Comprehensive analysis of major genetic types of shale fractures

裂缝类型	主控地质因素	发育特点	储集性和渗透性	压裂响应
构造裂缝	构造作用	产状变化大，破裂面不平整，多数被完全充填或部分充填	主要的储集空间和渗流通道	小型裂缝压裂可恢复活力，但大型开启缝压裂将发生局部穿层，对裂缝扩展产生不利影响
层间页理缝	沉积成岩作用、构造作用	多数被完全充填，一端与高角度张性构造裂缝连通	部分储集空间，具有较高的渗透率	一般压裂可恢复活力，响应效果较好
层面滑移缝	构造作用、沉积成岩作用	平整、光滑或具有划痕、阶步的面，且在地下不易闭合	良好的储集空间，具有较高的渗透率	一般压裂可恢复活力，响应效果较好
成岩收缩微裂缝	成岩作用	连通性较好，开度变化较大，部分被充填	部分储集空间和渗流通道	闭合微裂缝和小型封闭裂缝压裂可恢复活力，响应效果明显
有机质演化异常压裂缝	有机质演化局部异常压力作用	缝面不规则，不成组系，多充填有机质	主要的储集空间和部分渗流通道	小部分压裂可恢复活力，但响应效果不明显

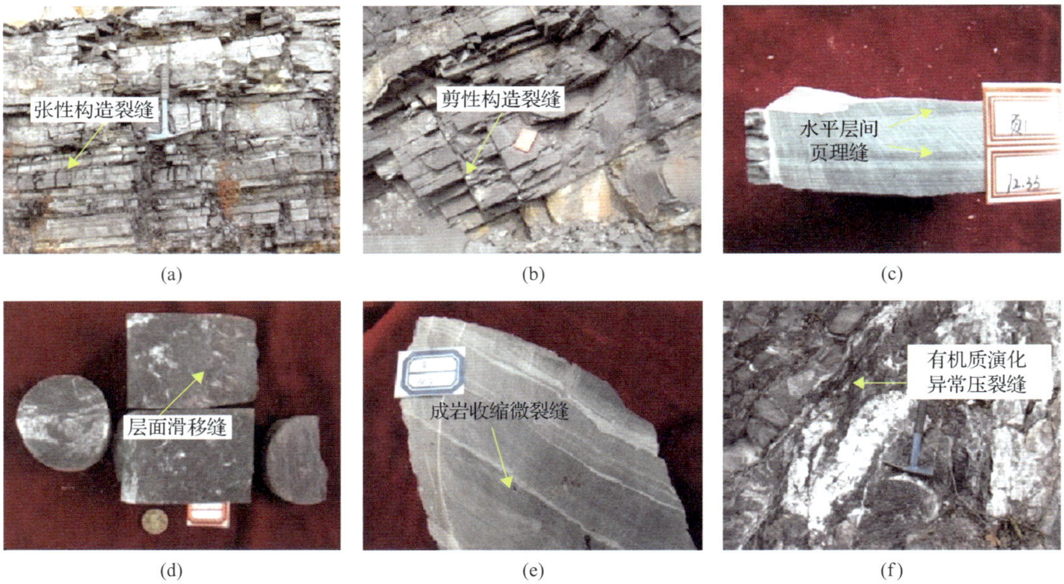

图 3.12　页岩宏观裂缝成因类型[4]

Fig. 3.12　Genetic types of macro fractures of shale

页岩裂缝具有网络特征，表征参数可分为基本参数和物性参数两类，基本参数主要包括：裂缝长度、裂缝开度、裂缝间距、裂缝产状、裂缝倾角、裂缝密度和裂缝充填情况；物性参数包括裂缝孔隙度和裂缝渗透率，反映页岩储层物性特征[134]。研究对象主要针对页岩宏观裂缝和微裂缝。宏观裂缝长度包括露头裂缝长度和岩心裂缝长度。露头裂缝长度为页岩野外露头观测到的真实裂缝长度，岩心裂缝长度指岩心发生断裂的裂缝斜截岩心所得椭圆面的长轴长度，一些没有使岩石发生断裂的裂缝在识别其长度时，直接测量其在岩心上的开裂长度即为裂缝长度[64]。裂缝开度是指裂缝的张开程度，也就是裂缝宽度。裂缝间距是指成组系裂缝系统中相邻两条裂缝之间的距离。裂缝产状类似于断层产状，是指裂缝的倾角、倾向和走向。裂缝倾角在研究过程中可根据实际情况定义基准面，定义裂缝与基准面的夹角为裂缝倾角。裂缝充填情况是指裂缝被杂质、胶结物等充填的情况，分为完全充填、半充填、未充填 3 种状态。

1. 裂缝开度(ω)

裂缝开度也称为裂缝宽度，为定量参数，是指裂缝面之间的距离。该参数是裂缝孔隙度和渗透率的主要构成要素。其数值小到微米级，大到毫米级，通常在几十到几百微米。在描述裂缝性油气藏时，在裂缝孔隙度、渗透率的计算及储层的预测中，裂缝开度是一个非常重要的参数。

裂缝上所量取的宽度为视宽度，要根据测量面与裂缝面的夹角进行换算，得到真实的裂缝宽度：

$$\omega = \omega_{\mathrm{v}} \cos\theta \tag{3.1}$$

式中，ω 为真实的裂缝开度；ω_{v} 为裂缝面视宽度；θ 为测量面与裂缝面的夹角。

裂缝开度可在露头或岩心资料上直接进行测量，也可以根据成像测井进行解释，但其结果受钻井损害的影响比较大。通常采用岩心上测量的裂缝开度或裂缝中充填脉宽度值代表裂缝开度，这种方法得到的裂缝开度均大于其在地下的真实宽度。原因在于，一是地表所观测的岩心是减压或膨胀之后的岩心，且裂缝空间的膨胀系数要远远大于岩石孔隙的膨胀系数；二是目前裂缝中所见的充填脉是多次脉冲式充填的结果，其脉宽要远大于裂缝的原始开度。

2. 裂缝长度(L_{f})

裂缝长度是指裂缝的延伸长度，为定量参数。从构造地质学上可以将其分为走向延伸长度和倾向延伸长度。裂缝长度分布在几米到十几千米之间，甚至可以达到几十千米。储层裂缝在平面上的延伸长度这一重要参数目前还没有有效方法直接进行测量，一般可通过下列两条途径对裂缝延伸长度进行研究：在有相似露头区，可用类比计算的方法；在无露头区，可用模拟分析的方法。

3. 裂缝倾角(θ_{ST})

裂缝倾角是指裂缝面与水平面之间的夹角。按照裂缝倾角大小可将其分为：垂直裂缝，倾角为85°～90°；水平裂缝，倾角为0°～5°。或者将倾角大于45°的裂缝统称为中高角度缝；倾角小于45°的裂缝统称为中低角度缝。裂缝倾角容易测量，但确定倾向比较困难。当层面倾斜明显时，可用相对倾向的方法加以评价。测出裂缝倾向与地层倾向的夹角，然后利用该岩心所属地层的平面构造图恢复岩心的方位，从而间接求得裂缝倾向。

4. 裂缝密度(D_{f})

裂缝密度是衡量裂缝发育程度的重要指标。常规的裂缝密度可以分为线密度、面密度和体密度。线密度是指微裂缝与垂直于该组裂缝的单位测线上的交点数。线密度 F_L 是指与一条直线(垂直于流动方向)相交的裂缝数 n 和此直线长度 l 的比值，即

$$F_L=\frac{n}{l} \tag{3.2}$$

面密度是指单位面积内的裂缝长度。面密度 F_A 是指裂缝累计长度 L 和流动横截面上的基质总面积 S 的比值，即

$$F_A=\frac{L}{S} \tag{3.3}$$

式中，$L=\sum_{i=1}^{n}L_i$。

体密度是指单位体积内裂缝比表面积。体密度 F_V 是指裂缝总面积 S_{t} 和基质总体积 V 的比值，即

$$F_V=\frac{S_{\mathrm{t}}}{V} \tag{3.4}$$

裂缝密度是裂缝网络中最重要的参数，许多裂缝聚集在一起形成了高裂缝密集带。由于裂缝通常能大大改善流体的流动，高裂缝密集带通常是最好的储层发育带。裂缝体密度能够较充分地反映裂缝发育程度，不因充填物和充填程度变化而改变。后面将以裂缝密度为主要对象展开裂缝网络表征方面的研究。

5. 裂缝间距(H_{f})

裂缝间距是指两条裂缝之间的距离。裂缝间距的大小决定裂缝渗透率的高低。其变化较大，由几毫米到几十米不等。岩心上对于同一组系的裂缝应对其间距进行测量。同一组系是指具有成因联系的、产状相近的多条裂缝的组合。

6. 裂缝产状(θ_{SP})

裂缝产状是指裂缝或裂缝系发育的方位，是描述裂缝的重要参数，可直接由定向取

心和裂缝与地层的关系来获得，也可以通过测井资料获取。裂缝的方位描述参数有倾向、倾角和走向。

裂缝孔隙是岩石破裂形成的一种次生孔隙，裂缝本身通常不具有很大的孔隙，但当与原生孔隙相连通时就会急剧地增大孔隙度和渗透率，裂缝孔隙体积可通过其他属性计算。对于存在裂缝的储层，其裂缝分布非常不均匀，这就造成了裂缝性储层岩石孔隙分布的非均质性。

裂缝性储层的裂缝孔隙度 ϕ_f 是指岩石样品中裂缝的体积 V_f 与整个岩石样品总体积 V_b 的比值，其计算公式为

$$\phi_f = \frac{V_f}{V_b} \times 100\% \tag{3.5}$$

裂缝孔隙度一般比较小，大部分小于 0.5%，很少超过 2%，但当裂缝遭受溶蚀时，裂缝孔隙度可以大于 2%。虽然裂缝孔隙度比较小，但是其渗透率一般比较大。裂缝孔隙度可以通过裂缝宽度与密度、三维岩心实验、测井等方法求取。下面介绍利用裂缝宽度和密度求取裂缝孔隙的方法。一般通过岩心观测获得裂缝的平均宽度和体密度 F_V 资料，即可计算：

$$\phi_f = \frac{V_f}{V_b} \times 100\% = \frac{S_t \bar{\omega}}{V_b} \times 100\% = F_V \bar{\omega} \times 100\% \tag{3.6}$$

式中，$\bar{\omega}$ 为裂缝的平均宽度，m。

可见裂缝孔隙度的大小与裂缝开度和密度成正比：

$$\phi_{fS} = \frac{S_f}{S_t} \times 100\% = \frac{L\bar{\omega}}{S_t} \times 100\% = F_A \bar{\omega} \times 100\% \tag{3.7}$$

式中，ϕ_{fS} 为可见裂缝孔隙度；S_f 为可见裂缝面积；F_A 为面密度。

岩心柱单元上裂缝体密度和裂缝孔隙度的计算主要由裂缝面密度确定。裂缝面密度是比较容易计算的。

裂缝的渗透性和连通性体现了裂缝传输流体的能力。裂缝渗透率通常很高，主要是由于裂缝把单独的孔隙连接起来并成为流体的渗流通道，在裂缝系统中渗透率是基质和裂缝的综合效应。裂缝的连通性是指裂缝网络系统中裂缝间的联结程度，可以理解为裂缝间的交叉切割状况。裂缝的连通性直接影响裂缝网络的渗透性能及流体在裂缝中的流动状况，实际应用中对裂缝的连通性进行定量描述存在一定困难。

在常规计算渗透率时，是将孔隙空间与岩石骨架作为统一的岩石力学单元来考虑的，因此，在以岩石为单元计算裂缝渗透率时，应将裂缝与基质岩块作为统一的岩石力学单元，只是所计算的裂缝渗透率为岩石裂缝渗透率。岩石裂缝渗透率表示为

$$K_f = \frac{\omega^3}{12h} \tag{3.8}$$

式中，h 为岩层流动截面高度，m。

对于具有一定倾角的裂缝来说：

$$K_{\mathrm{f}}=\frac{\omega^{3}}{12h}\cos^{2}\theta_{\mathrm{ST}} \tag{3.9}$$

式中，θ_{ST} 为裂缝倾角，式(3.9)是单一裂缝的渗透率。对于具有多条裂缝的岩石，裂缝渗透率则为所有单一裂缝渗透率之和。例如，对于由两组裂缝组系构成的裂缝网络来说，岩石裂缝渗透率为

$$K_{\mathrm{f}}=\frac{1}{12h}\left(\cos^{2}\theta_{\mathrm{ST1}}\sum_{i=1}^{n}\omega_{i}^{3}+\cos^{2}\theta_{\mathrm{ST2}}\sum_{j=1}^{m}\omega_{j}^{3}\right) \tag{3.10}$$

式中，ω_i 为第一组裂缝的宽度；ω_j 为第二组裂缝的宽度；θ_{ST1} 为第一组裂缝倾角；θ_{ST2} 为第二组裂缝倾角。

3.2.2 页岩露头裂缝发育特征

野外岩石露头是指在构造作用下出露在地表的岩石。这些出露在地表的岩石能够在宏观上说明地下岩体的裂缝特征及岩石学特性。露头观测是从宏观角度获取岩石裂缝、节理等不连续结构的最佳方式(图 3.13)。页岩的层理性和脆性使得井下取心较为困难，

(a) (b) (c) (d)

图 3.13 页岩露头裂缝发育状态

Fig. 3.13 Development state of outcrop fracture in shale

因此，对页岩露头的野外观测显得尤为重要，但当前有关野外露头的研究对象主要是构造地层及岩石学特性，通过野外露头开展岩石裂缝的研究还不是很深入，对页岩宏观裂缝分布规律与发育规模的认识还不是很清楚。

页岩露头裂缝通常表现出较强的随机性，这种随机性是岩体受到构造应力场作用的一种反映。对处于某一地质环境中的裂缝而言，其几何展布特征通常存在某种规律性，而数理统计和概率分析是得出这种规律性最有效的途径。此外，关于裂缝几何参数特征的概率统计分析是获得裂缝系统模型的关键步骤，上述认识是对岩石裂缝几何特征进行概论统计分析的理论依据。通过对研究区某测点龙马溪组页岩 5 组露头剖面的实测统计，分析了宏观裂缝的分组性、裂缝间距、裂缝长度、裂缝倾角及分形特征等，以此揭示页岩宏观裂缝发育状态和分布规律，为有关页岩裂缝的数值模拟研究提供指导。

1. 页岩裂缝产状的分组性

岩石宏观裂缝的成因类型多为构造成因，多期构造作用相互切割，加上页岩本身脆性较强，造成了页岩裂缝具有明显的分组性特征。裂缝分组性对裂缝网络具有重要意义，能够体现出裂缝的发育特征和分布规律。露头裂缝数据分析需要对裂缝进行分组划分，优势组的划分方法有很多，本节采用玫瑰花图法，产状玫瑰花图如图 3.14 所示。页岩的优势裂缝组包括两组，分别是 290°～345°∠30°～60°(平均产状为 317°∠49°)和 55°～85°∠55°～75°(平均产状为 67°∠68°)。

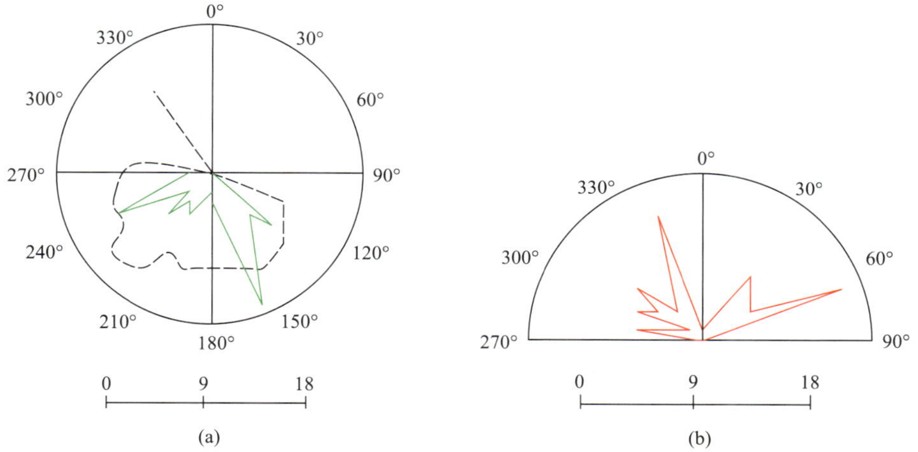

图 3.14 裂缝倾角、倾向和走向玫瑰花图

Fig. 3.14 Rose diagram of fracture occurrence

裂缝产状可以用产状要素的概率分布形式来表示，根据露头裂缝组的划分结果，对上述两个优势裂缝组的产状进行频率分布统计分析，绘制出相应的直方图(图 3.15～图 3.18)。由图 3.15～图 3.18 可知，两个优势裂缝组的裂缝产状(倾向、倾角)均服从正态分布。初步分析认为，裂缝是岩体在地质时期受到某期或几期构造应力场作用的结果，裂缝产状是裂缝在某一空间的产出形态的一种表现，同组裂缝往往是在同期构造应力作用下形成的，在不考虑岩石力学特性差异的情况下，它们的空间展布特征通常会呈现出

良好的一致性。由于岩石介质的非均质性、间断性、边界条件和构造应力场作用方式等多种因素共同影响，同组节理的产状不可能完全一致，往往会围绕某一中心分布，这就是川南地区龙马溪组页岩裂缝出现分组特征且产状服从正态分布的原因。

2. 页岩露头裂缝间距

在确定了页岩露头裂缝分组性之后，就可以对组系内的裂缝间距进行定量描述。裂缝间距是指同组相邻两条裂缝之间的垂直距离，它直接体现了岩体裂缝的发育程度，决定裂缝的数量和相对位置，在研究页岩的岩体强度、岩体完整性及裂缝网络表征时均会

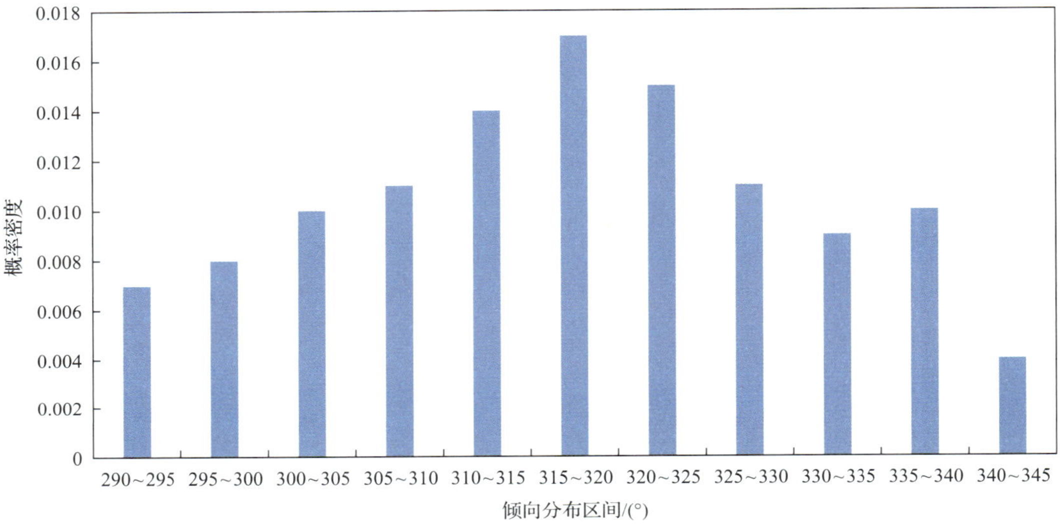

图 3.15 317°∠49°优势组倾向分布直方图

Fig. 3.15 The histogram of tendency distribution of main group(317°∠49°)

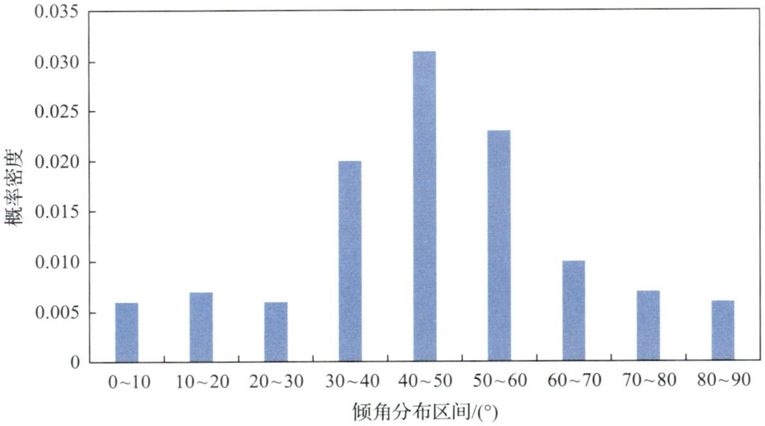

图 3.16 317°∠49°优势组倾角分布直方图

Fig. 3.16 The histogram of dip angle distribution of main group(317°∠49°)

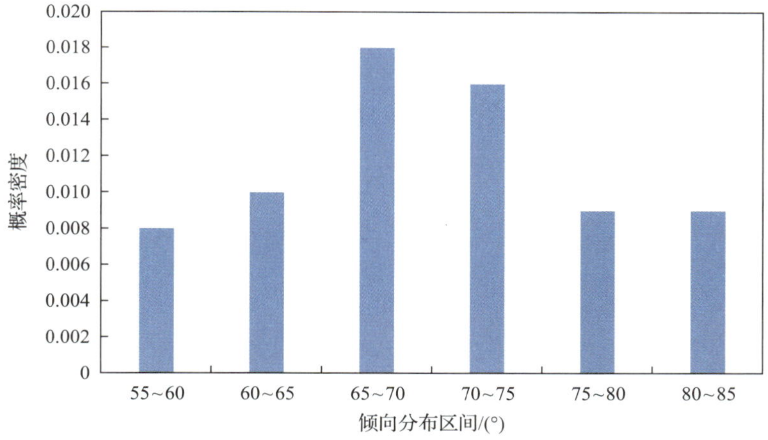

图 3.17 67°∠68°优势组倾向分布直方图

Fig. 3.17 The histogram of tendency distribution of main group(67°∠68°)

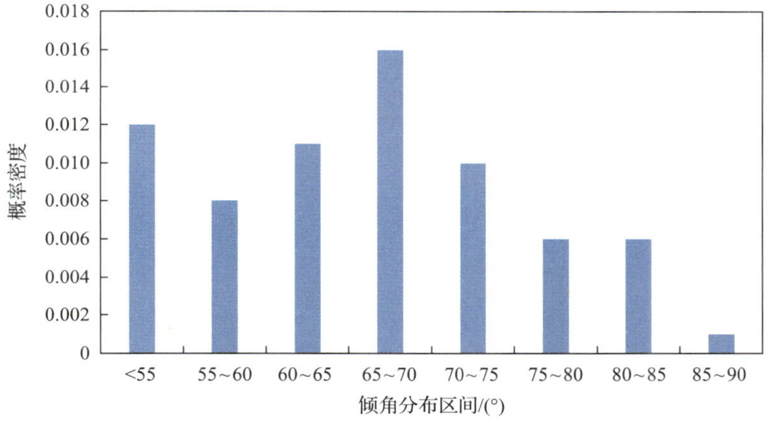

图 3.18 67°∠68°优势组倾角分布直方图

Fig. 3.18 The histogram of dip angle distribution of main group(67°∠68°)

涉及裂缝间距。裂缝间距与裂缝产状都可以直接从页岩露头上直接测量，采用测线法计算裂缝间距时，需要注意裂缝迹线真实间距与视间距的关系，如图 3.19 所示，视间距与真实间距之间存在如下换算关系：

$$d' = d\sin\theta_{ST} \tag{3.11}$$

式中，d'为真实间距；d 为视间距；θ_{ST} 为裂缝倾角。

通过对页岩露头裂缝的观测，统计两个优势组的裂缝间距，确定合适的分组间距Δ，计算间距区间内的裂缝频数 fi，得到频率 fi/n(n 表示裂缝数)。根据统计数据绘制频率直方图，如图 3.20、图 3.21 所示，可以看到研究区页岩组系内的裂缝间距服从负指数形式分布。317°∠49°优势组裂缝间距分布在 5～75cm，平均值为 19.4cm；67°∠68°优势组裂缝间距主要分布在 6～55cm，平均值为 21.5cm。整体来说，该区页岩露头裂缝组系内裂缝平均间距较小，体现了该地层页岩裂缝发育程度高、复杂性强的特点。

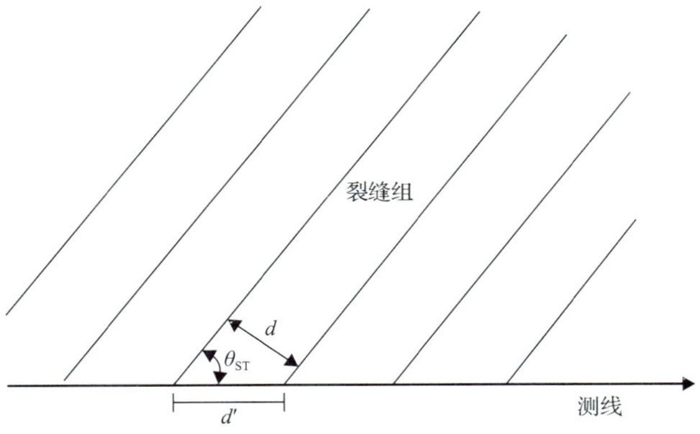

图 3.19 视间距与真实间距的关系

Fig. 3.19 Relation between apparent distance and true distance

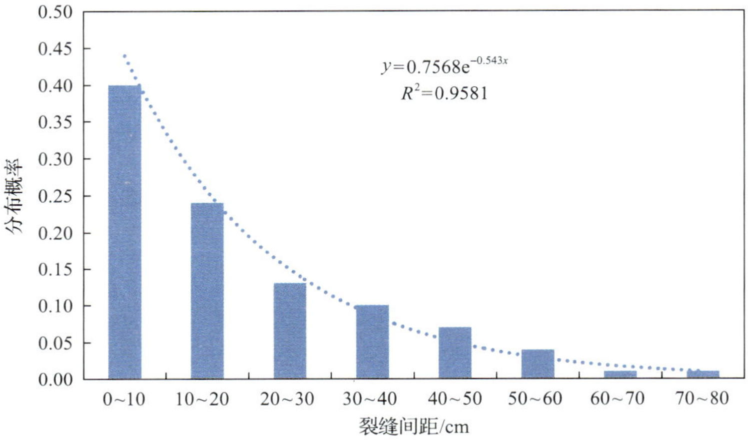

图 3.20 317°∠49°优势组裂缝间距分布

Fig. 3.20 The histogram of fracture spacing distribution of main group(317°∠49°)

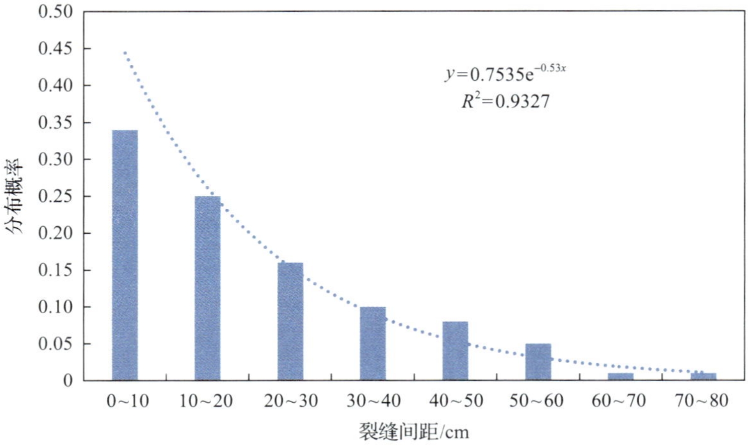

图 3.21 67°∠68°优势组裂缝间距分布

Fig. 3.21 The histogram of fracture spacing distribution of main group(67°∠68°)

3. 页岩露头裂缝倾角

通过对研究区龙马溪组页岩露头裂缝特征的测试与统计，依据裂缝倾角划分标准[135]（表 3.3），对 4 类裂缝发育数量进行统计，高角度构造裂缝是该区主要裂缝类型(65.7%)，其次是低角度构造裂缝(19.1%)和垂直裂缝(12.6%)，水平裂缝发育较少(图 3.22)。

表 3.3　裂缝产状分类标准

Table 3.3　The classification standard of fracture occurrence

裂缝类型	裂缝倾角/(°)
垂直裂缝	85～90
高角度构造裂缝	45～85
低角度构造裂缝	5～45
水平裂缝	0～5

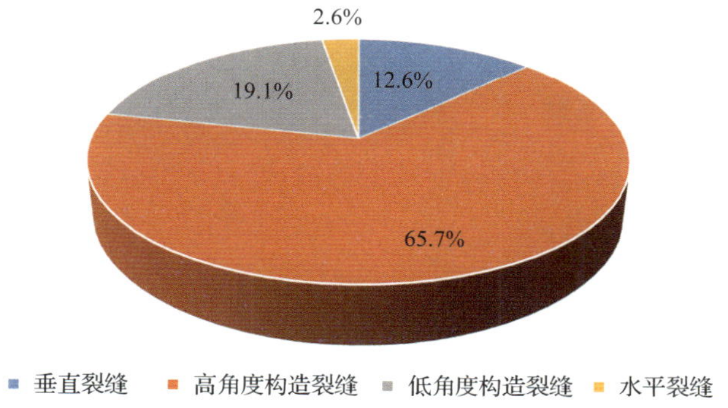

图 3.22　页岩露头裂缝倾角分布

Fig. 3.22　The distribution of fracture dip angle of shale outcrop

4. 页岩露头裂缝长度

裂缝长度是表明裂缝在顺走向方向的延伸程度，在宏观区域性裂缝中，关注的焦点应该是裂缝走向在区域范围内的变化趋势。研究区露头裂缝特征明显，分类明确。裂缝发育以层内缝为主，也可见切层裂缝。裂缝的总体延伸较长，但一般会受到交叉裂缝的切割，显得异常复杂。据研究区多组露头裂缝观测，裂缝长度一般在 0.5～6m，而且部分观测点裂缝分组特征明显，裂缝平行性较好。页岩中裂缝受岩层厚度的控制，延伸一般＜3m；在厚度较大的岩层内裂缝长度近 6m。图 3.23 是露头观测的裂缝长度分布直方图，可以看到观测到的露头裂缝长度分布最多的范围是 1～1.5m，总体呈一定偏度的正态分布。

研究区页岩一般受多期构造作用，裂缝网络错综复杂，很多裂缝被断穿分割，给页岩裂缝长度的计算带来了很大的难度；此外受到露头出露空间限制，一部分裂缝被上覆地层遮挡并不能完全出露，无法展现全貌，这里称之为“裂缝缺失”。在实际裂缝参数统计过程中，无论是野外观测、岩心观测还是镜下观测，“裂缝缺失”现象都是普遍存在的，给裂缝真实长度的测量造成了极大困难，同时对裂缝密度等参数的计算也产生了不利影响，需要建立相应的裂缝参数估算方法解决上述问题。

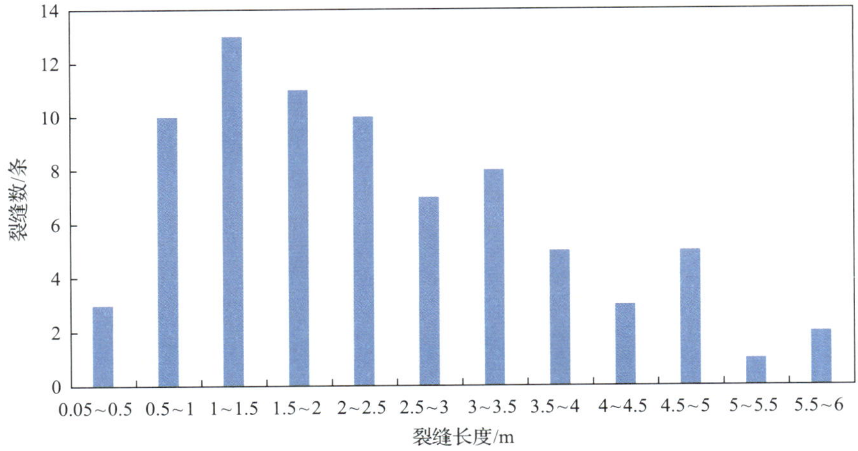

图 3.23 露头观测的裂缝长度分布直方图

Fig. 3.23 The histogram of fracture length distribution

5. 页岩露头裂缝分形特征

虽然根据页岩露头、岩心等裂缝资料可以运用统计方法研究裂缝分布特征，但在样本不充分等因素的制约下，数据的不充分性给裂缝参数的统计分析带来了一定的困难。有些研究成果[136-139]表明裂缝长度、面积及间距等参数遵循指数、对数、正态或幂指数分布中的任意一种形式，但这不能说明其具有连续的一致性；同样有些研究成果表明裂缝间距服从正态分布、均匀分布、随机分布或负指数分布。当数据有限时，对于分布函数及相关参数的准确描述是不现实的，而分形几何的方法是进行裂缝分布描述的有效工具，并且通过多级分形几何的方法可反映裂缝分布的非均质性，即分形维数越高，说明裂缝分布离散程度越高，越有利于流体的渗流[64]。

根据分形维数的定义，其在不同尺度下裂缝数的分布规律可以用式(3.12)表示：

$$N(\delta)=N_c\delta^D \tag{3.12}$$

式中，δ 为测量的尺度；N_c 为裂缝面分布初值，其数值等于岩石中面积大于 δ^2 的裂缝的个数；D 为裂缝分布的分形维数。式(3.12)是源自容量维的计算公式。对式(3.12)两边取自然对数，可得

$$\ln N(\delta)=D\ln\delta+\ln N_c \tag{3.13}$$

由式(3.13)可知，每级尺度 δ 的自然对数作为坐标横轴，每级尺度下裂缝面个数的自然对数作为坐标纵轴，其直线的斜率即为该种岩体裂缝面数量分布的分形维数。则裂缝分布的分形维数：

$$D=\frac{\ln N_c\ln N(\delta)}{\ln\delta} \tag{3.14}$$

式(3.14)即为盒维数法分形模型[140,141]。图 3.24 为研究区页岩露头裂缝二维覆盖网格

化图像，从图中可以看到露头上裂缝分布较复杂，分布两组正交的裂缝，主裂缝基本贯穿整个区域，分支裂缝终止于主裂缝，形成复杂的裂缝网络。主裂缝以高角度缝为主，衍生小裂缝为树状，在如此复杂的岩心裂缝网络中，应用常规统计方法难以描述裂缝分布状态。应用盒维数法对页岩露头裂缝进行分形分析。尺-频分析的双对数图如图 3.25 所示，回归相关性明显，相关系数为 0.9828，分形维数为 1.8312。由此可知，页岩宏观裂缝分布具有分形特征。

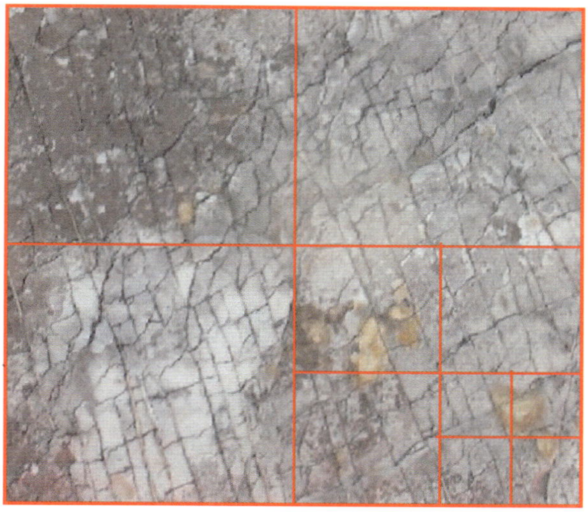

图 3.24　研究区页岩露头裂缝二维覆盖网格化图像

Fig. 3.24　Two-dimensional grid coverage of shale outcrop fractures

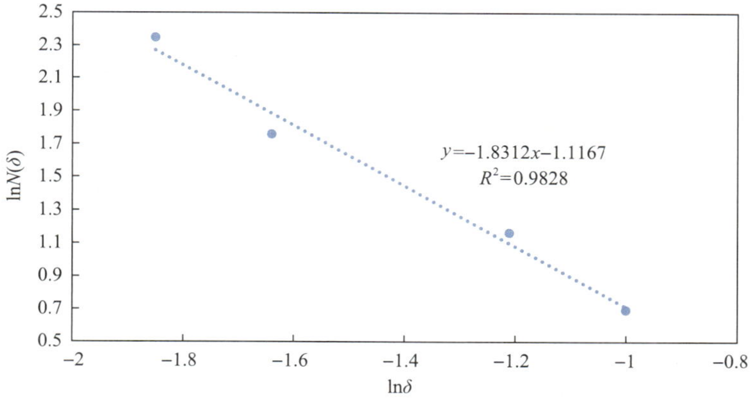

图 3.25　页岩裂缝分形维数回归

Fig. 3.25　Fractal dimension regression of shale fracture

3.2.3　页岩岩心裂缝发育特征

裂缝识别是研究页岩裂缝发育特征的重要部分。裂缝可通过岩心资料、测井资料和地震资料等进行识别，其中岩心资料可以最直观地反映岩石裂缝特征。岩心资料是页岩裂缝识别的第一手资料，它可以真实地反映地下岩石的破裂情况及裂缝发育特征。在裂缝识别过程中，能否准确识别天然裂缝至关重要，只有天然裂缝才能正确反映地下裂缝发育情况。天然裂缝是在长期地质过程中受挤压或异常高压等地质作用形成的裂缝；人工诱导裂缝主要是取心井在钻井、取心过程中受力不均衡或其他原因而使岩心破裂或断裂，这些不是天然形成的裂缝会对统计和研究结果造成巨大影响，所以必须准确区分天然裂缝与人工诱导裂缝。人工诱导裂缝断面粗糙、不平整，未见明显擦痕或滑脱痕迹，属于直接断裂且断面内未见任何矿物充填，断口很不规则或呈贝壳状，常见断面有抓痕或刻槽。天然裂缝断面比较平滑，大多数断面有矿物充填现象，有时有滑脱迹象或擦痕，大多数断裂的发育与岩心纹理相关，或直接沿纹理发育，天然裂缝在岩心表面断裂对接处的裂痕不平滑，断裂倾角无明显的规则性(图 3.26)。

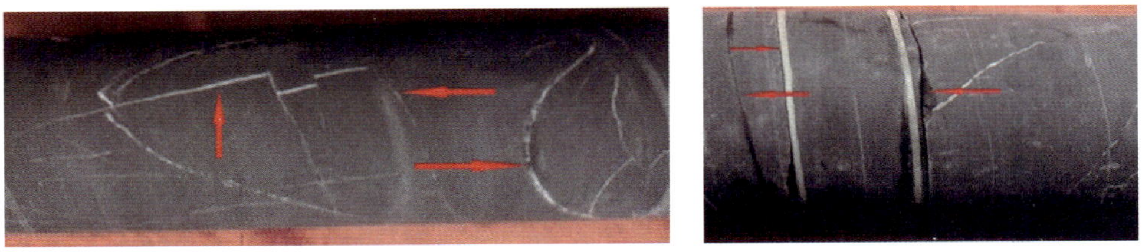

(a) 天然裂缝　　(b) 人工诱导裂缝

图 3.26　页岩天然裂缝与人工诱导裂缝

Fig. 3.26　Natural fractures and induced fractures of shale

1. 页岩岩心裂缝基本特征

通过对 W 井龙马溪组 2189.8～2257.3m 段页岩岩心裂缝的观测和统计，得到该段岩心裂缝发育情况，见表3.4。根据页岩岩心裂缝观测数据，绘制了岩心裂缝长度统计图(图3.27)，可见裂缝长度普遍偏小，只有少部分裂缝贯穿岩心(≥12cm)。开度以 0～0.5cm 裂缝居多，开度大于 1.0cm 的裂缝较少，页岩岩心裂缝开度整体上呈负指数分布(图 3.28)。岩心裂缝充填现象普遍，其中以方解石充填为主(图 3.29)。

表 3.4　页岩裂缝基本参数

Table 3.4　Basic parameters of shale fracture

名称	定义	类别	划分标准	裂缝数/条
长度	裂缝斜截岩心所得椭圆截面的长轴长度或岩心表面单一裂缝长度	岩心不断裂	0～12cm	1276
		岩心断裂	≥12cm	401
开度	裂缝的宽度	极小	0～0.2cm	761
		较小	0.2～0.5cm	507
		小	0.5～1.0cm	192
		一般	1.0～2.0cm	126
		较大	2.0～4.0cm	51
		非常大	>4.0cm	40

续表

名称	定义	类别	划分标准	裂缝数/条
倾角	裂缝面与水平面之间的夹角	水平裂缝	0°～15°	109
		低角度构造裂缝	15°～45°	758
		高角度构造裂缝	45°～85°	716
		垂直裂缝	85°～90°	84
充填	胶结物及杂质充填程度	方解石充填	充填物	304
		黄铁矿充填		91
		泥质充填		85
		有机质充填		63
		方解石+泥质充填		34
		方解石+黄铁矿充填		94
		方解石+有机质充填		35
		黄铁矿+有机质充填		37

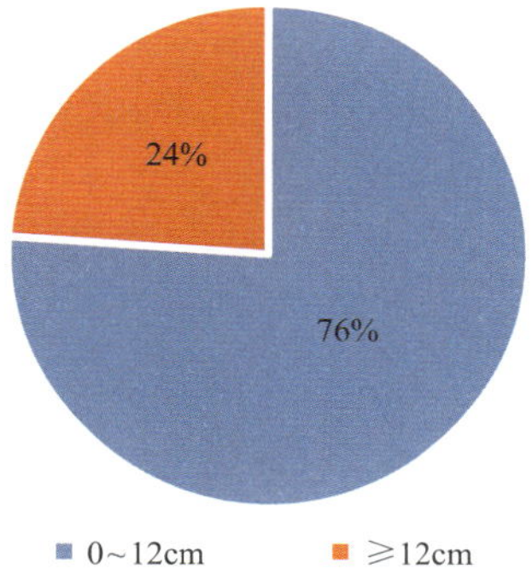

图 3.27 岩心裂缝长度分布

Fig. 3.27 Distribution of core fracture length

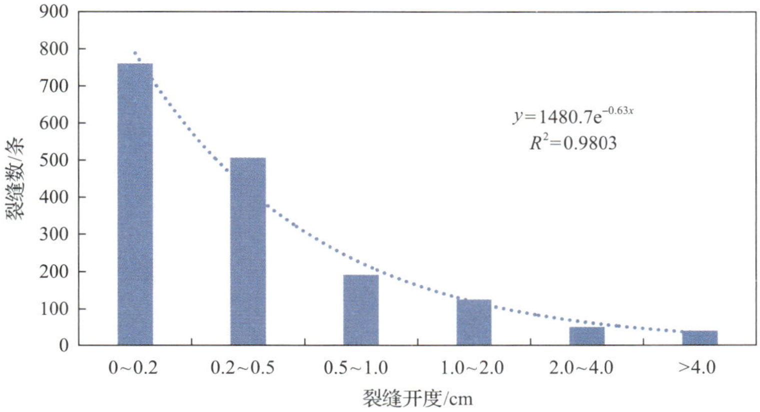

图 3.28 岩心裂缝开度分布直方图

Fig. 3.28 Histogram of fracture opening distribution of core

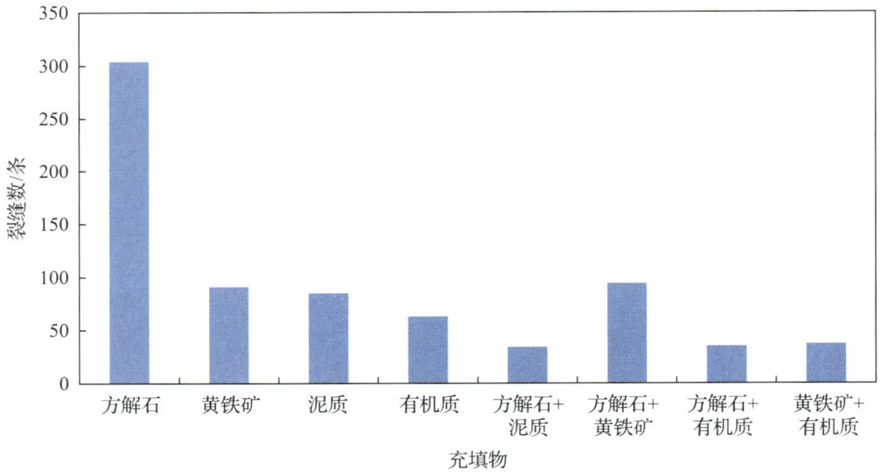

图 3.29 岩心裂缝充填状况

Fig. 3.29 Fillingstate of core fracture

2. 页岩岩心裂缝线密度

直井取心时，由于岩心尺度较小(有时会小于裂缝间距)，裂缝倾角越大，钻遇率越低。岩心直接观测得到的水平裂缝和低角度构造裂缝与地层裂缝相差不会很大，但高角度缝(高角度构造裂缝、垂直裂缝)会被明显低估，导致岩心直接观测统计得到的裂缝数无法代表地层裂缝的真实状况，在岩心线密度计算时需要根据裂缝倾角对实测裂缝数进行校正，才能反映地下裂缝的真实发育程度[142]。在进行裂缝线密度计算时，本节采用吕文雅等[143]提出的方法，其核心是以裂缝面法向长度的裂缝数表征岩心裂缝线密度(图 3.30)，以此校正由裂缝倾角引起的样本偏差，计算公式如下：

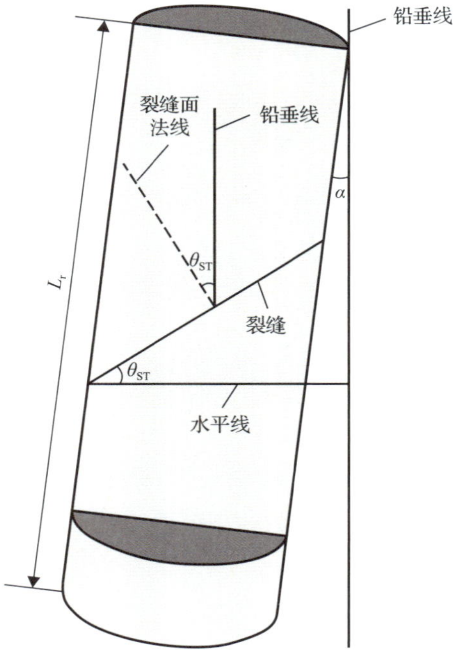

图 3.30 岩心裂缝线密度计算模型[143]

Fig. 3.30 Calculation model of core fracture line density[143]

$$F_L = \frac{n\cos\alpha}{L_r\cos\theta_{ST}} \tag{3.15}$$

式中，F_L 为裂缝线密度，条/m；n 为岩心裂缝数，条；L_r 为累计岩心长度，m；α 为取心井轨迹与铅直方向的夹角，(°)；θ_{ST} 为裂缝倾角，(°)。

校正后对裂缝倾角分布情况进行了计算统计，图 3.31 为不同倾角裂缝分布直方图。校正后高角度构造裂缝与垂直裂缝数明显增多，校正前最为发育的裂缝为低角度构造裂缝，校正后最为发育的裂缝为高角度构造裂缝。

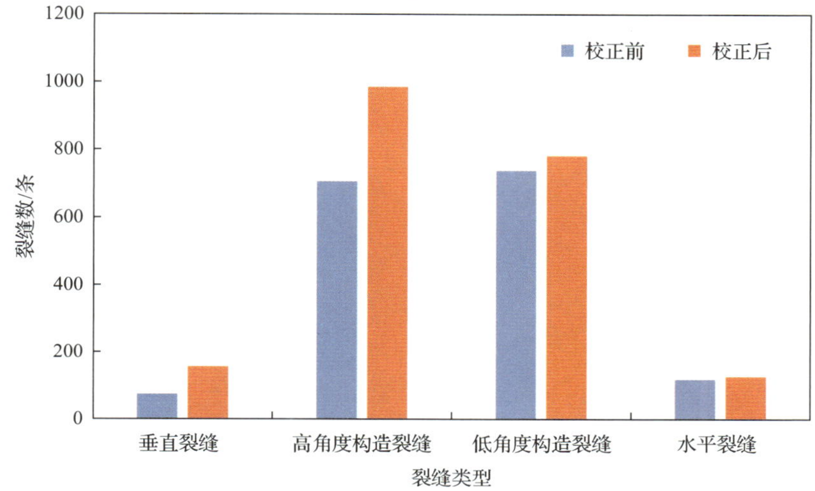

图 3.31　不同倾角裂缝分布直方图

Fig. 3.31　Histogram of fracture distribution at different dip angles

校正后的岩心裂缝线密度能够反映地层裂缝发育程度，以 2m 为一个基本单位统计裂缝平均线密度值，绘制裂缝线密度随岩心深度变化曲线(图 3.32)。从统计结果可以看出，在 W 井 67.5m(2189.8～2257.3m)岩心上，存在 3 个裂缝发育高峰区，岩心裂缝发育在纵向上非均质性较强。

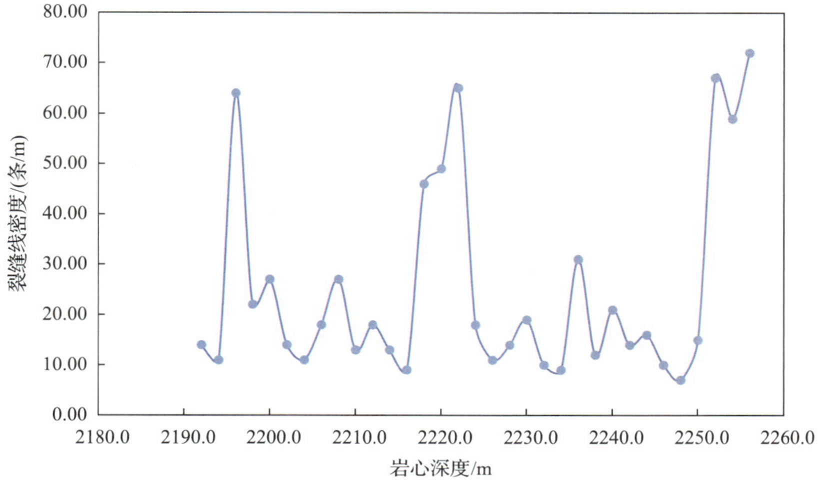

图 3.32　页岩岩心裂缝线密度

Fig. 3.32　The line density of shale core fracture

3. 页岩岩心裂缝发育影响因素分析

1) 脆性指数对页岩裂缝发育的影响

图 3.33 为 W 井页岩岩心裂缝线密度与脆性指数的关系，可以看到页岩岩心裂缝线密度与页岩矿物脆性指数之间存在一定的正相关性，脆性矿物含量越高，脆性指数越大，页岩越容易在外力作用下发生破裂，裂缝越发育。

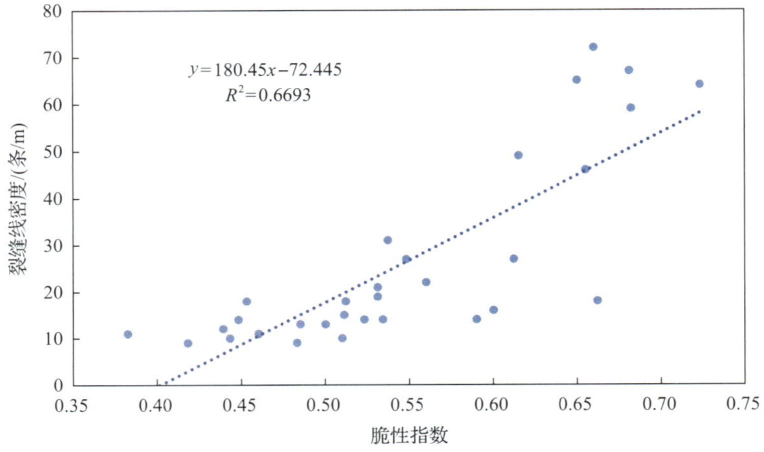

图 3.33 W 井页岩岩心裂缝线密度与脆性指数的关系

Fig. 3.33 The relationship between shale fracture line density and brittleness index of W well

2) TOC 含量对页岩裂缝发育的影响

图 3.34 为 W 井页岩岩心裂缝线密度与 TOC 含量的关系，可以看到，页岩岩心裂缝线密度随 TOC 含量的增大而增大。说明有机质不仅控制页岩气的含量，对页岩裂缝的形成同样具有重要影响。TOC 含量越高，裂缝发育越好，越有利于页岩气解吸和游离气渗流。

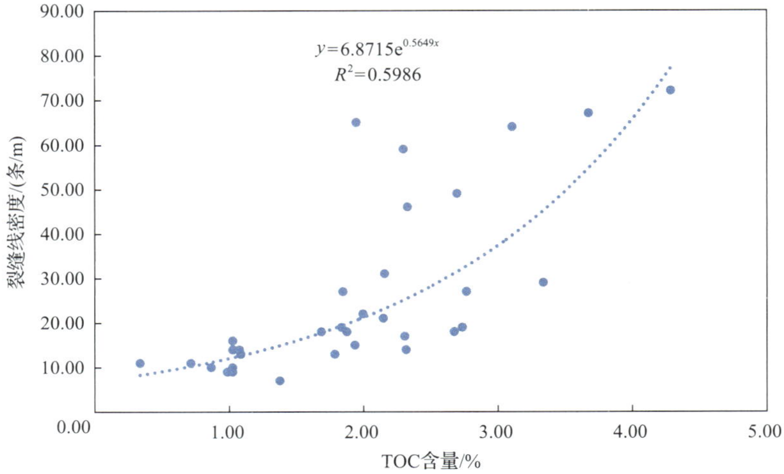

图 3.34 W 井页岩岩心裂缝线密度与 TOC 含量的关系

Fig. 3.34 The relation between shale fracture line density and TOC content of W well

3）岩石力学性质对页岩裂缝发育的影响

一般情况下，高弹性模量、低泊松比的岩石具有较高的脆性，在外力作用下更容易产生裂缝。图 3.35 为 W 井页岩岩心裂缝线密度与弹性模量/泊松比的关系，可以看到，裂缝线密度随弹性模量/泊松比的增大而增大。图 3.36 为 W 井页岩岩心裂缝线密度与抗压强度的关系，可以看到，裂缝线密度随抗压强度的增大而降低，页岩抗压强度越高越不容易产生裂缝。页岩裂缝发育受其自身岩石力学参数的影响比较明显。

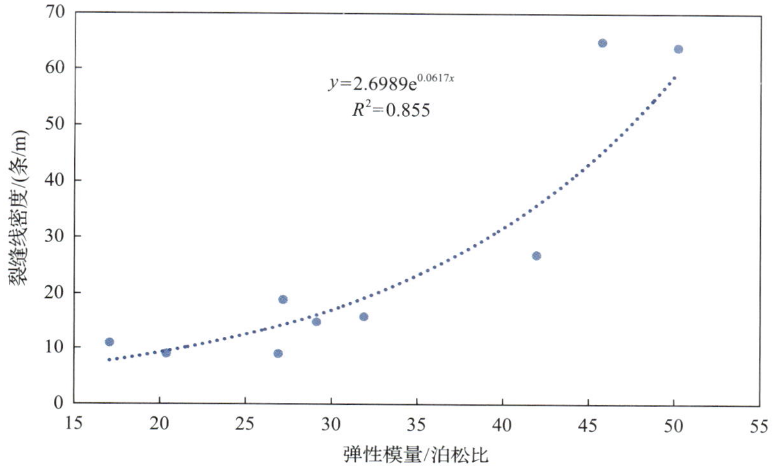

图 3.35　W 井页岩岩心裂缝线密度与弹性模量/泊松比的关系

Fig. 3.35　The relationship between shale fracture line density and elastic modulus/Poisson's ratio of W well

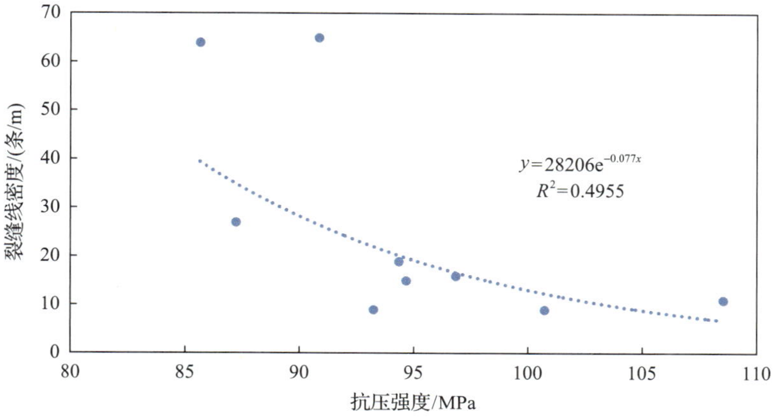

图 3.36　W 井页岩岩心裂缝线密度与抗压强度的关系

Fig. 3.36　The relationship between fracture line density and compressive strength of W well

4）页岩裂缝发育程度对渗透性的影响

图 3.37 为页岩裂缝线密度与水平渗透率关系图，可以看到水平渗透率与裂缝线密度之间具有一定的相关性，二者呈较好的指数关系，裂缝越发育，页岩水平渗透率越高。

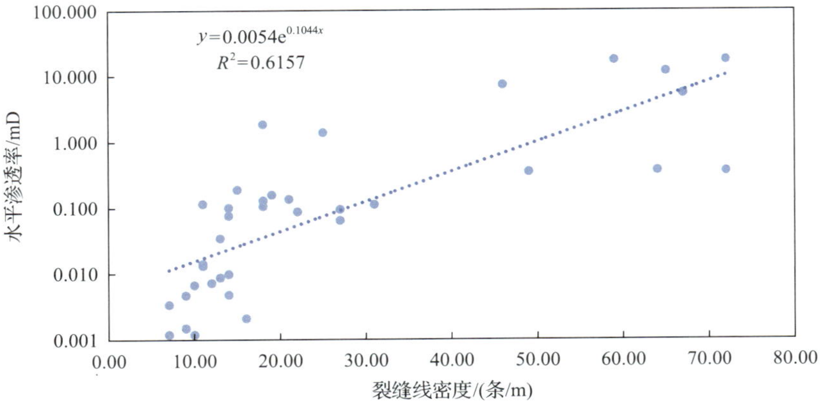

图 3.37 页岩裂缝线密度与水平渗透率关系

Fig. 3.37 The relationship between fracture line density and permeability of core samples

第 4 章　页岩储层结构面表征方法

4.1　页岩微观孔隙结构表征方法

4.1.1　基于流体注入实验的页岩孔隙结构表征方法

国际理论与应用化学联合会按照孔径大小将孔隙分为微孔(孔径＜2nm)、中孔(孔径2～50nm)和大孔(孔径＞50nm)。前人依托低温 N_2 吸附法和高压压汞实验，对我国海相页岩的中孔和大孔进行了大量的定量研究，认为中孔对页岩孔隙体积和比表面积贡献最大，是页岩的主要储集空间和吸附空间[144]。但是高压压汞法和低温 N_2 吸附法对孔隙结构的表征尺度范围各不相同，都不能完整地表征页岩孔隙的结构特征，独立使用其中的一种方法，将存在以下问题：高压压汞法由于压力的限制，测得的孔隙缺少部分纳米级尺寸的孔隙，且存在遮挡效应(即样品表面的狭窄孔喉可能导致样品内部较大孔喉内部流体无法进入)和边界效应(即汞在很低的压力下可能难以进入狭窄孔喉内)；而低温 N_2 吸附法主要实现中孔的测试表征，对大孔和微孔的表征受到限制。当前对于页岩微孔的研究略显不足，导致对页岩孔隙结构的全孔径特征缺乏全面认识，本章通过 CO_2 吸附法来确定微孔的分布特征，通过低温 N_2 吸附法测定中孔的分布特征，通过高压压汞法测定大孔的分布特征，以此实现页岩孔隙全孔径描述。

1. 测试实验与样本

1) 高压压汞实验

实验设备为 AutoPore Ⅳ9520 全自动压汞仪，最大工作压力为 413MPa，孔径测量范围为 3nm～1000μm，进汞体积测量精度为 0.1μL。高压压汞孔径分析是常用的储层孔喉分布测定方法，注入压力与孔隙半径满足 Washburn 方程[145]：

$$D = 2r = -\frac{4\sigma_{\mathrm{T}}\cos\theta_0}{p} \tag{4.1}$$

式中，D 为孔隙直径，cm；r 为孔隙半径，cm；σ_{T} 为汞的表面张力，10^{-3} N/m；θ_0 为汞与页岩表面的浸润角，(°)；p 为注入压力，MPa。随着汞注入压力的增大，可以利用式(4.1)求取页岩孔径分布状态。根据 Young-Dupré 方程[146]，界面张力与单位比表面积的黏附功存在线性关系，进而可以求出对应孔径大小的孔隙的比表面积。由于页岩微-纳米孔隙十分发育，且非均质性强，汞不易进入页岩的微孔和中孔中，且高压会造成页岩孔隙变形、压缩等，进而影响实验结果。

2) 低温 N_2 吸附实验

低温 N_2 吸附实验采用美国 Quantachrome 公司生产的 SI 型比表面积和孔隙度分析仪

进行。该仪器理论上的孔径测量范围为 0.35～400nm，吸附-解吸相对压力(p/p_0)范围为 0.004～0.995，比表面积最低可测至 $0.0005m^2/g$，孔体积最小可测至 $0.0001cm^3/g$。根据 BET 理论[147]，可以在 p/p_0 为 0.05～0.35 条件下通过多层吸附原理分析获得页岩孔隙的比表面积。BET 理论公式如下：

$$\frac{p}{V(p_0-p)}=\frac{1}{V_m c}+\frac{c-1}{V_m c}\frac{p}{p_0} \tag{4.2}$$

式中，V_m 为单位吸附剂质量上的单分子层吸附质质量，g/g；p_0 为氮气的饱和蒸气压，MPa；c 为常数，与温度、吸附质的液化热和吸附热有关。BET 成立的范围通常在 $p/p_0=$ 0.05～0.35，以 $p/[V(p_0-p)]$ 对相对压力 p/p_0 作图(V 表示不同压力 p 下的吸附值)，如果是直线说明 BET 理论公式成立。由直线的截距和斜率可求得 V_m，从而求得比表面积：

$$A=V_m N a_m/m\times10^{-18} \tag{4.3}$$

式中，A 为比表面积，m^2/g；N 为阿伏伽德罗常数，mol^{-1}；a_m 为氮气分子占有面积，nm^2；m 为氮气的相对分子量，g/mol。

在 $p/p_0>0.35$ 时，利用页岩孔体积的毛细管凝聚原理，在不同的相对压力下，发生毛细管冷凝现象对应的孔径也不同，通过测试不同相对压力下不同孔径的孔隙中充满的液氮量，可以等效为不同孔径的孔体积，然后通过 BJH 方程[147]计算模型获得比表面积。

3) CO_2 吸附实验

CO_2 吸附实验采用的设备是美国 Quantachrome 公司生产的 NOVA4200e 比表面积及孔径分布分析仪。微孔测试孔径范围为 0.35～2nm，最小检测比表面积为 $0.01m^2/g$，孔体积为 $0.1mm^3/g$。CO_2 吸附法和 N_2 吸附法的原理是相同的，区别在于 CO_2 吸附法的实验条件和解释孔径分布的理论模型不同。CO_2 吸附实验测试范围一般小于 2nm，用于分析页岩微孔特征。微孔比表面积采用 CO_2 气体在 0℃时用等温吸附法测定。由于 CO_2 气体可以进入 0.35nm 的孔隙，进而通过密度泛函数理论(DFT)模型计算页岩微孔分布[148]。

4) 实验样本

测试所用的样本选自川南地区 W 井龙马溪组页岩岩心，本章测试的 6 组样本编号分别为 S1～S6。从页岩孔隙成因类型上看，孔隙以有机质孔和黏土矿物孔隙为主，为了研究有机质及黏土矿物含量对页岩微孔隙结构的影响，对所选的 6 组样本进行了黏土矿物组分和 TOC 含量测试，具体测试结果见表 4.1。

2. 实验结果

1) 高压压汞实验结果

(1) 高压压汞测试孔体积。

非润湿性的汞注入页岩时，要克服孔隙对汞的毛细管阻力，因此每一个进汞压力都会有一定的毛细管阻力与之对应。低压作用时汞最先进入页岩中的大孔，随着进汞压力的升高，汞才会在高压下进入中孔、微孔，由于遮挡效应和边界效应作用，汞难以进入微

表 4.1 黏土矿物组分及 TOC 含量测试数据

Table 4.1 Test data of clay minerals and TOC content （单位：%）

样本编号	黏土总量	高岭石	绿泥石	伊利石	蒙脱石	伊/蒙混层	TOC 含量
S1	37.5	0.63	4.24	21.38	0.56	10.70	2.09
S2	31.3	0.34	1.50	21.24	0.26	7.95	1.02
S3	26.6	0.98	3.05	17.47	0.24	4.86	1.69
S4	30.2	1.98	4.40	14.72	0.17	8.93	2.81
S5	42.9	2.64	1.03	23.83	1.20	14.20	3.76
S6	45.9	1.71	2.87	27.76	1.08	12.48	4.16
最大值	45.9	2.64	4.40	27.76	1.20	14.20	4.16
平均值	35.73	1.38	2.85	21.07	0.59	9.85	2.59
最小值	26.6	0.34	1.03	14.72	0.17	4.86	1.02

小孔喉中，且高压可能导致孔隙变形或页岩破裂，高压压汞实验只能用来表征大孔分布特征。根据进汞压力与注汞量之间的关系，计算孔径与孔体积。图 4.1 为高压压汞孔体积随孔径变化曲线。由图 4.1 可知，孔体积变化存在多个峰值，但主要集中在 4～13nm，说明中孔为孔隙分布的主体。孔径大于 50nm 后，孔体积变化不明显，孔径大于 500nm 以后，孔体积变化率出现一个小的峰值，分析认为此部分孔隙空间主要缘于微裂缝[24,25,149]。

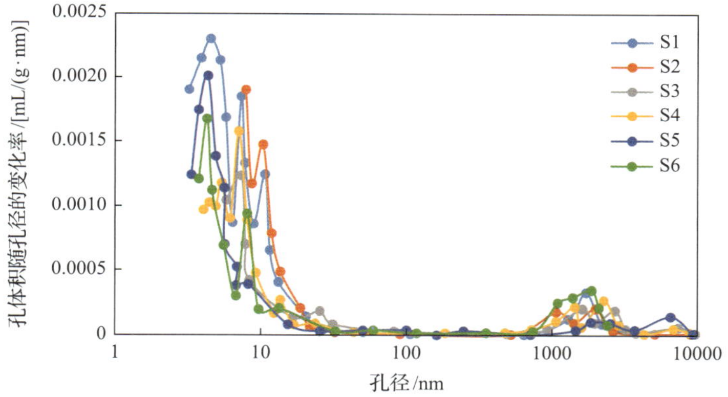

图 4.1 高压压汞孔体积随孔径变化关系曲线

Fig. 4.1 Relation curves of pore volume versus pore diameter of MICP

(2) 高压压汞测试比表面积。

图 4.2 为高压压汞比表面积随孔径变化关系曲线。由图 4.2 可知，高压压汞比表面积变化率随着孔径的增大整体呈下降趋势，主要集中在 3～8nm 孔径范围内，孔径大于 8nm 后，比表面积变化率几乎为 0。说明通过高压压汞测试得到的比表面积主要由中孔提供，大孔几乎不提供比表面积。

2) N_2 吸附实验结果

(1) 孔隙发育类型。

图 4.3 为 N_2 吸附与解吸等温线，该曲线能够反映孔隙结构类型。当相对压力 (p/p_0)

较低时，N_2 吸附曲线缓慢上升，当 p/p_0 较大时，可以看到吸附曲线上升速度明显加快。当 p/p_0 介于 0.5～1.0 时，吸附曲线与解吸曲线并没有完全重合，脱附曲线在吸附曲线之上形成了吸附滞回线。IUPAC 根据滞回线将孔隙类型分为 4 类(H1、H2、H3、H4)，H1 代表两端开口的规则的管状孔，H2 代表细颈广体的墨水瓶状孔，H3 代表四面开放的狭缝状孔，H4 代表平行壁的裂隙状孔[150]。由图 4.3 可以看到，测试样本的吸附曲线和解吸曲线均较接近 H3 型，反映该区页岩孔隙类型以四面开放的狭缝状孔为主。

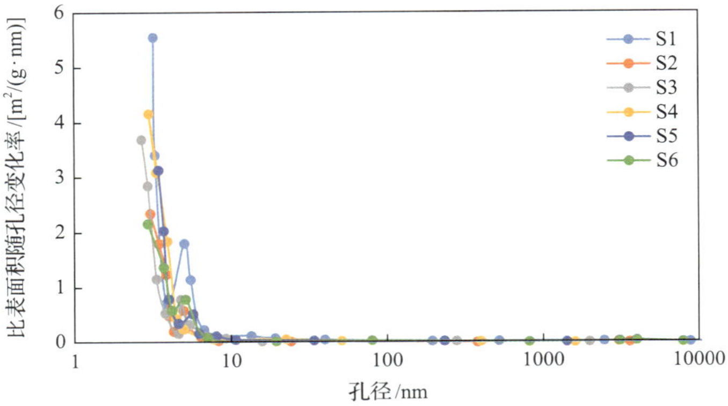

图 4.2 高压压汞比表面积随孔径变化关系曲线

Fig. 4.2 Relation curve between surface area and pore size

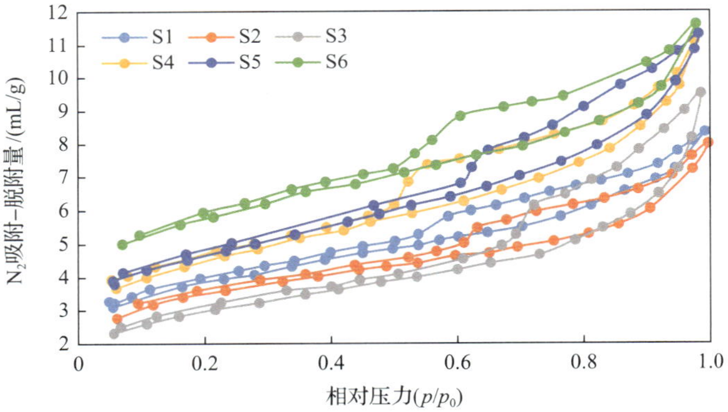

图 4.3 N_2 吸附与解吸等温线

Fig. 4.3 Adsorption and desorption isotherms of N_2

(2) N_2 吸附孔体积。

图 4.4 为 N_2 吸附孔体积随孔径变化关系曲线。从图 4.4 中可以看到，孔体积随孔径的变化率存在多个峰值，主要集中在 2～7nm，孔径大于 10nm 后，孔体积随孔径的变化率趋近于 0。说明页岩孔径分布复杂，2～7nm 的中孔是孔隙分布的主体。

(3) N_2 吸附比表面积。

图 4.5 为 N_2 吸附比表面积随孔径变化关系曲线。从图 4.5 中可以看到，N_2 吸附比表

面积随孔径的变化率波动不明显，主要集中在 2～6nm，整体上随孔径的增大而降低，孔径越小，对比表面积的贡献越大。孔径大于 10nm 后比表面积随孔径的变化率非常低，至 100nm 处比表面积随孔径的变化率接近于 0，说明孔径越大，对比表面积的贡献越低。

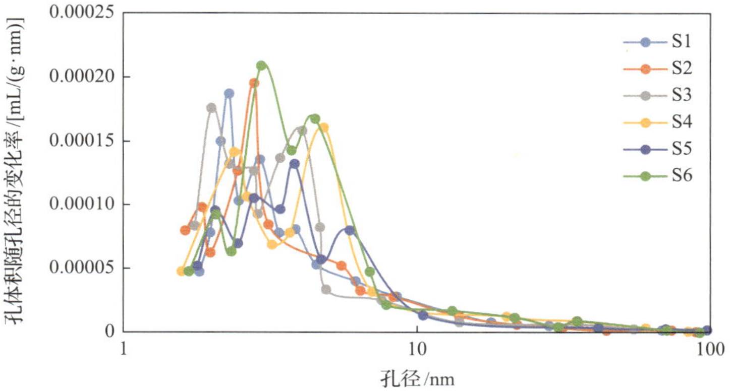

图 4.4 N_2 吸附孔体积随孔径变化关系曲线

Fig. 4.4 Relation curve of pore volume versus pore size

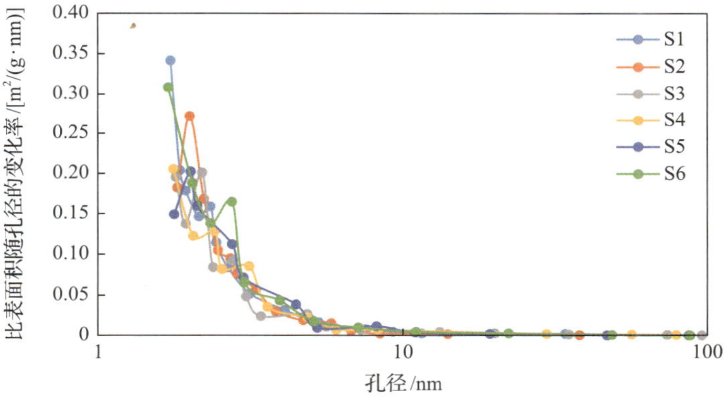

图 4.5 N_2 吸附比表面积随孔径变化关系曲线

Fig. 4.5 Relation curve between specific surface area and pore size

3) CO_2 吸附实验结果

(1) CO_2 吸附孔体积。

图 4.6 为 CO_2 吸附孔体积随孔径变化关系曲线。从图 4.6 中可以看到，孔体积随孔径的变化率曲线呈多峰分布，页岩微孔结构非常复杂，峰值区间主要集中在 0.4～0.6nm 和 0.7～0.9nm，孔径大于 1.0nm 后曲线呈下降趋势，1.2～1.6nm 段曲线趋于平稳。

(2) CO_2 吸附比表面积。

图 4.7 为 CO_2 吸附比表面积随孔径变化关系曲线。从图 4.7 中可以看到，与测得的孔体积随孔径的变化率相近，比表面积随孔径的变化率也呈多峰分布，峰值区间主要分布在 0.3～0.8nm，大于 1.0nm 后各样本的比表面积随孔径的变化率相近，分布趋于稳定，至 1.6nm 段比表面积随孔径的变化率接近于 0。

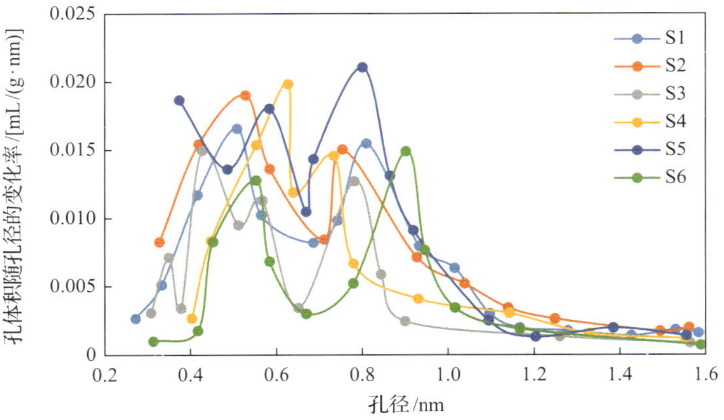

图 4.6 CO_2 吸附孔体积随孔径变化关系曲线

Fig. 4.6 Relation curve between pore volume and pore size

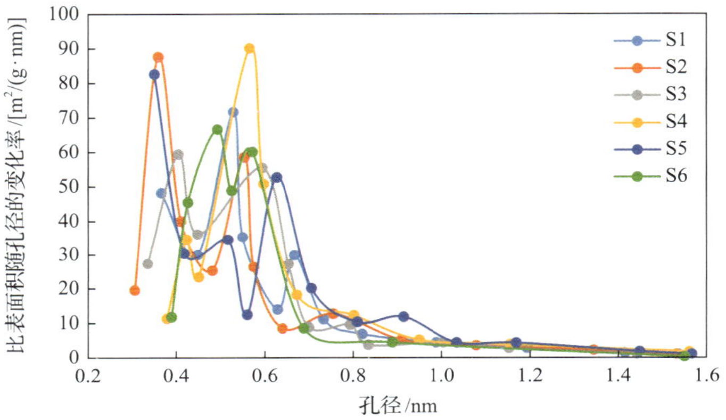

图 4.7 CO_2 吸附比表面积随孔径变化关系曲线

Fig. 4.7 Relation curve between specific surface area and pore size

3. 页岩孔隙结构特征

鉴于高压压汞实验、N_2 和 CO_2 吸附实验对页岩孔径表征范围不同的特点，选用高压压汞实验数据表征页岩大孔，选用 N_2 吸附实验数据表征中孔，选用 CO_2 吸附实验数据表征微孔。计算了 6 个样本的微孔、中孔和大孔对孔体积及比表面积的贡献值，以此表征页岩孔隙结构的分布特征。

1) 页岩孔体积分布特征

表 4.2 为页岩孔体积数据统计表，图 4.8 为页岩孔体积分布直方图。整体上看，中孔是孔体积的贡献主体，对孔体积的贡献在 60%～85%，平均值达到 71%；其次为微孔，对孔体积的贡献在 11%～28%，平均值为 21%；大孔对孔体积的贡献最小，在 3%～12%，平均值为 8%。各样本中大孔、中孔、微孔对孔体积的贡献值的差异较大，体现了页岩孔隙结构的复杂性。

表 4.2 页岩孔体积数据统计表

Table 4.2 Statistical data of shale pore volume

样本编号	孔体积/(mL/g)				孔体积比重		
	微孔	中孔	大孔	总孔体积	微孔	中孔	大孔
S1	0.0034	0.0073	0.00134	0.0120	0.2833	0.6083	0.1117
S2	0.0026	0.0060	0.00119	0.0098	0.2653	0.6122	0.1214
S3	0.0012	0.0091	0.00038	0.0107	0.1121	0.8505	0.0355
S4	0.0019	0.0106	0.00061	0.0131	0.1450	0.8092	0.0466
S5	0.0051	0.0115	0.00157	0.0182	0.2802	0.6319	0.0863
S6	0.0040	0.0153	0.00152	0.0208	0.1923	0.7356	0.0731
最大值	0.0051	0.0153	0.00157	0.0208	0.2452	0.7356	0.0755
平均值	0.0030	0.0100	0.00110	0.0141	0.2128	0.7092	0.0780
最小值	0.0012	0.0060	0.00038	0.0098	0.1224	0.6122	0.0388

注：由于四舍五入，微孔、中孔、大孔三者的孔体积比重之和可能存在 0.01%的误差。

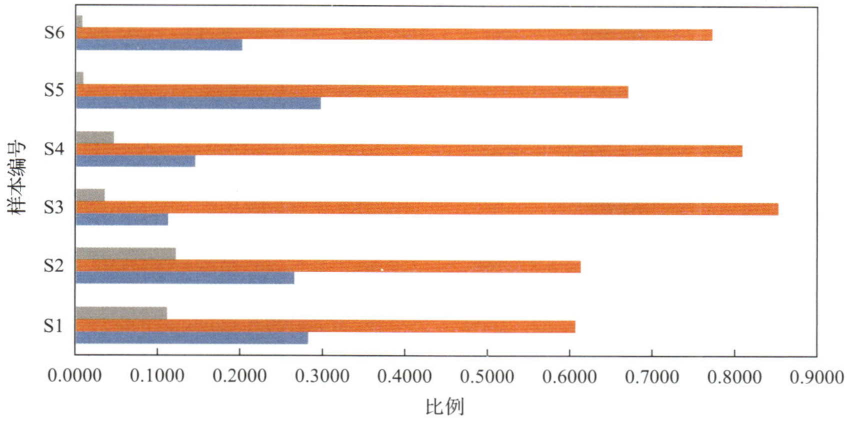

图 4.8 页岩孔体积分布直方图

Fig. 4.8 Histogram of pore volume distribution of shale

2) 页岩比表面积分布特征

表 4.3 为页岩比表面积数据统计表，图 4.9 为页岩比表面积分布直方图。由图 4.9 和表 4.3 可知，微孔对于页岩比表面积具有主导作用，其对比表面积的贡献率在 71%～88%，平均值达到 81%；中孔提供的比表面积次之，其贡献率在 12%～29%，平均值为 19%；大孔对比表面积的贡献率不足 1%，可以认为大孔不提供比表面积。页岩孔隙的孔径越小，提供的比表面积越大，对于吸附气的储集越有利。

4. 页岩孔隙结构影响因素分析

页岩的孔隙主要来自有机质和黏土矿物，同时受有机质类型、成熟度、黏土矿物种类及含量、埋深及含水量等因素的影响[151,152]。不同时代及地域的页岩孔隙结构控制因素也存在一定差异。Chalmers 和 Bustin[153]发现 TOC 含量是加拿大不列颠哥伦比亚(British Columbia)东北部早白垩世页岩孔隙结构的主要控制因素，随着 TOC 含量的增加，有机质纳米孔隙大量增加，页岩所具有的比表面积急剧增加；Lu 等[154]则发现黏土矿物是泥盆纪页岩孔隙结构的一个重要的影响因素，随着黏土矿物含量的增加，页岩孔体积与比表面积增大，甲烷吸附量有明显增加的趋势。

表 4.3　页岩比表面积数据统计表

Table 4.3　Statistical table of shale specific surface area

样本编号	比表面积/(m^2/g)				比表面积比例		
	微孔	中孔	大孔	总比表面积	微孔	中孔	大孔
S1	16.94900	3.36700	0.01500	20.33100	0.83365	0.16561	0.00074
S2	13.01100	1.91500	0.00860	14.93460	0.87120	0.12823	0.00058
S3	10.31400	4.15900	0.00450	14.47750	0.71242	0.28727	0.00031
S4	14.26000	4.72900	0.00730	18.99630	0.75067	0.24894	0.00038
S5	20.25600	2.85400	0.00470	23.11470	0.87633	0.12347	0.00020
S6	19.36700	5.25800	0.00630	24.63130	0.78628	0.21347	0.00026
最大值	20.25600	5.25800	0.01500	24.63130	0.87633	0.28727	0.00074
平均值	15.69283	3.71367	0.00773	19.41423	0.80509	0.19450	0.00041
最小值	10.31400	1.91500	0.00450	14.47750	0.71242	0.12347	0.00020

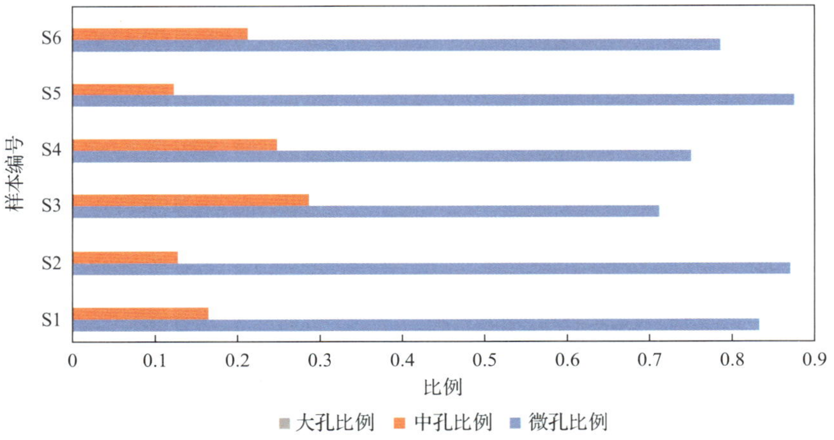

图 4.9　页岩比表面积分布直方图

Fig. 4.9　Histogram of specific surface area distribution of shale

1) TOC 含量对页岩孔隙发育的影响

TOC 含量不但是衡量烃源岩生烃潜力的重要参数，而且对于页岩孔隙、微裂缝等微观结构具有重要影响[40]。图 4.10～图 4.13 分别表示页岩 TOC 含量与不同类型孔隙孔体积、比表面积之间的关系。从图 4.10～图 4.13 中可以看到，页岩总孔体积、总比表面积与 TOC 含量具有良好的正相关性；微孔、中孔的孔体积、比表面积与 TOC 含量同样具有较好的正相关性；大孔的孔体积、比表面积与 TOC 含量也存在正相关性，但相关性并不明显。

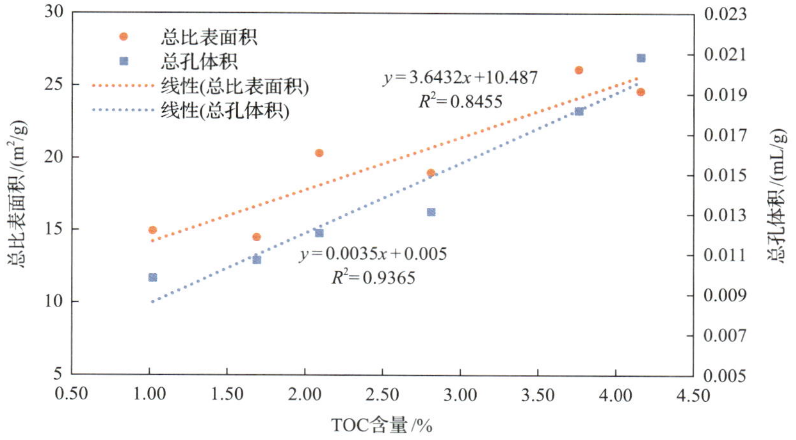

图 4.10 页岩 TOC 含量与总比表面积、总孔体积关系

Fig. 4.10 The relationship between TOC content and total specific surface area and total volume

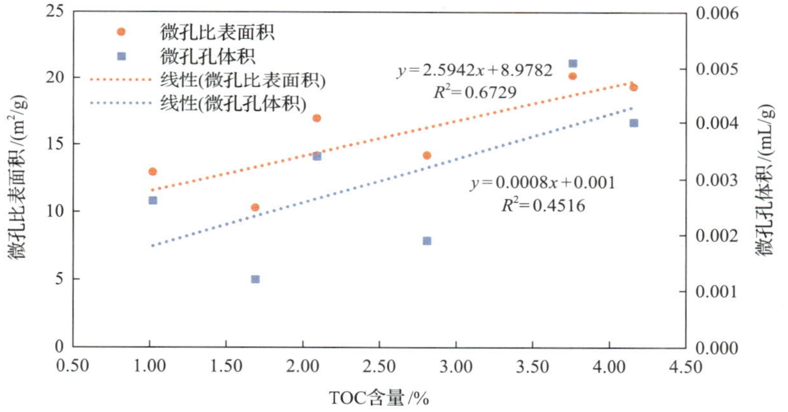

图 4.11 页岩 TOC 含量与微孔比表面积、孔体积关系

Fig. 4.11 The relationship between TOC content and micropore specific surface area and volume

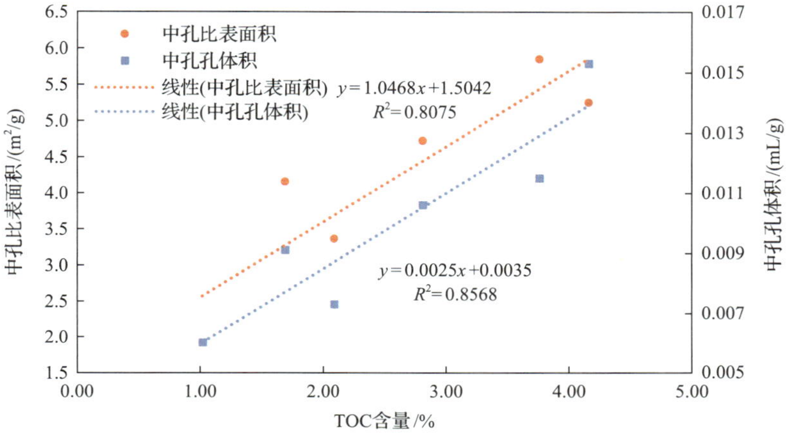

图 4.12 页岩 TOC 含量与中孔比表面积、孔体积关系

Figure 4.12 The relationship between TOC content and mesopore surface area and volume

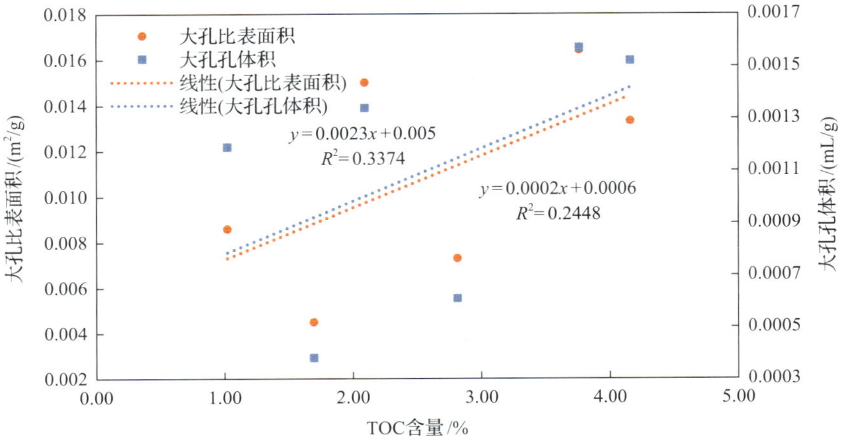

图 4.13 页岩 TOC 含量与大孔比表面积、孔体积关系

Fig. 4.13 The relationship between TOC content and macropore surface area and pore volume

综上所述，TOC 含量对页岩微孔和中孔发育具有明显的积极作用，不同类型孔隙的孔体积和比表面积均随 TOC 含量的增大而增大。

2) 黏土矿物含量对页岩孔隙发育的影响

(1) 黏土矿物含量。

页岩气储层中黏土矿物具有较高的微孔孔体积和较大的比表面积[155]，且具有特殊的晶体结构。在晶层之间、黏土矿物颗粒之间及矿物颗粒内部都能够形成不同类型的孔隙。图 4.14～图 4.17 为页岩黏土矿物含量与不同类型孔隙比表面积、孔体积之间的关系。从图 4.14～图 4.17 中可以看到，黏土矿物含量与页岩总比表面积、总孔体积之间存在良好的正相关性，说明黏土矿物有利于页岩孔隙发育。微孔、大孔比表面积和孔体积与黏土矿物总量之间同样存在较好的正相关性；中孔比表面积和孔体积与黏土矿物含量之间存在正相关性，但相关性并不明显。综上所述，页岩黏土矿物含量对页岩微孔和大孔的发育具有明显的积极作用，不同类型孔隙的比表面积与孔体积均随黏土矿物含量的增大而增大。

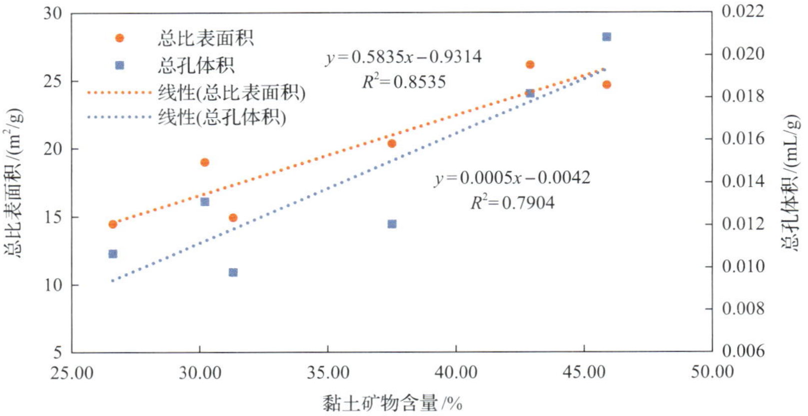

图 4.14 页岩黏土矿物含量与总比表面积、总孔体积关系

Fig. 4.14 The relationship between clay mineral content and total surface area and volume

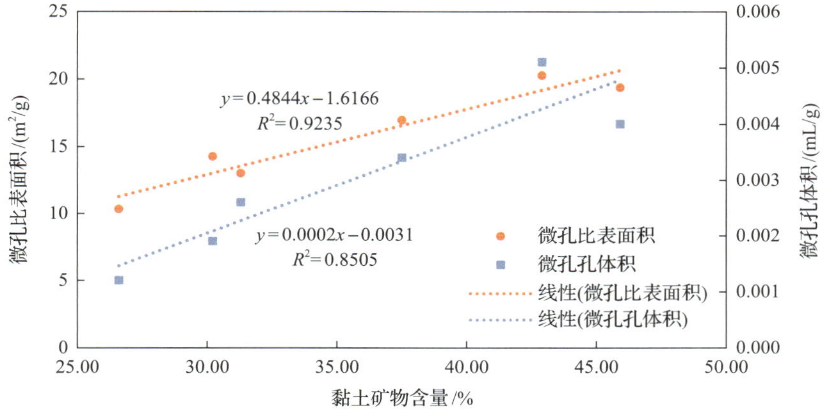

图 4.15 页岩黏土矿物含量与微孔比表面积、孔体积关系

Fig. 4.15 The relationship between clay mineral content and micropore surface area and volume

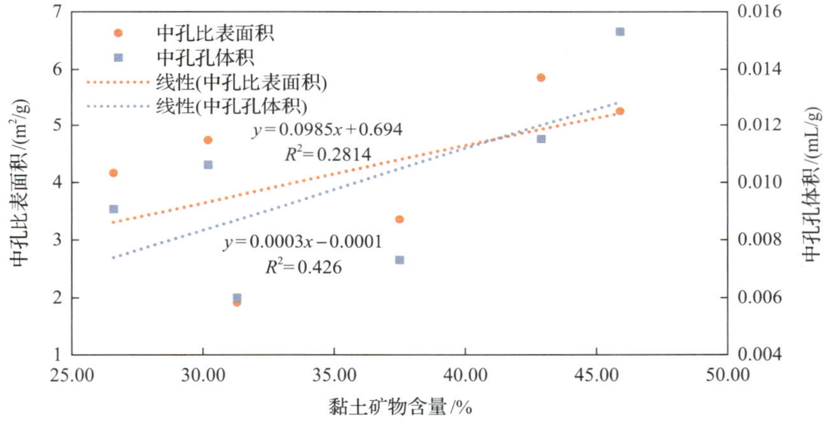

图 4.16 页岩黏土矿物含量与中孔比表面积、孔体积关系

Fig. 4.16 The relationship between clay mineral content and mesopore surface area and volume

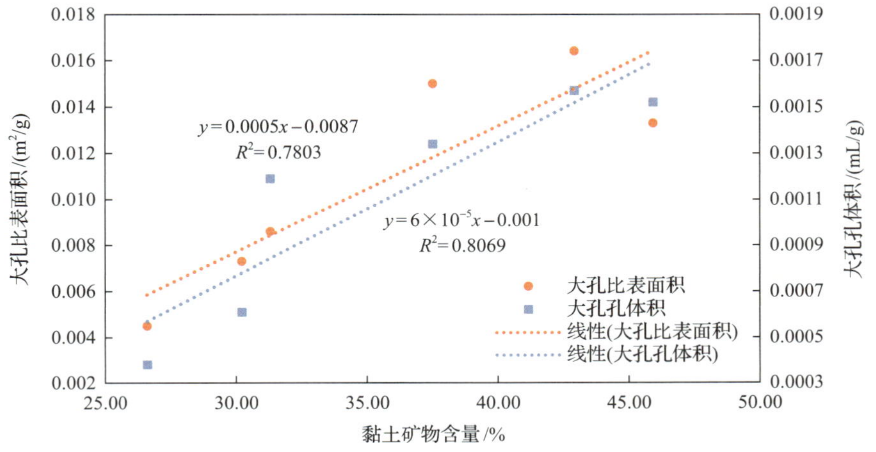

图 4.17 页岩黏土矿物含量与大孔比表面积、孔体积关系

Fig. 4.17 The relationship between clay mineral content and macropore surface area and volume

(2) 蒙脱石与伊/蒙混层矿物对页岩孔隙发育的影响。

在黏土矿物中，蒙脱石对孔隙比表面积及孔体积的贡献明显高于其他黏土矿物，伊/蒙混层矿物是伊利石与蒙脱石的间层矿物，同样具有超高的比表面积和孔体积[156]，本节分析了蒙脱石+伊/蒙混层矿物含量对页岩孔隙发育的影响。图 4.18～图 4.21 分别为页岩蒙脱石+伊/蒙混层矿物含量与不同类型孔隙比表面积、孔体积之间的关系。从图 4.18～图 4.21 中可以看到，蒙脱石+伊/蒙混层矿物含量与页岩总比表面积、总孔体积之间存在良好的正相关性；蒙脱石+伊/蒙混层矿物含量与页岩微孔比表面积和孔体积之间的相关性非常明显；蒙脱石+伊/蒙混层矿物含量与大孔比表面积和孔体积之间同样具有较好的正相关性；蒙脱石+伊/蒙混层矿物含量与中孔比表面积和孔体积表现出较弱的正相关性。综上所述，蒙脱石+伊/蒙混层矿物含量对微孔和大孔发育具有较强的控制作用，不同类型孔隙的比表面积与孔体积均随蒙脱石+伊/蒙混层矿物含量的增大而增大。

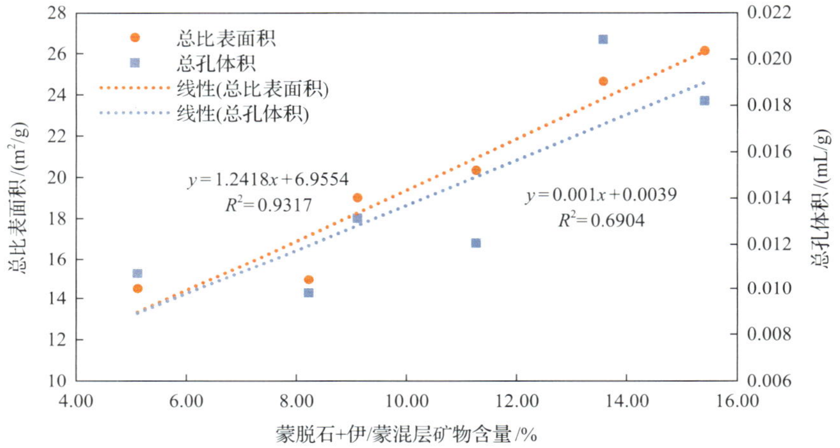

图 4.18 页岩蒙脱石+伊/蒙混层矿物含量与总比表面积、总孔体积关系

Fig. 4.18 The relationship between the content of montmorillonite+illite/montmorillonte mixed-Layer in shale and the total specific surface area and total pore volume

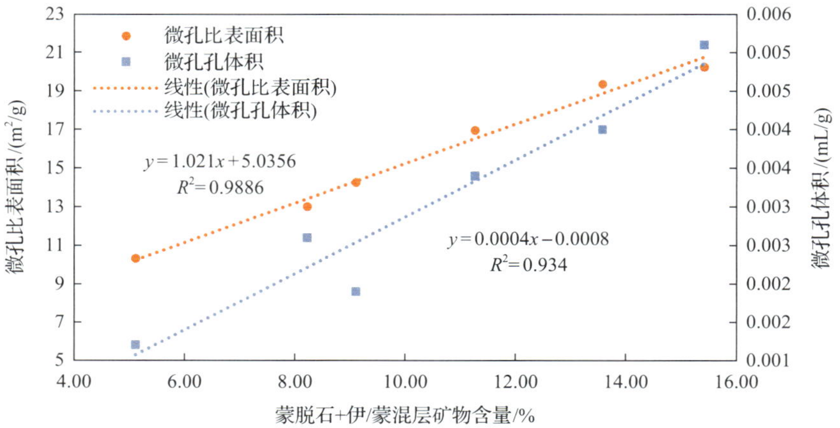

图 4.19 页岩蒙脱石+伊/蒙混层矿物含量与微孔比表面积、孔体积关系

Fig. 4.19 The relationship between montmorillonite and micropore surface area and volume

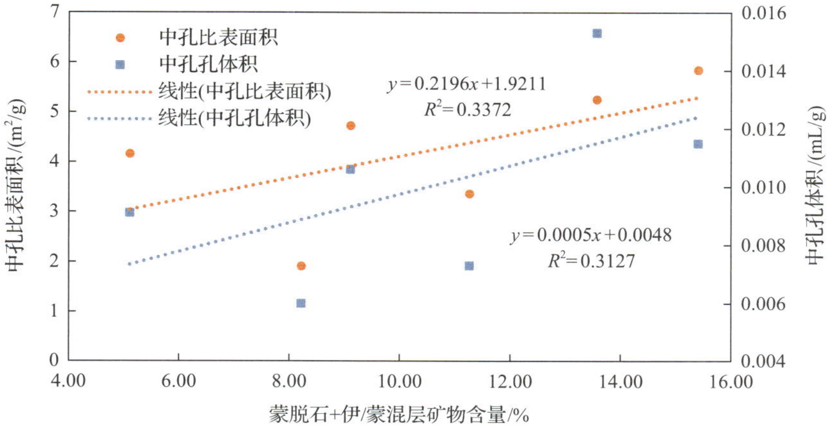

图 4.20 页岩蒙脱石+伊/蒙混层矿物含量与中孔比表面积、孔体积关系

Fig. 4.20 The relationship between montmorillonite and mesopore surface area and volume

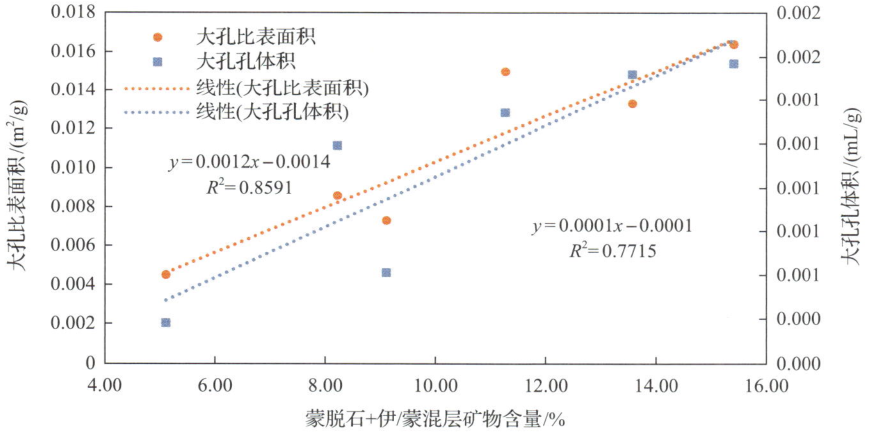

图 4.21 页岩蒙脱石+伊/蒙混层矿物含量与大孔比表面积、孔体积关系

Fig. 4.21 The relationship between montmorillonite and macropore surface area and volume

4.1.2 基于 SEM 图像观测的页岩孔隙结构表征方法

页岩的孔隙结构直接影响页岩气的赋存方式及储量大小，是储层评价的重要指标。页岩孔隙结构的表征方法主要包括三大类：地球物理测井法、流体注入实验法和图像观测法[157]。地球物理测井法以 NMR 测井技术为代表，NMR 测井能够在不受岩石骨架影响的情况下获取孔隙结构信息，但只能得到岩石孔径的分布趋势，需要比对流体注入实验结果才能给出岩石的真实孔径[158-160]。流体注入实验法主要包括高压压汞法、液氮法及 CO_2 吸附法，是当前页岩孔隙结构表征的常用方法，该方法可以给出孔体积随孔径变化的曲线，从而定量描述孔体积与孔径的对应关系[24]，但只能通过总结流体经过岩样后的表观性质变化，间接获取储集空间信息，无法对孔隙结构进行直观识别[161]。图像观测法主要以扫描电子显微镜、透射电子显微镜、原子力显微镜及纳米 CT 为代表，结合统

计学理论，可以确定页岩储层孔隙的形状、面孔率、孔径分布及孔隙连通性等参数，从而建立对页岩储层结构的直观认识[2,15]。然而，图像观测法对微小孔隙结构缺乏有效的测算方法，准确读取页岩图像中的孔隙结构信息比较困难，且通过描述图像的面上信息，无法全面展现页岩储层的空间结构特征，尚不能从页岩岩体的角度对孔隙结构进行有效表征[162]。因此，目前利用图像观测法研究页岩孔隙结构集中在孔隙的二维形态学定性刻画上，涉及页岩孔隙结构的三维定量化描述的研究并不多见。

川南地区龙马溪组页岩是中国石油海相页岩气勘探开发示范区，该区页岩沉积厚度大，一般为 40～250m，分布稳定，基质微观孔隙和裂缝均较发育，其岩石学特征和物性参数接近北美产气页岩，被认为是我国页岩气勘探开发的首选目标[13]。近年来，国内学者已经对该区页岩做了大量的地质调查研究，在地球化学特征、沉积环境、矿物成分、储层物性及含气量等储层特征方面均取得了丰富的研究成果[163,164]。这些成果和认识主要集中在宏观层面的资源评价上，受实验条件和地质资料限制，对微观孔隙结构的研究还不够深入，并不能比较全面地展现该区页岩的储集空间性能。为深入研究川南地区龙马溪组页岩的微观孔隙结构，利用 MATLAB 软件识别页岩 SEM 二值图像，获取孔隙面积数据，拟合得到面孔率与孔面积的函数关系；并通过积分几何方法，建立了页岩二维图像面孔率与三维岩体孔隙度之间的换算模型，进而得到页岩孔隙度随孔径变化的函数关系，从而实现对川南地区龙马溪组页岩孔隙结构的三维定量化分析，探索出一种基于 SEM 图像观测的页岩孔隙结构定量化表征新方法。

1. 积分几何模型

1) 积分几何简介

积分几何是利用积分考察和研究几何图形性质的一门学科，是研究具有凸性对象的一种有力工具。积分几何，过去也称为几何概率，它主要起源于 1773 年的布丰投针实验。设有一个可度量区域 S，向区域 S 内任意投一质点 B，假设该点落于区域 S 内任一位置是等可能的，且落在区域 S 内任何子区域 A 上的可能性与 A 的度量(如长度、面积等)成正比，而与 A 的位置和形状无关，则这个实验称为几何概率实验。利用几何度量，如线段的长度、图形的面积等求出部分区域面积与总面积的比，以及部分线段长度与整条线段长度的比，把这样计算的概率在数学上称为几何概率。积分几何主要以图形集合的测度为基础，研究元素集的不变测度。积分几何和概率与统计紧密联系，通过这类测度得出的各种几何不等式对其他学科和许多数学分支起着重要的作用。在数学的发展历程中，克罗夫顿、贝特朗、庞加莱等所做的一系列有意义的研究工作，促进了积分几何这门学科的建立[165,166]。20 世纪 30 年代，德国数学家布拉施克(Blaschke)与他的合作者发表了一系列重要论文，使积分几何从此作为几何学的一个新分支得到系统而深入的发展。陈省身、苏步青、吴大任、任德麟等为积分几何在我国的发展做出了突出贡献[167,168]。当前积分几何广泛应用于医学、信息工程、航天工程、采矿工程、冶金工程及材料学等领域。积分几何在处理复杂系统概论统计问题中具有较大的优势。页岩孔隙广泛发育，杂乱无章，在处理页岩孔隙结构问题中引入积分几何方法期望可以得到较好的研究成果[169]。

2）模型推导

岩体图像的平面信息蕴含其空间信息，如何建立起二者之间的联系，实现岩石孔隙结构的三维定量化表征，国内外学者做出了积极的探索。鞠杨等[170]、李建胜等[171]、Chalmers 等[17]、Bagherzadeh 等[172]均成功利用二维图像信息实现了岩石孔隙结构的三维定量化表征，但都只是利用数值算法或经验公式借助计算机软件实现三维定量化，并未从理论上建立起岩石二维平面与三维空间之间的数量关系。本章运用积分几何理论，从面和体两个角度计算同一物理量（总孔隙面积），从而推导出了页岩面孔率与孔隙度之间的换算模型，从理论角度建立了岩石孔隙二维平面信息与三维空间信息之间的关系。

应用积分几何的前提是相关参数必须连续变化。页岩孔隙大量发育，且以纳米级孔隙为主，孔径在一定尺度范围内可视为连续分布，在平面图像上，孔隙面积亦为连续变化。页岩孔隙结构的这一特点使其满足了积分几何理论的应用前提。下面通过数学方法，建立面孔率与孔隙度的换算关系模型。

设 Q 是页岩岩样（假设为一个凸体），E 是岩样 Q 的一个随机切面（E 截取 Q 的随机性保证了统计意义下的正确性，实际操作中不存在真正的随机，可以利用多次切面取平均达到随机的效果），则切面 E 所截的总孔隙面积 T 可表示为

$$T = \langle s \rangle h(\sigma) \mathrm{d}\sigma \tag{4.4}$$

式中，$\langle s \rangle$ 为切面 E 的平均面积期望值，m^2；σ 为孔隙面积，m^2；$h(\sigma)$ 为切面的面孔率函数；$\mathrm{d}\sigma$ 为面积微元，m^2。

由于页岩孔隙多为纳米级微孔，可以假设孔隙为球体，则切面 E 中面积在 $\sigma \sim \sigma + \mathrm{d}\sigma$ 的孔隙数 M 可表示为

$$M = p(\lambda) v H(\lambda) \mathrm{d}\lambda \phi(\sigma, \lambda) \mathrm{d}\sigma \tag{4.5}$$

式中，λ 为孔径，m；$H(\lambda)$ 为页岩孔隙度函数；$\mathrm{d}\lambda$ 为线元长度，m；v 为岩样 Q 的体积，m^3；$p(\lambda)$ 为切面 E 与截面孔隙的相交概率函数；$\phi(\sigma, \lambda) \mathrm{d}\sigma$ 为切面 E 与孔隙相交平面中切面面积在 $\sigma \sim \sigma + \mathrm{d}\sigma$ 的概率函数。

对式(4.5)中的 λ 进行积分，就可以得到岩样 Q 与切面 E 相交截面的总孔隙面积 X，即

$$X = \int_{\lambda_0}^{+\infty} p(\lambda) v H(\lambda) \phi(\sigma, \lambda) \mathrm{d}\lambda \mathrm{d}\sigma \tag{4.6}$$

式中，λ_0 为最小孔径，取 λ 的最小值，m。

式(4.4)和式(4.6)分别从面和体两个角度计算同一切面中的孔隙总量，因此，两式是相等的，即

$$T = X \tag{4.7}$$

整理式(4.7)可得到由积分几何方法建立的页岩孔隙度与面孔率之间的关系方程，即

$$\int_{\lambda_0}^{+\infty} p(\lambda) v H(\lambda) \phi(\sigma, \lambda) \mathrm{d}\lambda = \langle s \rangle h(\sigma) \mathrm{d}\sigma \tag{4.8}$$

为了方便对式(4.8)进行求解，可以假设岩样 Q 为一个标准球体，利用平面几何与积分方程知识作一些变换，推导出 v、λ_0、$\langle s \rangle$ 和 $\phi(\sigma, \lambda) \mathrm{d}\sigma$ 的关系表达式。经过一系列的

变换和运算，将式(4.8)变换为阿贝尔积分方程[173]，其标准形式为

$$\int_{\sqrt{\frac{\sigma}{\pi}}}^{+\infty} \frac{H(\lambda)\mathrm{d}\lambda}{\sqrt{\pi\lambda^2-\sigma}} = \sqrt{\pi}h(\sigma) \tag{4.9}$$

式中，$h(\sigma)$为面积介于σ与$\sigma+\mathrm{d}\sigma$之间的孔隙密度。

利用分数阶微积分[174]求解式(4.9)，具体求解过程这里不做详细论述，最终求解得到孔隙度函数的表达式为

$$H(\lambda) = 2\pi\lambda\int_{\pi\lambda^2}^{+\infty} \frac{h'(\sigma)}{\sqrt{\sigma-\pi\lambda^2}}\mathrm{d}\sigma \tag{4.10}$$

2. 基于 SEM 图像的页岩面孔率计算方法

选取川南地区龙马溪组页岩进行 SEM 观察拍照，利用 MATLAB 软件将所得到的 SEM 图像转换为灰度图像，每一个像素点都具有各自的灰度值。灰度值越大，在图像中的颜色表现得越白，即结构表面距离成像表面越近，越倾向于固体颗粒；相反，灰度值越小，则越倾向于孔隙。

采用二值化的方法提取孔隙结构信息，二值化算法如下：

$$g(i,j) = \begin{cases} 1, & f(i,j) \geqslant T \\ 0, & f(i,j) < T \end{cases} \tag{4.11}$$

式中，$f(i,j)$为像素点(i,j)的初始灰度值；$g(i,j)$为二值化后像素点(i,j)的灰度值；T为分割阈值。

灰度值大于或等于阈值 T 的像素点，其灰度均被重新设置为 1；灰度值小于阈值 T 的像素点，其灰度均被重新设置为 0。

据此可得到二值化黑白图像(图 4.22)。其中，黑色像素点(g=0)代表孔隙，白色像素点(g=1)代表固体颗粒。

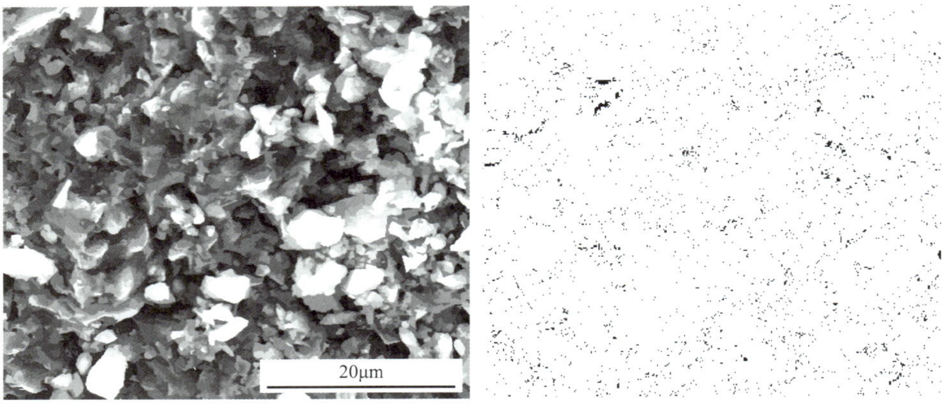

(a) 灰度图像　　(b) 二值化图像

图 4.22　SEM 灰度图像和二值化图像

Fig. 4.22　Gray image and binary image of SEM

像素点放大后是具有一定面积的微正方形，将像素点视为最小面积单元，图像大小则由像素点的个数来确定。每个孔隙包含一定数目的像素点，按包含像素点的多少(孔隙面积大小)，可以将孔隙分为单个像素点孔隙至多个像素点孔隙，运用自编程序对孔隙像素点进行识别，可以得到不同大小孔隙及其所对应的面孔率值，面孔率计算方程为

$$P_i = \frac{iN_i}{N_0} \times 100\%, \qquad 1 \leqslant i \leqslant k \tag{4.12}$$

式中，i 为孔隙占有的像素点数；N_i 为占有 i 个像素点的孔隙个数；k 为最大孔隙占有的像素点数；N_0 为像素点总数；P_i 为占有 i 个像素点的孔隙所贡献的面孔率值。

按照上述方法，在岩样上随机截取 8 个平面，每个平面随机观测 10 个点，获取 80 组观测数据，统计所有数据，得到不同大小孔隙的面孔率平均值，剔除一些奇异点，间隔抽样选取一组数据进行拟合，得到如图 4.23 所示的拟合曲线。

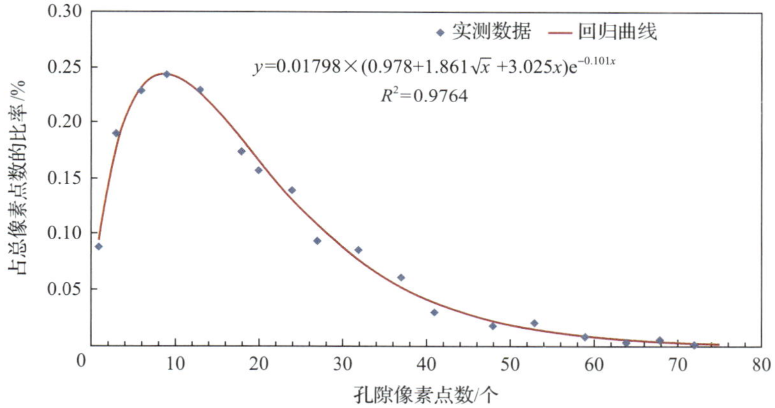

图 4.23　面孔率分布曲线

Fig. 4.23　Distribution curve of plane porosity

3. 页岩孔隙结构定量表征

将图 4.23 中拟合所得的面孔率函数代入式(4.10)，得到页岩孔隙度随孔径变化的分布函数，即

$$H(\lambda) = 0.0722\lambda \mathrm{e}^{0.101\lambda} \tag{4.13}$$

根据式(4.13)可得到孔隙度与累计孔隙度曲线(图 4.24)。从图 4.24 中可以看出：孔隙度曲线表现为拟伽马分布，峰值出现在孔径为 13nm 处，孔径主要为 1～50nm；累计孔隙度曲线在孔径为 50nm 附近出现拐点，在 50nm 之前曲线较陡，在 50nm 之后曲线趋于平缓。

根据 IUPAC 的划分标准[10]，孔隙按孔径大小分为微孔、中孔和大孔 3 种类型。根据式(4.13)可计算出这 3 种类型孔隙各自的孔隙度贡献值、占总孔隙度的比重及总孔隙度大小(表 4.4)。由此表明，本书所选用的川南地区龙马溪组页岩样品中的微孔和中孔较为发育，大孔较少，中孔是孔隙的主体，孔隙分布较为集中。

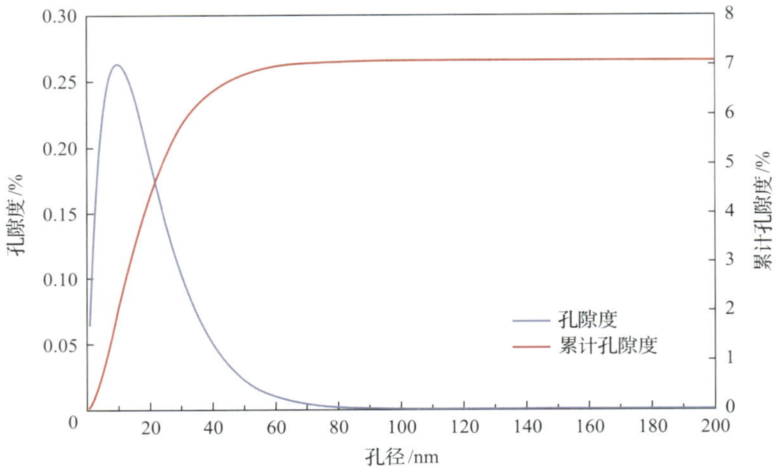

图 4.24 孔隙度与孔径关系曲线

Fig. 4.24 The relationship between porosity and pore size

表 4.4 孔隙类型及其孔隙度贡献值

Table 4.4 Pore type and its contribution value of porosity

孔隙类型	孔径/nm	孔隙度贡献值/%	占总孔隙度的比重/%	总孔隙度/%
微孔	<2	0.18	2.6	7.07
中孔	2～50	6.63	93.7	
大孔	>50	0.26	3.7	

4. 流体注入实验验证分析

为验证 SEM 图像观测法所得结论的正确性，对页岩样品进行了流体注入实验分析。由于页岩超微孔隙的存在，单一流体注入无法全面表征页岩孔径分布范围，高压压汞法对渗透性极差的微小孔隙的识别能力较弱，而低温氮气吸附法对大孔隙的识别能力较弱[23,24]，分别进行了高压压汞实验和低温氮气吸附实验，综合二者的实验结果来分析 SEM 图像观测结论的正确性。

1) 高压压汞实验

选取同一页岩样本，进行高压压汞实验，获得毛细管压力曲线(图 4.25)，计算阈值压力大小为 24.60MPa。利用进汞量和注入压力之间的关系，根据 Washburn 方程求取孔喉半径，通过计算得到该页岩样品的最大连通孔喉半径为 29.88nm，85%以上的进汞量集中在半径为 4.4～15.6nm 的孔隙中，孔隙直径小于 50nm 的孔隙占比达 90%以上。该岩样的主体孔隙半径分布较为集中，孔隙较小，以微孔、中孔为主。

2) 低温氮气吸附实验

选取同一页岩样本，进行低温氮气吸附实验。利用压力与吸附量的对应关系绘制氮气吸附-解吸等温线(图 4.26)。根据 BJH 理论模型计算孔体积随孔径的变化，该页岩样本的孔体积主要为 0.015～0.036cm^3/g，孔径主要为 3～15nm，峰值孔径出现在 8nm 处，孔径分布集中，大孔较少，微孔、中孔是孔隙主体。

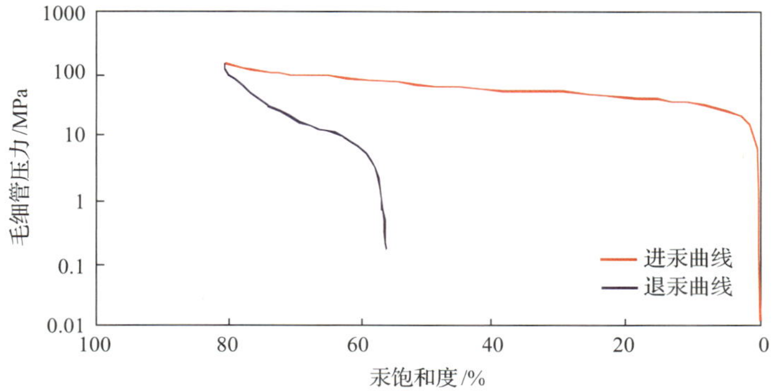

图 4.25 压汞毛细管压力曲线

Fig. 4.25 Curves of mercury injection capillary pressure

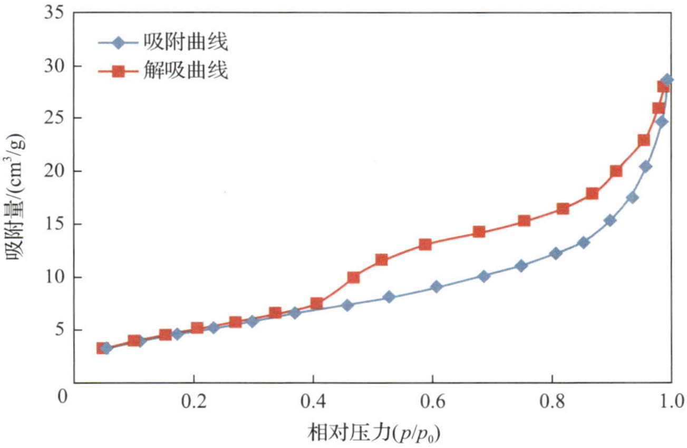

图 4.26 页岩氮气吸附-解吸等温线

Fig. 4.26 Adsorption and desorption isotherms of nitrogen in shale

3) 数据对比分析

根据 SEM 图像观测法、高压压汞实验和低温氮气吸附实验所得数据，以 10nm 为统计单元，分别计算了各段孔隙占总孔隙空间的比例(表 4.5)。从表 4.5 中可以看出，3 种方法获得的孔隙总体分布相近，孔径在 10～20nm 的孔隙最多，孔径小于 10nm 的孔隙次之，孔径大于 20nm 的孔隙逐渐减少，孔径大于 50nm 的孔隙很少。与 SEM 图像观测法相比，在孔径小于 10nm 段，高压压汞实验所测数据小 6.2%；在孔径为 10～20nm 段，两种方法所得结果接近；在孔径大于 20nm 以后，高压压汞实验所测结果均略高于 SEM 图像观测法(图 4.27)，在一定程度上反映出高压压汞实验对微小孔隙的识别能力较弱。低温氮气吸附实验测试结果与 SEM 图像观测法结果在全部孔径段内均较相近。总体来说，SEM 图像观测法的结果与高压压汞实验、低温氮气吸附实验的结果在数值上均相近，分布趋势相同，表明了 SEM 图像观测法分析页岩孔隙结构的准确性。

表 4.5　不同大小孔隙占总孔隙空间的比重

Table 4.5　The proportion of different sizes of pores　　(单位：%)

表征方法	＜10nm	10～20nm	20～30nm	30～40nm	40～50nm	＞50nm
SEM 图像观测法	28.59	32.64	19.99	10.23	4.803	3.747
高压压汞实验	22.39	32.41	20.66	12.64	6.33	5.57
低温氮气吸附实验	27.17	34.96	18.15	11.01	5.86	2.85

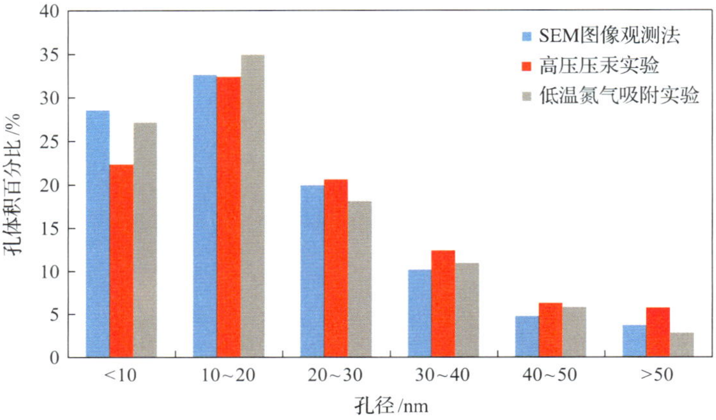

图 4.27　页岩孔隙空间对比

Fig. 4.27　The comparison of shale pore spaces

4.2　页岩微裂缝表征方法

4.2.1　页岩微裂缝定量化表征指标

页岩微裂缝具有特殊的结构特征，对页岩气储层的储集性能和渗透性能均具有重要影响，准确表征微裂缝发育特征对页岩气勘探开发具有重要影响。扫描电子显微镜观察只能给出页岩微裂缝的长度、开度及分布方向等参数，实现微裂缝的形态学刻画，并不能实现裂缝的定量描述。微纳米尺度下，通过镜像观察明确区分页岩微裂缝与页岩孔隙存在较大困难。一些学者分析认为，高压压汞孔径分布中，大孔径的部分是由页岩微裂缝、超大孔隙提供，或者是由较小的微裂缝连通大孔隙提供[24,37]。4.1.1 节应用高压压汞实验得到了页岩孔体积随孔径变化曲线，孔径分布大多存在两个分布区间(图 4.1)，一部分孔径小于 50nm，一部分孔径大于 500nm(可视为超大孔隙)。汞在较小压力下即可注入页岩超大孔隙，但需要在高压下才能进入孔径小于 50nm 的孔隙，超大孔隙与微裂缝一样具有良好的渗透性，为页岩气提供储集空间的同时，还能够为页岩气渗流提供良好通道[44]。在微裂缝与超大孔隙难以有效区分的情况下，从对页岩孔渗性贡献方面考虑，可以将超大孔隙考虑为页岩微裂缝，从而将孔径大于 500nm 的孔隙贡献的孔体积定义为微裂缝孔体积，利用高压压汞实验中大于 500nm 孔径对孔体积的贡献值定量表征页岩微裂缝发育程度。

4.2.2 页岩微裂缝发育影响因素分析

页岩裂缝的形成主要受以构造应力为主的外因作用和以成岩作用、有机质转化作用为主的内因作用控制，根据场发射扫描电镜观察统计结果，认为研究区页岩微裂缝成因以内因作用为主导。结合页岩微裂缝成因类型，在确定了微裂缝定量化表征指标后，为研究微裂缝发育的影响因素，对 W 井页岩样本进行了高压压汞测试及矿物组分、TOC 含量测试，其中 S1～S3 取自 W 井岩心上段(2193～2207m)，S4～S6 取自 W 井岩心中段(2221～2232m)，S7～S10 取自 W 井岩心下段(2240～2256m)，测试结果见表 4.6。

表 4.6 页岩微裂缝孔体积数据

Table 4.6 The data of shale micro fracture pore volume

样本编号	黏土/%	石英/%	长石/%	白云石/%	脆性矿物(石英+长石+白云石)/%	方解石/%	TOC 含量/%	微裂缝孔体积/(mL/g)
S1	37.50	36.40	11.90	0.00	48.30	9.40	2.09	0.00056
S2	31.30	36.90	10.60	4.50	52.00	12.50	1.02	0.00041
S3	26.60	36.40	6.70	1.20	44.30	16.60	1.69	0.00027
S4	30.20	37.40	10.90	1.70	50.00	5.70	2.81	0.00047
S5	42.90	42.90	12.80	1.10	56.80	0.20	3.76	0.00068
S6	45.90	40.50	9.30	3.20	53.00	1.00	4.16	0.00075
S7	38.40	38.10	7.00	0.70	45.80	6.80	1.75	0.00043
S8	40.50	42.60	8.30	2.90	53.80	3.90	3.14	0.00068
S9	34.20	41.60	7.60	1.20	50.40	14.20	0.98	0.00043
S10	36.60	30.90	14.70	0.90	46.50	8.40	2.37	0.00047

图 4.28 是页岩微裂缝孔体积与 TOC 含量的关系。从图 4.28 中可以看到，微裂缝发育程度与 TOC 含量之间存在较好的相关性，TOC 含量越高，微裂缝越发育。有机质对微裂缝的发育具有两方面作用：一是有机质演化过程中造成页岩内部压力异常，容易在有机

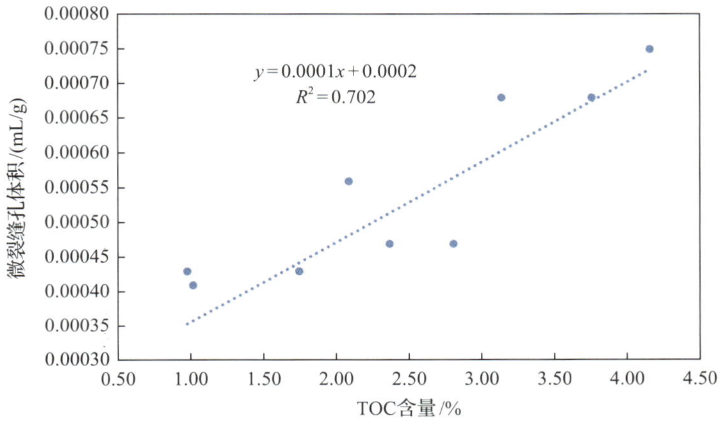

图 4.28 页岩微裂缝孔体积与 TOC 含量的关系

Fig. 4.28 The relation between volume of shale micro fracture and TOC content

质与矿物颗粒边缘形成贴粒缝。二是有机质含量越高，页岩脆性越强，越容易在构造应力等外力作用下形成微裂缝。

图 4.29 是微裂缝孔体积与黏土矿物含量的关系。从图 4.29 中可以看到，微裂缝孔体积与黏土矿物含量之间同样存在良好的正相关性。黏土矿物含量的增加虽然在一定程度上降低了页岩的脆性，不利于页岩微裂缝的形成，但黏土矿物中的蒙脱石、伊利石及伊/蒙混层矿物都可以在自身矿物层面之间构成开度小于 1μm 的狭缝，高岭石矿物单晶片层间也会形成微小缝隙，总之黏土矿物含量越高，越容易形成黏土矿物晶间缝，所以页岩微裂缝会随黏土矿物含量的增大而增大。

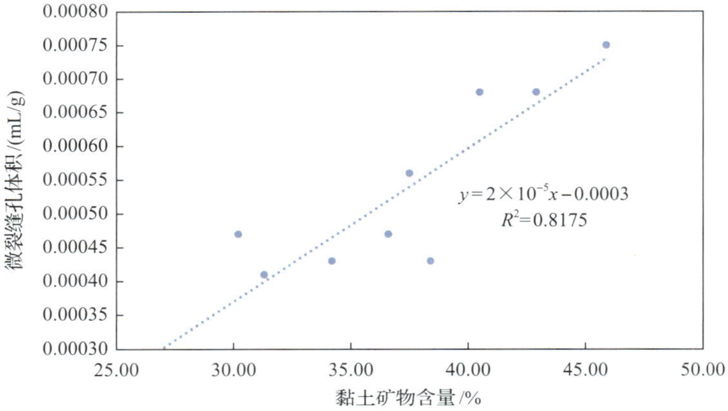

图 4.29 微裂缝孔体积与黏土矿物含量的关系

Fig. 4.29 The relation between volume of micro fractured and clay mineral content

图 4.30 为页岩微裂缝孔体积与脆性矿物(石英、长石、白云石)含量的关系。从图 4.30 中可以看到，整体上页岩微裂缝孔体积与脆性矿物含量之间呈正相关，随着页岩脆性矿物含量的增大，微裂缝孔体积呈上升趋势。脆性矿物含量越高，页岩脆性越强，越容易在内外力作用下形成解理缝和贴粒缝。

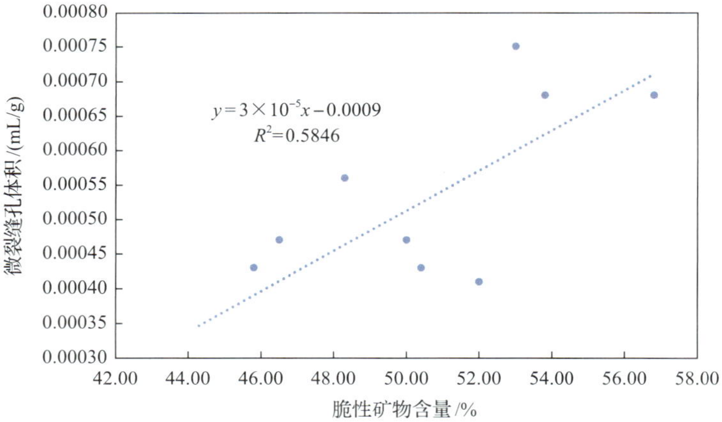

图 4.30 页岩微裂缝孔体积与脆性矿物含量的关系

Fig. 4.30 The relation between volume of micro fractured and content of brittle minerals

图 4.31 为页岩微裂缝孔体积与方解石含量的关系。从图 4.31 中可以看到，微裂缝孔体积与方解石含量具有明显的负相关性，方解石含量越高，页岩微裂缝孔体积越小。方解石具有较强的充填作用，在扫描电子显微镜下，可以看到方解石充填微裂缝、大孔隙的现象广泛存在。方解石在一定程度上降低了页岩的孔隙度和渗透率，但是由方解石充填的裂缝和孔隙作为天然结构弱面，容易在外力作用下再次开裂，形成良好的渗流通道，有利于页岩油气的渗流运移。

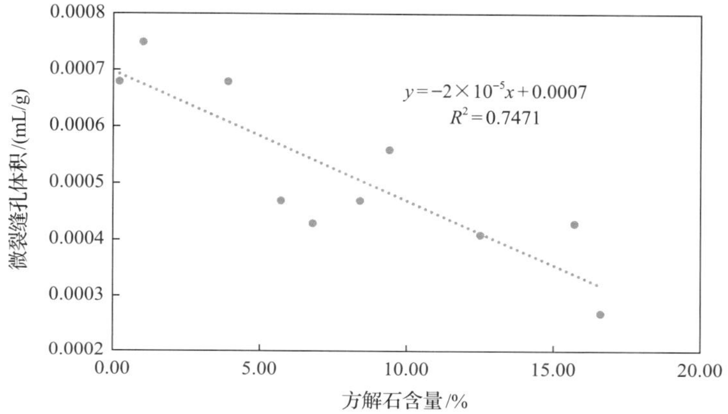

图 4.31　页岩微裂缝孔体积与方解石含量的关系

Fig. 4.31　The relation between volume of micro fracture and calcite content

4.2.3　页岩微裂缝发育程度预测方法

1. 页岩微裂缝发育程度预测模型

页岩微裂缝主要包括脆性矿物成因的解理缝、黏土矿物成因的晶间缝和与有机质、黏土矿物相关的贴粒缝。镜下观察可以看到贴粒缝和黏土矿物成因的晶间缝是页岩微裂缝的主要类型，贴粒缝最为发育，脆性矿物成因的解理缝较少。通过前面分析，已经确定了脆性矿物含量、黏土矿物含量及 TOC 含量对页岩微裂缝发育具有积极作用，本小节提出的页岩微裂缝预测方法是基于脆性矿物含量、黏土矿物含量和 TOC 含量对微裂缝孔体积的贡献，针对三者对页岩微裂缝孔体积的贡献值不同，建立三元方程，利用多元回归分析方法分别确定三者对页岩微裂缝孔体积的贡献值，从而预测页岩微裂缝发育的情况。

基于页岩微裂缝成因类型及赋存状态，以页岩微裂缝孔体积为定量表征指标建立的页岩微裂缝孔体积计算模型如下：

$$V_s = a_1 v_1 + a_2 v_2 + a_3 v_3 \tag{4.14}$$

式中，V_s 为页岩微裂缝孔体积，mL/g；a_1、a_2、a_3 分别为页岩中的黏土矿物含量、脆性矿物含量、TOC 含量，%；v_1、v_2、v_3 分别为单位质量黏土矿物、脆性矿物、有机质对微裂缝孔体积的贡献值，mL/g。

2. 模型参数计算与验证

1) 模型参数计算

V 可以通过高压压汞实验获取，a_1、a_2、a_3 可以通过室内实验直接获取，v_1、v_2、v_3 无法通过实验的方式直接得到。同一区块、同一地层中页岩的沉积环境、成岩作用、构造作用相近，其岩石学特性、地球化学特性也是相近的，从这个角度看，可以期望相同区块、相同地层中 v_1、v_2、v_3 是稳定的，不会有较大的变化。为提高计算精度，采用多元回归分析方法求解 v_1、v_2、v_3，根据表 4.6 的测试数据，运用 SPSS 统计软件进行多元回归分析，求得 v_1、v_2、v_3 分别为 0.001019mL/g、0.000061mL/g、0.007218mL/g。从计算结果可以看到，单位质量有机质对页岩微裂缝孔体积的贡献值最大，单位质量脆性矿物对页岩微裂缝孔体积的贡献值最小，二者之间相差 2 个数量级。

2) 验证分析

为验证计算结果的准确性，在 W 井不同深度段取页岩测试样本 10 个，分别进行了矿物组分、TOC 含量测试及高压压汞测试，并计算了微裂缝孔体积的实测值。利用式(4.14)，结合矿物组分与 TOC 含量数据对微裂缝孔体积进行了预测。对比了 10 个样本的预测值与实测值，对比结果如图 4.32 所示，绝对误差最大值为 40.25%，绝对误差平均值为 13.46%，预测结果与实测结果吻合良好，验证了预测结果的正确性，从而证实了预测方法的可行性。

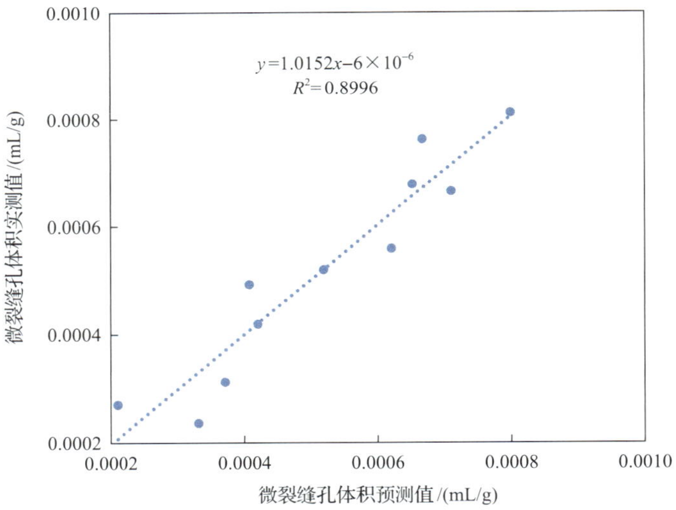

图 4.32 微裂缝孔体积预测结果对比

Fig. 4.32 The comparison of prediction results of micro fracture volume

4.2.4 页岩微裂缝发育程度预测

运用微裂缝孔体积预测方法，结合 W 井 33 个样本(W1～W33)的矿物含量及 TOC 含量数据，对 W 井龙马溪组页岩微裂缝发育程度进行了预测，同时计算了黏土矿物、脆性矿物和有机质对页岩微裂缝孔体积的贡献值。图 4.33 为 W 井样本微裂缝孔体积贡献值，预测微裂缝孔体积最大值为 0.000758mL/g，最小值为 0.000269mL/g，平均值为 0.000543mL/g。图 4.34 为黏土矿物、脆性矿物和有机质对 W 井页岩微裂缝孔体积贡献比重，可以看到黏土矿物对页岩微裂缝孔体积值贡献最大，占比达到 70%；有机质次之，占比为 24%；脆性矿物贡献最小，占比为 6%。

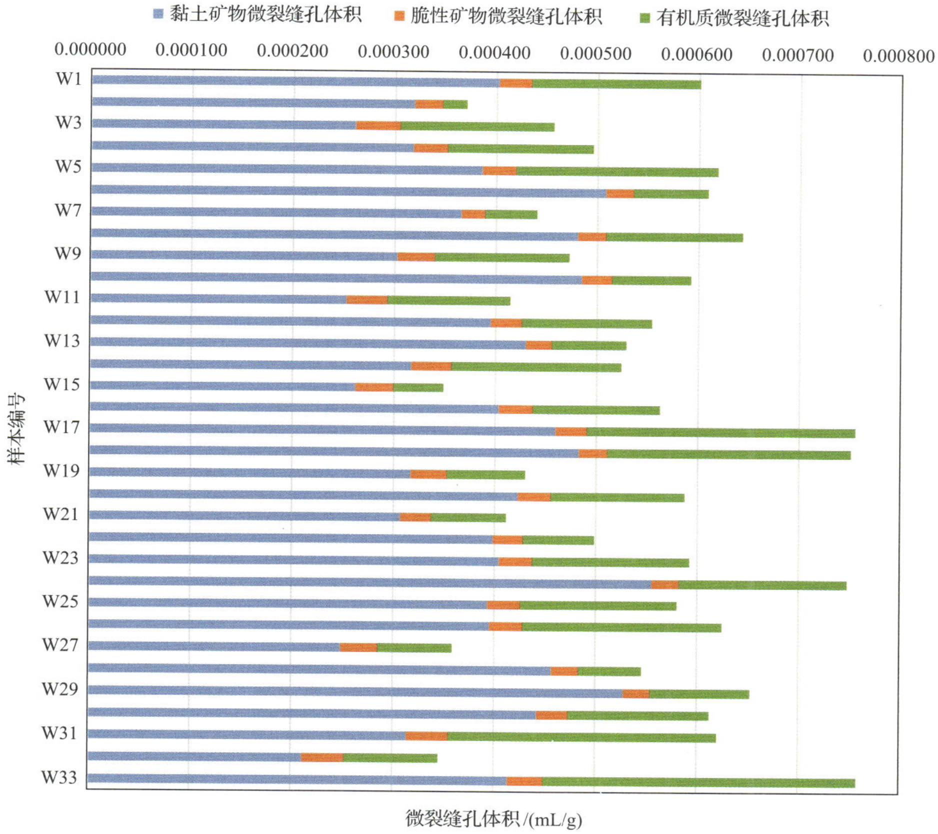

图 4.33 W 井页岩样本微裂缝孔体积贡献值

Fig. 4.33 The contribution value of micro fracture volume in the shale samples of W well

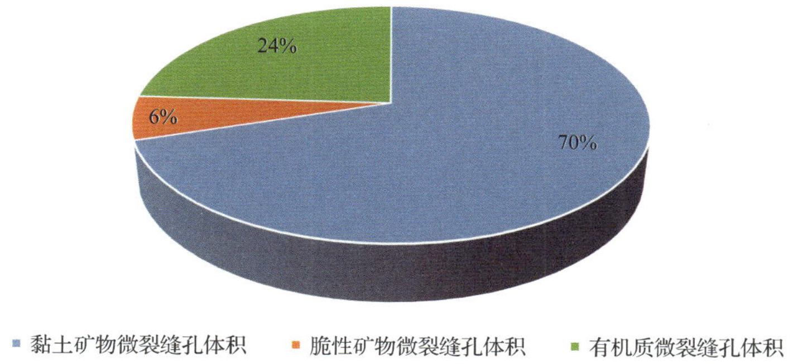

图 4.34 黏土矿物、脆性矿物和有机质对 W 井页岩微裂缝孔体积贡献比重

Fig. 4.34 The contribution ratio of micro fracture volume in shale

4.2.5 微裂缝对页岩储层孔渗性的影响

1. 微裂缝对页岩孔隙度的影响

图 4.35 为 W 井样本孔隙度与微裂缝孔体积的关系。由图 4.35 可知，页岩孔隙度与微裂缝孔体积之间具有明显的相关性，孔隙度随微裂缝孔体积的增大而增大，微裂缝越发育，页岩储层储集性能越好。

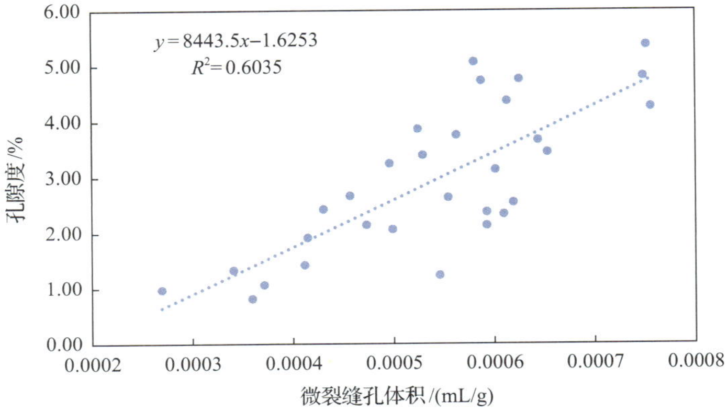

图 4.35 W 井样本孔隙度与微裂缝孔体积的关系

Fig. 4.35 Relationship between porosity and volume of micro fracture pore of W well

2. 微裂缝对页岩渗透率的影响

图 4.36 为 W 井样本渗透率与微裂缝孔体积的关系(渗透率超高的 5 个样本被剔除)。由图 4.36 可知，页岩渗透率与微裂缝孔体积之间存在相关性，渗透率随微裂缝孔体积的增大而增大，微裂缝越发育，越有利于页岩气储集空间与渗流通道间的沟通，页岩储层渗透性越好。

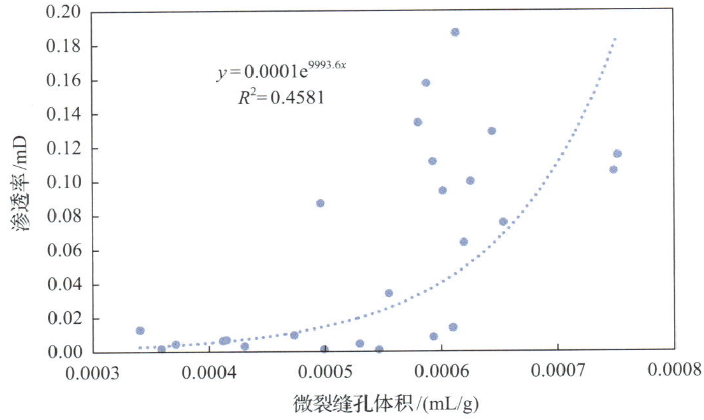

图 4.36 W 井样本渗透率与微裂缝孔体积的关系

Fig. 4.36 Relationship between permeability and volume of micro fractured pore of W well

4.3　页岩宏观裂缝网络表征方法

Dershowitz 和 Einstein[46]将裂缝特征参数分为两类：第一类用来描述裂缝的原始特征，主要包括裂缝的数量、长度、开度、方位等；第二类用来描述裂缝网络的系统特征，主要指网络中裂缝的发育规模，包括裂缝频率和裂缝密度。第一类特征可以通过样本测试统计的方式直接描述，第二类特征反映裂缝的分布状态和发育程度，对裂缝网络的系统性能影响更为显著，但当前对页岩裂缝网络的第二类特征的研究并不深入，表征参数缺乏系统性。页岩储层脆性强，裂缝交叉切割多以裂缝网络形式存在，亟须建立表征页岩裂缝网络系统的参数体系及参数计算方法。

4.3.1　裂缝网络表征参数体系模型

表征裂缝分布与发育规模的方式很多，按样本空间维度分类，裂缝网络表征模型包括一维(线)模型、二维(面)模型和三维(体)模型，在这 3 类模型中，又可以按照裂缝的特征(裂缝数、长度、面积、体积)分别进行描述，这样就可以得到一个多样的裂缝网络表征方法。图 4.37 为表征裂缝网络的 P_{xy} 体系模型，图中各参数均可以表示裂缝网络中裂缝的发育规模[46]。

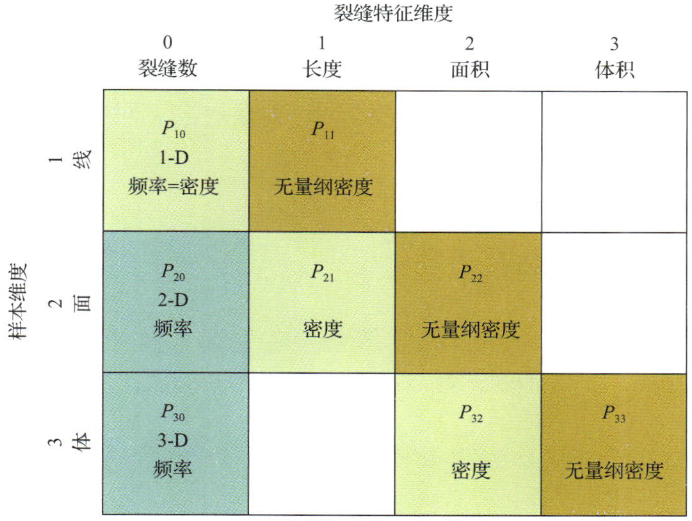

图 4.37　裂缝网络表征体系模型

Fig. 4.37　The characterization system of fracture network

裂缝频率表示样本上的裂缝数，样本可以是一维的线(L)，二维的面积(A)，三维的体积(V)，相对应的裂缝频率称为线频率 F_L、面频率 F_A、体频率 F_V，其表示式分别为

$$F_L = P_{10} = N_L / L \tag{4.15}$$

$$F_A = P_{20} = N_L / A \tag{4.16}$$

$$F_V = P_{30} = N_L / V \tag{4.17}$$

式中，N_L 为裂缝条数。

裂缝密度反映样本内裂缝的密集程度，最初应用于二维模型，后来逐渐扩展并应用于一维、三维模型。无量纲密度[175]一般采用排除体积来表示，裂缝密度无量纲化后，可以认为裂缝的有效渗透率与裂缝自身形态没有关系，常用于数值模拟研究。

二维模型的 3 个表征参数——面频率（P_{20}）、面密度（P_{21}）和二维无量纲密度（P_{22}）的具体表达式如下：

$$P_{20} = N_L / A \tag{4.18}$$

$$P_{21} = \sum L / A = N_L L_c / A \tag{4.19}$$

$$P_{22} = N_L L_c^2 / A \tag{4.20}$$

式中，L_c 为裂缝的平均长度，则有

$$L_c = \sum L / N_L \tag{4.21}$$

通过式(4.18)～式(4.20)可以总结得到

$$P_{22} = P_{21} L_c = P_{20} L_c^2 \tag{4.22}$$

三维模型中体频率 P_{30}、体密度 P_{32} 及三维无量纲密度 P_{33} 同样具有如下关系：

$$P_{33} = P_{32} L_c = P_{30} L_c^3 \tag{4.23}$$

4.3.2 体系参数计算模型

在三类空间表征模型中，一维模型只反映裂缝多少，不能反映裂缝大小，三维模型由于受样本空间限制，不易识别，难以操作，因此，实际应用中多采用二维模型。二维模型中，面频率（P_{20}）、面密度（P_{21}）经常用来表征裂缝网络的发育程度，裂缝的平均长度 L_c 可以实现不同参数间的转化，同时也能够反映裂缝的发育状态，可以说在二维裂缝网络中最重要的三个参数为 P_{20}、P_{21} 及 L_c。

对于简单的裂缝网络样本，可以通过直接测试的方式直接读取基本数据，计算上述 3 个参数。但是对于页岩裂缝网络而言，裂缝网络复杂无序，裂缝间交叉切割，且很多裂缝被上覆地层遮挡常出现“裂缝缺失”现象，准确读取页岩裂缝网络数据存在较大难度[176]。二维裂缝网络中裂缝的分布问题同样是一个几何概率问题，因此可以运用积分几何方法，建立体系参数计算模型求取上述参数的统计期望，利用期望值代替真实参数值以避免繁杂的测试工作，同时可以减少或消除“裂缝缺失”现象对参数计算所带来的影响。

1. 页岩裂缝面密度(P_{21})计算模型

圆形迹线和圆形窗在随机几何统计领域的应用由来已久，其实质上属于数学统计当中的积分几何问题[177]。页岩裂缝分布复杂无序，由 4.2 节对页岩裂缝基本特征的描述可知，页岩宏观裂缝长度分布具有连续性，为此可以运用积分几何方法，利用圆形迹线和圆形窗采样工具，计算页岩裂缝网络表征参数。为了便于理解和计算，首先考虑利用单个圆计算一组平行裂缝的情况，随后扩展到多方向的复杂裂缝网络中。单个圆进行统计时由于样本单一、随机性强，容易带来较大的统计误差，计算精度无法得到有效控制，在实际裂缝参数计算中，可以通过多次采样计算取期望的方式满足裂缝参数的计算精度要求。裂缝网络中，在采用圆形窗口取样时，裂缝迹线与圆形迹线交点数和裂缝面密度之间必然存在相关性(图 4.38)，裂缝面密度越大，其与随机圆周迹线之间的交点数必然越多，建立圆形迹线与裂缝迹线交点数之间的数量关系，可以计算裂缝网络的相关参数。

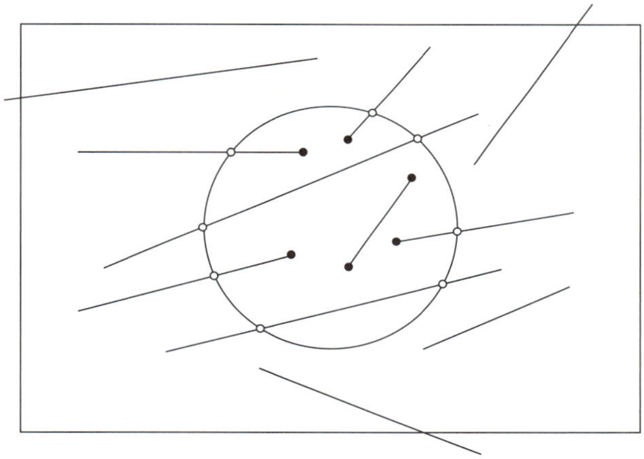

图 4.38　圆形迹线和圆形窗口采样模式图

Fig. 4.38　The sampling patterns of circular traces and circular windows

1) 平行裂缝

假设一组裂缝平行于 x 轴[图 4.39(a)、(b)]，首先关注圆的第一个象限。假定圆的轨迹和圆的位置之间是相互独立的，与半径为 R 的圆的第一象限相交的任何裂缝迹线的 z 坐标[图 4.29(a)]均匀地分布在$(0, R)$上，这样圆形迹线与裂缝交点 z 的概率密度函数(PDF)$g(z)$可表示为

$$g(z)=\begin{cases}\dfrac{1}{R}, & 0<z\leqslant R\\ 0, & \text{其他}\end{cases} \tag{4.24}$$

令 α 表示 x 轴与交点半径之间的夹角[图 4.39(a)]。角度 α 的概率密度函数 $f(\alpha)$ 为

$$f(\alpha)=g(z)\left|\frac{\mathrm{d}z}{\mathrm{d}\alpha}\right|, \quad 0\leqslant\alpha\leqslant\pi/2 \tag{4.25}$$

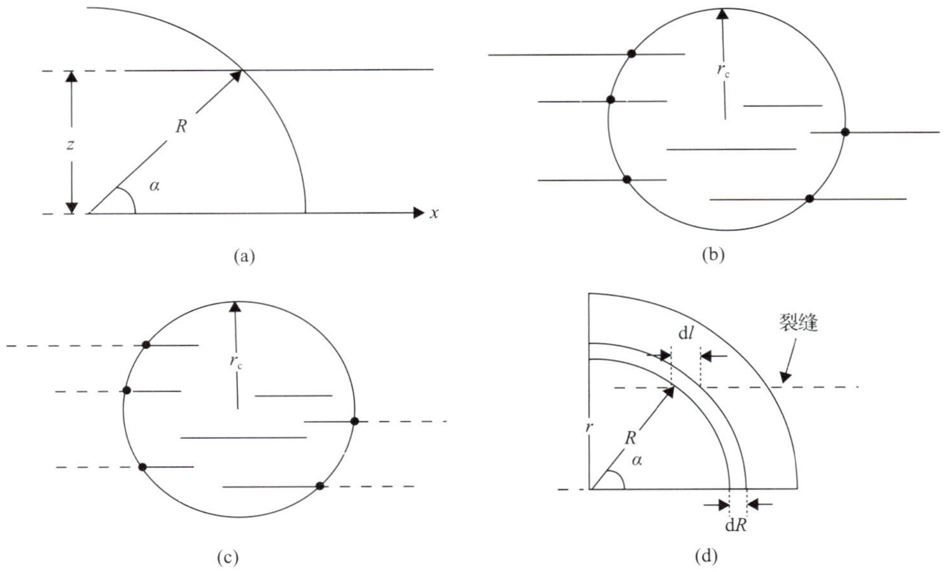

图 4.39 圆形迹线与平行裂缝相交模式

Fig. 4.39 The intersection pattern of circle trace and parallel crack

R-圆半径；α-交点至圆心连线与 X 轴的夹角；r_c-圆半径（积分变量）；dR-半径微元；dl-裂缝长度微元

当 $z = R\sin\alpha, \mathrm{d}z/\mathrm{d}\alpha = R\cos\alpha$，则

$$f(\alpha)=R\cos\alpha / R = \cos\alpha, \qquad 0 \leqslant \alpha \leqslant \frac{\pi}{2} \tag{4.26}$$

令 $n=n(r_c)$，表示裂缝与半径为 r_c 的圆形迹线相交的交点数，令 $\overline{n}(r_c)$ 表示 n 的期望，令 $\overline{n}_1(r_c)$ 表示第一象限交点的平均期望，由于圆是对称的，$\overline{n}_1(r_c)=\overline{n}(r_c)/4$。同理，令 $L=L(r_c)$ 表示圆内裂缝迹线总长度[图 4.39(c)]，令 $\overline{L}(r_c)$ 表示 L 的期望，令 $\overline{L}_1(r_c)$ 表示第一象限内裂缝迹线总长度的期望值，同理有 $\overline{L}_1(r_c)=\overline{L}(r_c)/4$。

如何建立 $\overline{n}_1(r_c)$ 与 $\overline{L}_1(r_c)$ 之间的关系，可以对 $\overline{L}_1(r_c)$ 求积分。当裂缝迹线与圆形迹线相交角度为 α 时，裂缝迹线长度微元 dl=secαdR，在半径为 r_c 的积分区间里存在如下关系：

$$\begin{aligned}\overline{L}_Q(r_c) &= \int_{R=0}^{r_c}\int_{\alpha=0}^{\frac{\pi}{2}} \overline{n}_1(R)\sec\alpha f(\alpha)\mathrm{d}\alpha\mathrm{d}R \\ &= \int_{R=0}^{r_c}\int_{\alpha=0}^{\frac{\pi}{2}} \overline{n}_1(R)\mathrm{d}\alpha\mathrm{d}R = \frac{\pi}{2}\int_0^{r_c}\overline{n}_1(R)\mathrm{d}R\end{aligned} \tag{4.27}$$

圆内裂缝迹线总长度的期望是

$$\overline{L} = 4\overline{L}_1 = \frac{\pi}{2}\int_0^{r_c} 4\overline{n}_1(R)\mathrm{d}R = \frac{\pi}{2}\int_0^{r_c}\overline{n}(R)\mathrm{d}R \tag{4.28}$$

裂缝面密度表示单位面积上裂缝的长度，对式(4.28)两边同时除以圆面积：

$$F_A = \frac{1}{2{r_c}^2}\int_0^{r_c} \overline{n}_1(R)\mathrm{d}R \tag{4.29}$$

式中，F_A 为裂缝面密度，即 P_{21}。由于裂缝面密度与测量区域的形状和尺寸没有关系，式(4.29)的右边整体上必然与 r_c 无关，也就是式(4.29)的积分部分必然与 r_c^2 同幂次，由此可以推断出以下关系：

$$\overline{n}_1(R) = c_0 R \tag{4.30}$$

式中，c_0 为常数。把式(4.30)代入式(4.29)中，然后将式(4.29)进行积分得出 $c_0=4F_A$。将 c_0 的值代入式(4.30)，用实测的裂缝与圆形迹线相交的交点数 n 代替期望值 $\overline{n}$，可以得到一组通过半径为 r_c 的圆采样估测得到的平行裂缝的裂缝面密度公式

$$\hat{F}_A = \frac{n}{4r_c} \tag{4.31}$$

式中，$\hat{F}_A$ 为面密度期望值。

2) 不同方向裂缝

页岩裂缝分布具有一定的方向性，但整体来讲页岩裂缝方向还是具有较强的随机性的，无论从宏观露头还是岩心观察都可以发现裂缝取向异常复杂，部分裂缝迹线还可能是弯曲的。对于裂缝沿不同方向分布的裂缝网络，可以利用裂缝面密度可累加的原则进行处理计算，裂缝面密度是其各个组成部分面密度之和。这样可以将裂缝迹线按不同方位划分若干计算单元，即可以考虑将方向[0, π]分成 k 个不重叠的方向间隔 $\Delta\theta_i$，$i=1,2,3,\cdots,k$，这样可以得到每个方向间隔 θ_i 的角度大小为 π/k，则每个间隔的裂缝面密度近似值 $F_A(\theta_i)$ 为

$$F_A(\theta_i) \approx \frac{E[n(\theta_i)]}{4r_c} \tag{4.32}$$

该近似值精度由间隔角度的变化范围决定，当间隔角度无限小时，即 $k\to\infty$，该近似值即转变为裂缝面密度的准确值，得

$$F_A = \sum_{i=1}^{k} F_A(\theta_i) = \frac{1}{4r_c}\sum_{i=1}^{k} E[n(\theta_i)] = \frac{\overline{n}}{4r_c} \tag{4.33}$$

式中，$\overline{n}$ 为裂缝与圆形迹线相交的交点数的总期望值。因此，可以认为无论裂缝方向如何分布，由于圆本身在各个方向上的对称性，利用圆形迹线和圆形窗口计算得到的裂缝面密度值均为 $n/4r_c$。

3) 多重圆采样

前面所述是采用单个圆计算裂缝面密度的方法，对于页岩复杂裂缝网络，裂缝分布随机性较强，往往需要多个圆采样计算取期望的方式，得到更为精准的裂缝面密度值，实际应用当中也必然需要采用多次计算取平均的方式。如果多个圆具有相同的半径，即 r_c 是常量，可以利用式(4.32)简单地取平均即可，实际应用中建议采用多个相同半径圆形迹线来获得更好的裂缝面密度估测值。如果圆的大小相同，则需要对每个圆的周长加权取平均值计算平均裂缝面密度。因此，如果圆的半径为 $r_{c1}, r_{c2}, \cdots, r_{ck}$，对应的周长分别

为 $p_1, p_2, \cdots, p_k$，裂缝与圆形迹线的交点数分别为 $n_1, n_2, \cdots, n_k$，计算得到的裂缝面密度值分别为 $F_{A1}, F_{A2}, \cdots, F_{Ak}$，则周长加权后得到的裂缝面密度计算值为

$$\hat{F}_A = \frac{\hat{F}_{A1}p_1 + \hat{F}_{A2}p_2 + \cdots + \hat{F}_{Ak}p_k}{p_1 + p_2 + \cdots + p_k} = \frac{2\pi(\hat{F}_{A1}r_{c1} + \hat{F}_{A2}r_{c2} + \cdots + \hat{F}_{Ak}r_{ck})}{2\pi(r_{c1} + r_{c2} + \cdots + r_{ck})}$$

$$= \frac{1}{4}\frac{n_1 + n_2 + \cdots + n_k}{r_{c1} + r_{c2} + \cdots + r_{ck}} = \frac{\overline{n}}{4\overline{r}_c} \tag{4.34}$$

式中，$\hat{F}_A$ 为面密度期值之和。

2. 裂缝面频率(P_{20})计算模型

裂缝面频率是指单位面积上的裂缝数。利用圆形统计的方法计算裂缝面频率应用的是圆形窗口，而不是圆形迹线，因为圆形迹线统计方法无法识别处理延伸到圆形窗口之外的裂缝（“缺失裂缝”）。每一条裂缝迹线都会存在一个中心点和两个端点，这样圆形窗口内的裂缝数就与中心点数相等，但由于部分裂缝延伸到圆形窗口之外，中心点无法确认是否在圆形窗口内部，可以利用裂缝迹线中心点与端点之间的关系计算裂缝面频率，每条裂缝都具有两个端点，只要统计出圆形窗口内的裂缝端点数，就可以计算出近似的裂缝数，从而估测得到裂缝面频率。为了便于理解，可以考虑将每条裂缝端点随机极化，这样每条裂缝端点都有正负极，假设圆形窗口包含 $m(+)$ 个正端点和 $m(-)$ 个负端点(图 4.40)，正端点、负端点与迹线中心之间存在一一对应关系，因此任一极性的裂缝迹线端点都可以用来估计迹线面频率。最为合理的方式是采用二者的平均值进行计算。对于一个圆形窗口，裂缝面频率的计算公式如下：

$$\hat{\rho} = \frac{1}{2}\left(\frac{m_n(+)}{A_s} + \frac{m_n(-)}{A_s}\right) = \frac{m_n}{2A_s} \tag{4.35}$$

式中，m_n 为窗口中裂缝迹线端点的总数；A_s 为圆形窗口面积；$\hat{\rho}$ 为计算得到的裂缝面频率。对于半径为 r_c 的圆形窗口，裂缝面频率估测值 $\hat{\rho}$ 为

$$\hat{\rho} = m_n / 2\pi r_c^2 \tag{4.36}$$

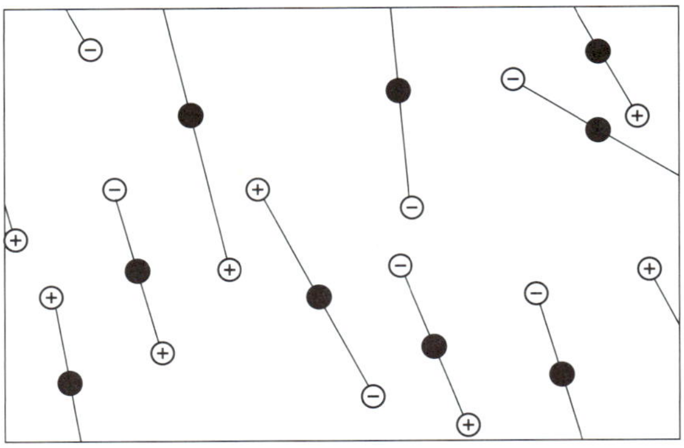

图 4.40 裂缝中心点与端点

Fig. 4.40 The central point and end point of fracture

与裂缝面密度统计相似，利用单个圆估测裂缝面频率同样会存在较大的随机误差，在实际应用中必然要利用多个圆形窗口进行估测，然后取期望以此提高估测精度。裂缝迹线端点具有累加性，当使用多重圆形窗口进行估测时，将圆内的端点累加即可，即使圆的位置发生重合也不会影响估测结果，即

$$\hat{\rho} = \frac{1}{2\pi}\left(\frac{\sum m_{\mathrm{n}}}{\sum r_{\mathrm{c}}^2}\right) \tag{4.37}$$

3. 裂缝的平均长度(L_c)计算方法

页岩裂缝的平均长度估算需要结合圆形迹线与圆形窗口两种估算方式。如图 4.41 所示，裂缝迹线与圆形窗口的相交方式存在 3 种类型，第一种类型是裂缝迹线完全包含于圆形窗口内，称之为 C 形相交；第二种类型是裂缝迹线两端断穿圆形窗口，即裂缝迹线的两个端点同时缺失，称之为 T 形相交；第三种类型是裂缝迹线一端断穿圆形窗口，即裂缝迹线一个端点在圆形窗口内，另一个端点缺失，称之为 X 形相交。令 N 表示与窗口相交的裂缝数，相交的方式可以是图 4.41 中的多种形式。令 t、θ 表示裂缝迹线与窗口相交的长度和方向，令 $N\mid(t,\theta)$ 表示与圆形窗口相交的长度为 t、方向为 θ 的裂缝数。

假设页岩裂缝网络中仅仅存在长度为 t、方向为 θ 的裂缝，如果存在两个半径为 r_c 的相接圆，可以考虑为两个全等的同心圆分别沿 θ 方向和 $-\theta$ 方向移动 $t/2$ 的距离(图 4.42)，那么只有中心点落在图 4.42 所示阴影部分的裂缝才能与圆形窗口相交。图 4.42 所示阴影部分的面积可以考虑为两侧分别是半径为 r_c 的半圆，中间区域是宽为 t、高为 $2r_c$ 的矩形，这样阴影部分的面积为

$$A_{\mathrm{n}}(t) = \pi r_{\mathrm{c}}^2 + 2r_{\mathrm{c}}t \tag{4.38}$$

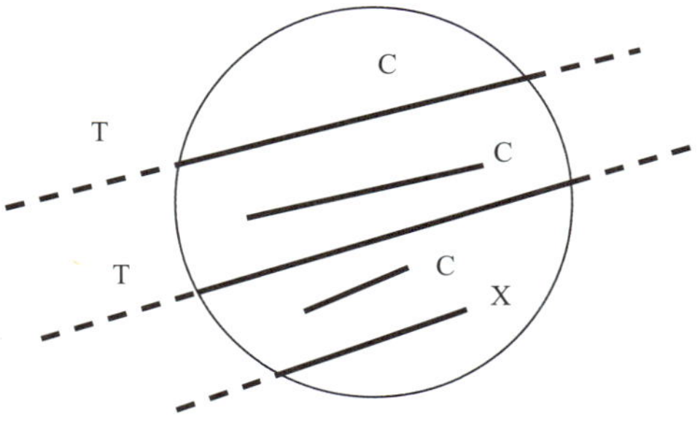

图 4.41 裂缝迹线与圆相交模式

Fig. 4.41 The intersection mode of fracture trace and circle

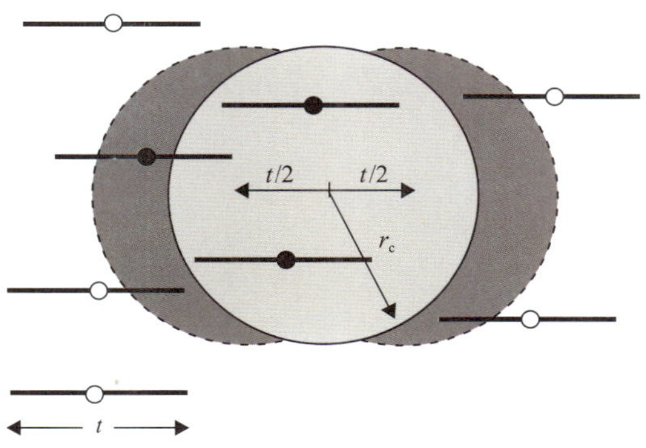

图 4.42 均一裂缝与圆相交模式

Fig. 4.42 The intersection mode of uniform fracture and circle

因为圆形窗口在各个方向上都是对称的，所以面积 $A_n(t)$ 与角度 θ 无关。因此，与圆形窗口相交的裂缝数的期望为

$$E(N|t) = E(N|t,\theta) = \hat{\rho}(\pi r_c^2 + 2r_c t) \tag{4.39}$$

式中，$\hat{\rho}$ 为裂缝面频率。裂缝迹线长度 t 的任意累计分布函数为 $F(t)$，可以得到

$$\begin{aligned} E(N) &= \int_{t=0}^{t=\infty} E(N|t,\theta)\mathrm{d}F(t) = \hat{\rho}\int_0^1 (\pi r_c^2 + 2r_c t)\mathrm{d}F \\ &= \hat{\rho}\pi r_c^2 \int_0^1 \mathrm{d}F + 2r_c\hat{\rho}\int_0^1 t\mathrm{d}F \end{aligned} \tag{4.40}$$

式中，积分 $\int_0^1 \mathrm{d}F$ 为单元积分；积分 $\int_0^1 t\mathrm{d}F$ 为 t 在任意累计分布函数下的平均值，即表示裂缝的平均长度。求解式(4.40)可以得到

$$\bar{N} = E(N) = \hat{\rho}\pi r_c^2 + 2r_c\hat{\rho}\mu \tag{4.41}$$

式中，μ 为裂缝的平均长度。裂缝长度 t 作为积分变量，可以是连续的，也可以是离散的，或者是二者的混合[178]。如果 t 具有概率密度函数 $f(t)$ 的连续分布，则 $\mathrm{d}F(t)=f(t)\,\mathrm{d}t$。如果 t 具有概率质量函数 $p(t)$ 的离散分布，则 $\mathrm{d}F(t)=p(t)$，此时可以用累计求和代替积分进行运算。

由于裂缝面频率 $\hat{\rho}$ 和 N 的平均值 $\bar{N}$ 是常量而不是随机变量，可以通过式(4.41)求解得到裂缝的平均长度 μ，计算公式为

$$\mu = \frac{1}{2r_c}\left(\frac{\bar{N}}{\hat{\rho}}\right) - \frac{\pi r_c}{2} \tag{4.42}$$

如前所述，m_n 表示圆形窗口中裂缝迹线端点的总数，n 表示裂缝与圆形迹线相交的交点数(图 4.39)。同时，令 $\hat{N}$ 表示与圆形窗口相交的裂缝总数，令 $\hat{N}_C$ 表示与圆形窗口呈 C 形相交的裂缝数，令 $\hat{N}_T$ 表示与圆形窗口呈 T 形相交的裂缝数(图 4.41)，则有

$$n = \left(\hat{N} - \hat{N}_C - \hat{N}_T\right) + 2\hat{N}_T = \hat{N} - \hat{N}_C + \hat{N}_T \tag{4.43}$$

$$m_n = \left(\hat{N} - \hat{N}_C - \hat{N}_T\right) + 2\hat{N}_C = \hat{N} + \hat{N}_C - \hat{N}_T \tag{4.44}$$

两式相加可以得到

$$\hat{N} = \frac{n + m_n}{2} \tag{4.45}$$

从式(4.45)和式(4.37)中可以看到，$\hat{N}$ 和 $\hat{\rho}$ 均是通过统计裂缝与圆形迹线或者圆形窗口的交点得到，把 $\hat{N}$ 和 $\hat{\rho}$ 代入式(4.42)中得到统计裂缝的平均长度 $\hat{\mu}$

$$\hat{\mu} = \frac{1}{2r_c}\frac{\bar{N}}{\rho} - \frac{\pi r_c}{2} = \frac{1}{2r_c}\frac{n+m_n}{\rho}\frac{2\pi r_c^2}{m_n} - \frac{\pi r_c}{2} \tag{4.46}$$

简化整理得到裂缝的平均长度估算公式如下：

$$\hat{\mu} = \frac{\pi r_c}{2}\left(\frac{n}{m_n}\right) \tag{4.47}$$

由于天然页岩裂缝分布的不均匀性会给裂缝的平均长度估测值带来较大误差，消除误差的方式同样是采用多个圆进行估算取期望值。在利用式(4.47)估算裂缝的平均长度时，如果采用多个圆进行统计估算，则必须将每个圆所采集到的 n 和 m_n 分别进行累加，然后求取平均值后再利用式(4.47)进行计算，而不是记录每个圆的比率(n/m_n)，即多重圆估算裂缝的平均长度的公式为

$$\hat{\mu} = \frac{\pi r_c}{2}(\bar{n}/\bar{m}_n) \tag{4.48}$$

需要注意的是，在应用式(4.48)进行多重圆估测裂缝网络参数时，需要分别计数裂缝与圆形迹线相交的交点数 n 及圆形窗口中裂缝迹线端点的总数 m_n，然后将其各自取平均值后再计算比率，如果将每个圆中 n 与 m_n 计算比率后再求取均值，会产生较大的计算误差。

4. 三个计算参数间的关系

至此，可以采用圆形迹线及圆形窗口的方式，运用积分几何方法，通过裂缝与圆形迹线相交的交点数 n 及圆形窗口中裂缝端点的总数 m_n 计算二维裂缝网络中的 3 个主要参数。在 4.3.1 节表征裂缝网络的 P_{xy} 体系模型中已经提到，二维裂缝面密度 P_{21} 等于面频率 P_{20} 与裂缝的平均长度 L_c 的乘积，即 $P_{21}=P_{20}L_c$ [式(4.22)]，实际上，裂缝数与裂缝平均长度的乘积必然要等于裂缝总长度。利用圆形迹线和圆形窗口计算得到的 3 个参数间也应该遵循上述关系。利用式(4.37)和式(4.48)可得

$$\hat{\rho}\times\hat{\mu} = \frac{m_n}{2\pi r^2}\times\frac{\pi r_c}{2}\left(\frac{n}{m_n}\right) = \frac{n}{4r_c} = \hat{F}_A \tag{4.49}$$

式(4.49)即为式(4.34)给出的强度估计裂缝面密度计算公式。

4.3.3　体系参数计算模型验证

采用圆形迹线和圆形窗口采样工具，运用积分几何方法建立了表征页岩裂缝网络的 P_{xy} 体系模型中 3 个重要参数的计算模型，下面应用蒙特卡罗方法模拟二维裂缝网络对上述计算模型进行验证。裂缝区域为 100m×100m，裂缝长度从 20m 到 60m 均匀分布，裂缝方向从 30°到 90°均匀分布。在不考虑裂缝延长到区域以外造成缺失的情况下，该裂缝网络的裂缝面密度为 2.0m/m^2，裂缝面频率为 0.05 条/m^2，裂缝平均长度为 40m。采用半径为 10m 的圆进行采样计算，随机采样 50 次，统计裂缝与圆形迹线相交的交点数及圆

形窗口中裂缝端点的总数，利用式(4.34)、式(4.37)和式(4.48)分别计算裂缝面密度、面频率及平均长度，称之为圆形交点估测值；利用圆形采样窗口，运用传统方法测量并统计出窗口内的裂缝长度、裂缝数及裂缝平均长度，称之为圆形测量估测值。

图 4.43 为模拟得到的裂缝面密度估测结果。从图 4.43 中可以看到，圆形迹线交点估测的裂缝面密度值与圆形窗口测量估测的裂缝面密度值非常接近，随着样本数的不断增大，二者的期望值均接近给定值 2.0m/m^2，考虑到裂缝在区域内会有一定的缺失[图 4.39(c)]，可认为利用圆形迹线计算的二维裂缝网络面密度是准确的。但圆形采样计算过程中，统计圆形迹线交点相较于测量圆内裂缝长度要容易得多，极大地降低了统计工作量，所以圆形迹线交点法在估测裂缝面密度的实际应用中具有较大的优势。

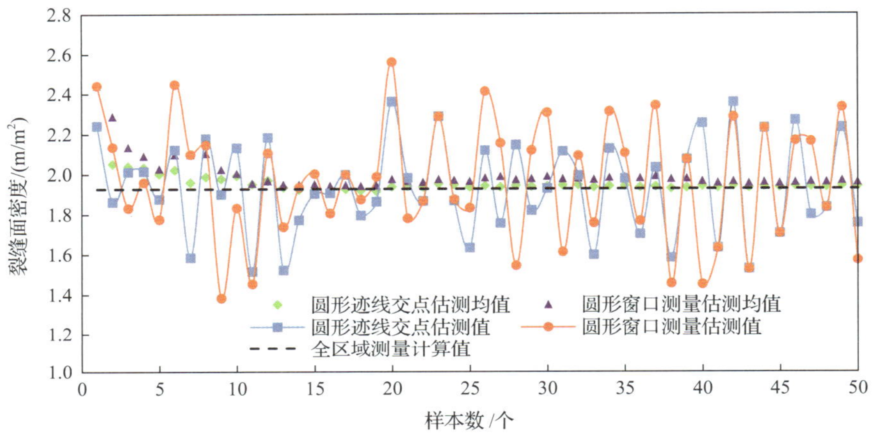

图 4.43 模拟得到的裂缝面密度估测结果

Fig. 4.43 The estimation results of fracture surface density

图 4.44 为模拟得到的裂缝面频率估测结果。从图 4.44 中可以看到，利用圆形窗口统计裂缝端点(交点)所估测的裂缝面频率值与直接测量圆内裂缝数所估测的裂缝面频率值存在较大的差异，这里暂且分别称两种方法为“交点法”和“测量法”，测量法估测得到的裂缝面频率均值为 0.126 条/m^2，交点法估测得到的裂缝面频率值为 0.046 条/m^2，此值非常接近模拟裂缝面频率的给定值 0.05 条/m^2。考虑到裂缝在区域内会有一定的缺失，可以认为交点法计算的二维裂缝面频率是准确的。测量法估测得到的数值之所以偏高，同样是“裂缝缺失”造成的，因为在统计圆内裂缝数时，无法确认裂缝的中心点是否在圆内，所有只要裂缝迹线的一部分与圆形窗口相交，就将该裂缝进行计数，如此一来，势必造成较大的偏差。将采样窗口放大，会减少裂缝的计数误差，使估测结果的准确度得到明显的改善，当实行全区域采样时(采样样本覆盖整个区域)，得到的裂缝面频率值即给定值为 0.05 条/m^2(图 4.44 中黑色虚线)，但是即使是全区域采样同样会存在“裂缝缺失”现象，部分中心点在区域外的裂缝被计数，所以有理由相信实际裂缝面频率会比给定值略小。综上可以认为，交点法计算得到的裂缝面频率更为合理、准确。

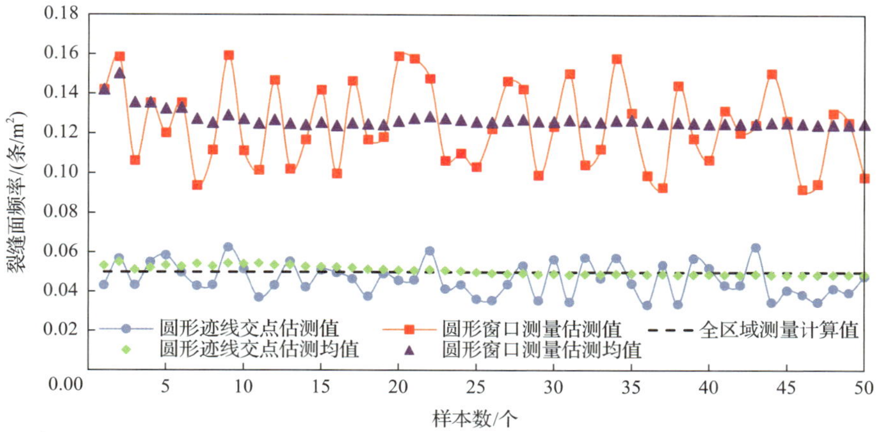

图 4.44　模拟得到的裂缝面频率估测结果

Fig. 4.44　The estimation results of fracture surface frequency

图 4.45 为模拟得到的裂缝的平均长度估测结果。从图 4.45 中可以看到，交点法与测量法计算的裂缝的平均长度相差较大。交点法估测得到的裂缝的平均长度为 39.1m，此值非常接近虚拟裂缝网络裂缝的平均长度的给定值 40m，考虑裂缝在区域内会有一定的缺失，同样认为此值是准确的。测量法估测得到的裂缝的平均长度为 9.55m。测量法得到的裂缝平均长度同样是部分裂缝延伸到圆外造成缺失而使结果明显偏低。全区域采样虽然会大大降低“裂缝缺失”带来的影响，但计算得到的裂缝的平均长度为 37.20m，与给定值同样存在较大差异。

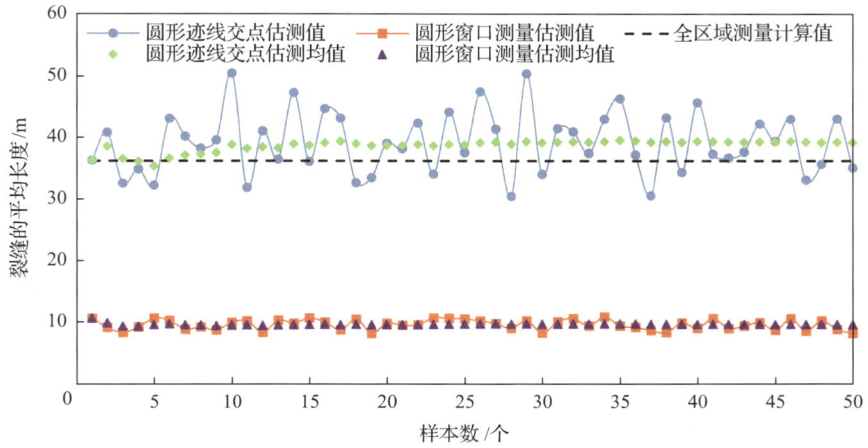

图 4.45　模拟得到的裂缝的平均长度估测结果

Fig. 4.45　Estimation results of average fracture length

综上可以认为，在表征页岩二维裂缝网络时，利用圆形迹线交点与圆形窗口测量估测方法，可以大大降低甚至避免“裂缝缺失”引起的参数估测偏差，其估算结果的准确性得到了验证。在实际应用中只需要统计裂缝迹线、裂缝端点与圆形迹线和圆形窗口的交点数，计算量小，应用方便，所以利用圆形迹线和圆形窗口计算页岩裂缝网络表征参数具有较大优势。

4.3.4 应用实例

在总结了表征页岩裂缝网络的 P_{xy} 体系模型并建立了模型参数计算方法后，利用上述参数计算方法对页岩露头裂缝网络进行定量描述。图 4.46 为川南地区龙马溪组某露头样本，可见露头上分布两组正交裂缝，其中一组为主裂缝，裂缝长度较大，沿 NW 向分布；另一组为分支裂缝，分支裂缝较短且与主裂缝正交。裂缝端点多终止于主裂缝，两组裂缝相互交叉切割，组成了较为复杂的页岩裂缝网络。下面利用圆形迹线与圆形窗口方法计算裂缝网络表征参数。

图 4.46 页岩露头裂缝网络

Fig. 4.46 The fracture network of shale outcrop

1. 裂缝面密度估测

经观测该页岩裂缝网络的裂缝长度主要分布在 0.5～4m，所以选用半径为 1m 的圆进行采样统计是合适的。在图 4.46 所示的页岩裂缝网络中，在兼顾整个区域的情况下随机采样 30 次(实际应用中可适当减少采样次数以降低工作量)，记录裂缝与圆形迹线相交的交点数 n，以及圆形窗口中裂缝端点的总数 $m_{\rm n}$，计算得到的裂缝面密度估测值如图 4.47 所示。圆形迹线交点法估测得到的裂缝面密度均值为 4.17m/m^2，在全区域内测量裂缝总长度及区域总面积计算得到的全区域测量裂缝面密度值为 4.13m/m^2，二者几乎相等。考虑到该页岩裂缝网络较少有裂缝延伸到区域外(“裂缝缺失”现象较少)，认为全区域测量计算结果即可代表真实的裂缝面密度值，同样可以确认圆形迹线交点法估测结果的准确性。

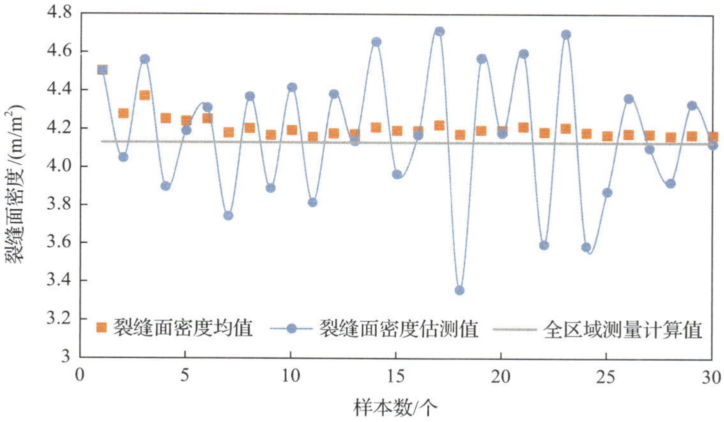

图 4.47 圆形迹线交点法得到的裂缝面密度估测结果

Fig. 4.47 The estimation results of fracture surface density obtained by the circular trace intersection method

2. 裂缝面频率估测

图 4.48 是圆形迹线交点法得到的裂缝面频率估测结果。圆形交点法估测得到的裂缝面频率均值为 1.96 条/m^2，在全区域内统计裂缝总数及区域总面积计算得到的全区域测量裂缝面频率为 2.03 条/m^2，二者数值接近。同样，如果全区域测量计算结果即可代表真实的裂缝面密度值，同样可以确认圆形交点法估测结果的准确性。

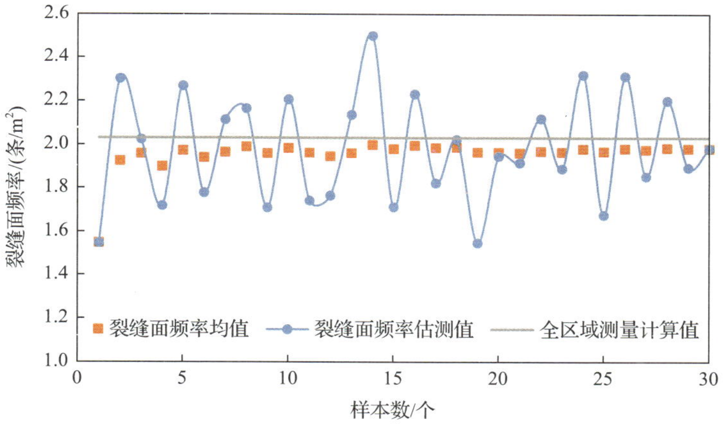

图 4.48 圆形迹线交点法得到的裂缝面频率估测结果

Fig. 4.48 The estimation results of fracture surface frequency obtained by the circular trace intersection method

3. 裂缝的平均长度估测

图 4.49 是圆形迹线交点法得到的裂缝的平均长度估测结果。圆形迹线交点法估测得到的裂缝的平均长度均值为 2.15m，在全区域内统计裂缝总数及裂缝总长度计算得到的全区域测量裂缝的平均长度为 2.03m，二者数值接近，同样可以确认圆形迹线交点法

估测结果的准确性。

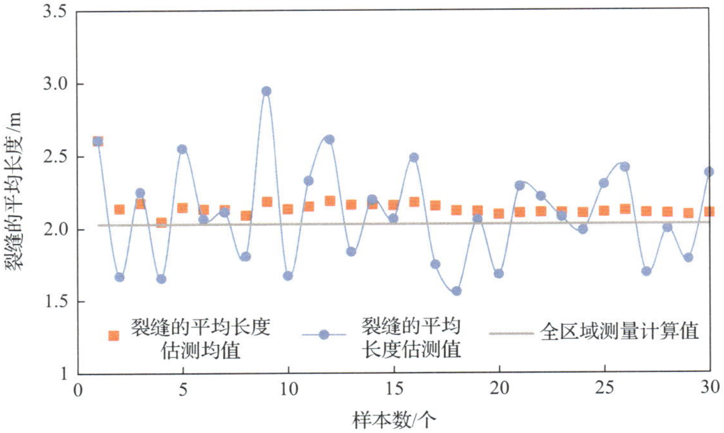

图 4.49 圆形迹线交点法得到的裂缝的平均长度估测结果

Fig. 4.49 The estimation results of average length of fracture obtained by the circular trace intersection method

上述计算结果中，通过全区域实测结果计算裂缝网络参数工作量非常大，而且在测量过程中难免产生误差，采用圆形迹线和圆形窗口方法估算裂缝网络参数大大减少了统计工作量，且在考虑部分“裂缝缺失”的情况下，有理由相信圆形迹线交点法所得结果更趋合理真实。至此，在图 4.46 所示的页岩二维裂缝网络中，根据圆形估测结果，P_{20} 为 1.96 条/m^2，P_{21} 为 4.17m/m^2，L_c 为 2.15m，利用式(4.23)即可计算得到该页岩露头裂缝网络的无量纲密度 P_{22} 为 8.92，这样就得到了表征该裂缝网络发育程度的所有体系参数。结合实测统计获取的页岩裂缝网络基本特征(裂缝长度、开度、分组、产状、充填等)，即可实现该页岩裂缝网络的全面表征。

第 5 章　页岩储层裂缝系统连通性描述与评价方法

岩石中的裂缝对于其物理性质(硬度、强度、孔隙度、渗透性等)具有重要的影响[179,180]。单一裂缝的基本特征可以用长度、开度、倾角等几何参数进行描述，而由多条裂缝组成的裂缝系统不仅需要描述裂缝的基本特征，还需要研究裂缝网络的系统特征。裂缝间的连通性直接影响裂缝网络的渗透性，对于页岩等非常规致密储层，裂缝渗透率具有主导地位，直接关系到油气的产量，随着页岩气的大规模开采，研究页岩裂缝网络的连通性与渗透性，建立考虑连通性与渗透性的页岩裂缝网络综合评价方法，对于丰富和完善页岩裂缝网络表征体系很有必要[54]。

5.1　基于拓扑结构的岩石裂缝网络连通性表征方法

前人采用不同的研究手段建立了很多裂缝网络表征方法，但忽视了一个重要问题，即裂缝连通性及其对裂缝网络系统性能的影响。基于拓扑方法可以建立裂缝网络表征模型[181]，实现裂缝网络连通性的定量描述。本节提出了裂缝网络综合评价指数的概念及其表达形式，建立了一种考虑裂缝连通性的页岩裂缝网络综合评价方法。

5.1.1　裂缝网络拓扑结构的重要性

如果两个裂缝网络的几何参数(裂缝数、裂缝长度、开度、产状、密度等)完全相同，这两个裂缝系统就具有相同的性能吗？当然不是，因为裂缝网络拓扑结构可能是不同的。裂缝网络拓扑结构是指网络中裂缝间的联结状态，也可以理解为裂缝之间的连接关系[182]。在图 5.1 所示的例子中，裂缝网络 a 与裂缝网络 b 均分布两组正交裂缝，具有完全相同的几何参数，在不考虑拓扑结构的情况下，可以认为这两个裂缝系统是相同的；但在考

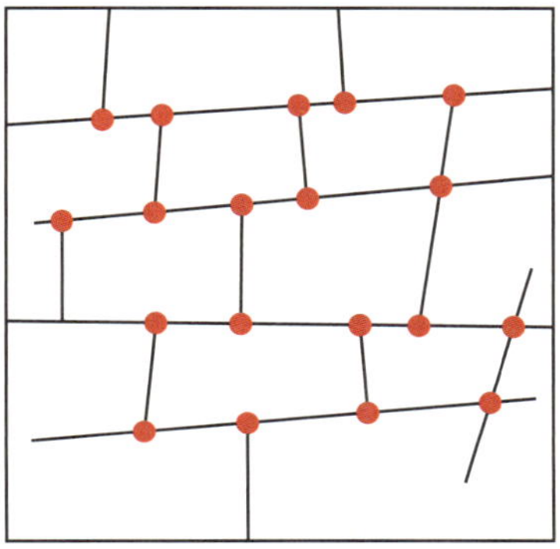

(a) 裂缝网络a

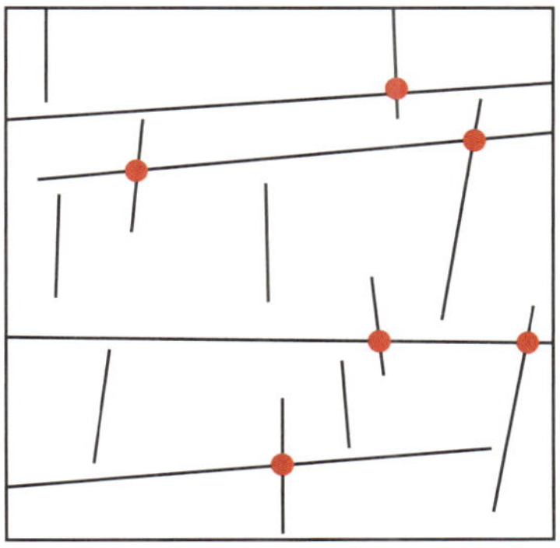

(b) 裂缝网络b

图 5.1　裂缝分布对比

Fig. 5.1　Comparison of fracture distribution

虑拓扑结构的情况下，可以看出裂缝网络 a 中裂缝的联结程度明显高于裂缝网络 b，裂缝网络 a 的连通性能也必然优于裂缝网络 b，所以说具有相同几何参数的两个裂缝网络不一定具有完全相同的系统性能。岩石中的裂缝网络是复杂、无序的，其拓扑结构亦变化多样，不同的拓扑结构会使岩石裂缝系统的连续性、连通性等性能产生较大差异，进而对岩石的渗透性等物理性质产生较大影响。要想比较充分地表征岩石裂缝网络，既要考虑裂缝网络的几何参数，还要考虑裂缝网络拓扑结构。

5.1.2 页岩裂缝网络分形模型

大量研究表明，自然界中裂缝系统存在相似性规律。在许多情况下，分形几何非常适合描述这类相似性对象。裂缝系统完整的表征应包括各种几何属性，如密度、长度、取向、宽度、孔径和裂缝面的粗糙度等。但裂缝系统的分布规律具有分形特征，分形维数可以很好地描述裂缝的分布特征。

1. 裂缝尺寸及数量

天然裂缝数据集的研究表明，裂缝长度分布用双对数图表征，其中累计频率分布长度 $L(r)$ 大于或等于尺寸 r 的裂缝数，遵循如下规律：

$$L(r)=L_{\mathrm{fs}}r^{-D_{\mathrm{R}}} \tag{5.1}$$

式中，L_{fs} 为描述裂缝密度的恒定特征；D_{R} 为幂律指数[183]，其呈现断裂长度的分形维数。幂律指数表征不同大小的裂缝的相对丰度。当 D_{R} 较大时，小裂缝主导连接；当 D_{R} 较小时，连接受较大裂缝的影响。当给出上限和下限时，裂缝长度 L 可以写成

$$L=L_{\mathrm{fs}}(r_{\min}^{-D_{\mathrm{R}}}-r_{\max}^{-D_{\mathrm{R}}}) \tag{5.2}$$

式中，$r_{\min}$ 和 $r_{\max}$ 分别为裂缝的最小和最大半径。

从裂缝尺寸 $r_{\min}$ 到裂缝尺寸 r_α 时的裂缝长度 $L(r_\alpha)$ 为

$$L(r_\alpha)=\alpha L=\alpha L_{\mathrm{fs}}\left(r_{\min}^{-D_{\mathrm{R}}}-r_{\max}^{-D_{\mathrm{R}}}\right)=L_{\mathrm{fs}}\left(r_{\min}^{-D_{\mathrm{R}}}-r_{\alpha}^{-D_{\mathrm{R}}}\right) \tag{5.3}$$

式中，r_α 为在 $r_{\min}$、$r_{\max}$ 中均匀偏差 α 时的裂缝半径。

从式(5.2)和式(5.3)中可以得到

$$r_\alpha=[(1-\alpha)r_{\min}^{-D_{\mathrm{R}}}+\alpha r_{\max}^{-D_{\mathrm{R}}}]^{-1/D_{\mathrm{R}}} \tag{5.4}$$

式(5.4)给出了绘制分形维数 D_{R} 的裂缝系统随机分形半径的表达式，其中 α 是[0,1]上的均匀偏差。

裂缝数量分布，可以由下式产生：

$$N(r_\alpha\geqslant r)=\left(\frac{r_{\max}}{r}\right)^{D_{\mathrm{f}}/2}$$

式中，N 为裂缝尺寸 r_α 大于尺寸 r 的裂缝的总数；对于二维裂缝网络，D_{f} 在[1,2]的范围

内；$r_{\max}$ 为岩体中裂缝的最大长度。

可以通过设置 $r=r_{\min}$ 来计算裂缝的总数 N_t，得

$$N_t(r_\alpha \geqslant r_{\min})=\left(\frac{r_{\max}}{r_{\min}}\right)^{D_f/2}$$

式中，$r_{\min}$ 为岩体中裂缝的最小长度。

在裂缝网络中存在 m 组裂缝，每组裂缝又存在一个完整的裂缝长度、数量分布，其公式可以有

$$r_{\alpha i}=\left[(1-\alpha_i)r_{\min i}{}^{-D_{Ri}}+\alpha r_{\max i}{}^{-D_{Ri}}\right]^{-1/D_{Ri}},\qquad 1\leqslant i\leqslant m \tag{5.5}$$

$$N_i(r_{\alpha i}\geqslant r_i)=\left(\frac{r_{\max i}}{r}\right)^{\frac{D_{fi}}{2}},\qquad 1\leqslant i\leqslant m \tag{5.6}$$

式中，$r_{\min i}$ 为第 i 组裂缝尺寸的下限；$r_{\max i}$ 为第 i 组裂缝尺寸的上限；$r_{\alpha i}$ 为第 i 组裂缝尺寸的累计长度；N_i 为第 i 组分形裂缝的累计个数；D_{Ri}、D_{fi} 分别为第 i 组裂缝累计长度、数量分布的分形维数。

2. 裂缝的取向

通过使用 Fisher 分布产生断裂取向，因为在几个统计测量领域的基础上已经验证了该分布可以表示给定裂缝组的断裂取向。Fisher 分布已广泛应用于各种研究，其广泛的适用性和易用性使得 Fisher 分布成为最常用的断层取向描述模型[184]。

在 Fisher 分布中，一般采用代数的方法求矢量的平均方向。假定从所有样品组成的母体中随机抽取 N 个样品，每个裂缝的倾角为 $I_i(i=1,2,3,\cdots,N)$。在直角坐标系中，单位矢量在每个轴的方向余弦为

$$X=\cos\beta,\qquad Y=\sin\beta \tag{5.7}$$

式中，β 为裂缝与横坐标的夹角。

将 N 个样品的方向余弦相加，得到合成矢量的长度 L_R 和平均方向余弦：

$$L_R^2=\left(\sum_{i=1}^{N}X_i\right)^2+\left(\sum_{i=1}^{N}Y_i\right)^2 \tag{5.8}$$

$$\overline{l}=\frac{\sum_{i=1}^{N}X_i}{R},\qquad \overline{m}=\frac{\sum_{i=1}^{N}Y_i}{R} \tag{5.9}$$

该合成矢量方向的平均倾角为

$$\overline{\theta}=\tan^{-1}\frac{\overline{m}}{\overline{l}} \tag{5.10}$$

得到上述结果后，可用均方根误差和 Fisher 分布来估计它们的精度和离散度。上述

方法只能用于计算裂缝分布的平均倾角，不能用于反向生成 Fisher 分布。Priest 将 Fisher 分布的反向累计形式用于建模中[185]：

$$\theta = \cos^{-1}\left\{\frac{\ln[e^{K} - F(e^{K} - e^{-K})]}{K}\right\}$$

式中，θ 为从 x 轴逆时针测量的断裂面方向；K 为 Fisher 系数；F 为[0,1]上的均匀偏差。需要注意的是，若 F 在方程式中取值不同，则上式的值也不同。

K 取最佳估计值($K>3$)时：

$$K = \frac{N-1}{N-L_{R}} \tag{5.11}$$

式中，N 为参加统计的样品个数；L_{R} 为合矢量长度，一般用 K 来衡量平均方向的精度。

使用泊松分布来产生均匀随机分布的断裂位置。用于表征断裂位置的泊松分布的有效性得到了 Min 和 Jing [186,187]的验证。

5.1.3 页岩裂缝网络节点模型

1. 裂缝组的基本拓扑结构

在三维裂缝网络中，裂缝由一系列的面组成。在二维裂缝网络中，裂缝则由一系列的线段组成。平面中的每一条裂缝都有各自的迹线和两个节点。如果某裂缝与其他裂缝交叉，在裂缝迹线上就会形成连通的节点。

两条裂缝的连通方式包括(图 5.2)：非连通[图 5.2(a)]和连通[图 5.2(b)～(d)]两种。节点类型包括 O 形节点、V 形节点、Y 形节点、X 形节点 4 种。图 5.2(b)中，连通的两条裂缝有 2 个 O 形节点、1 个 V 形节点；图 5-2(d)中连通的两条裂缝有 4 个 O 形节点、1 个 X 形节点。

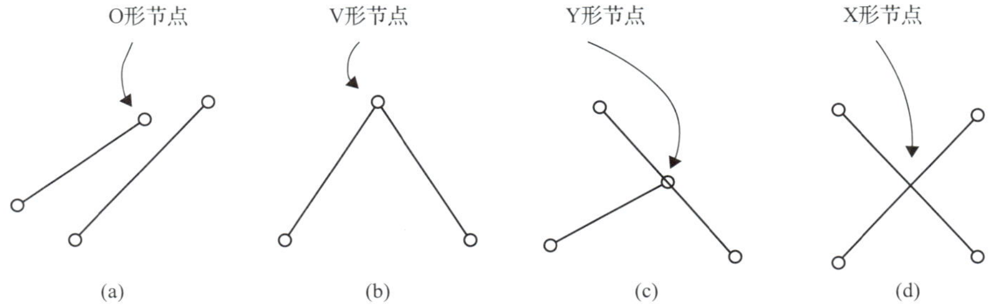

图 5.2　两条裂缝的连通方式

Fig. 5.2　Connection of two cracks

3 条裂缝或者多条裂缝时，裂缝组的连通方式则更加多样，如图 5.3 所示。这时裂缝连通节点出现各种组合形式，具体包括 OV 形节点、OX 形节点、LW 形节点 3 种。

在图 5.3(b)中，3 条连通裂缝由 6 个 O 形节点和 1 个 OX 形组合节点构成；在图 5.3(c)中，4 条连通裂缝由 6 个 O 形节点和 1 个 LW 形组合节点构成。在这些节点类型中，O 形节点为非连通型节点，其他类型节点皆为连通型节点。

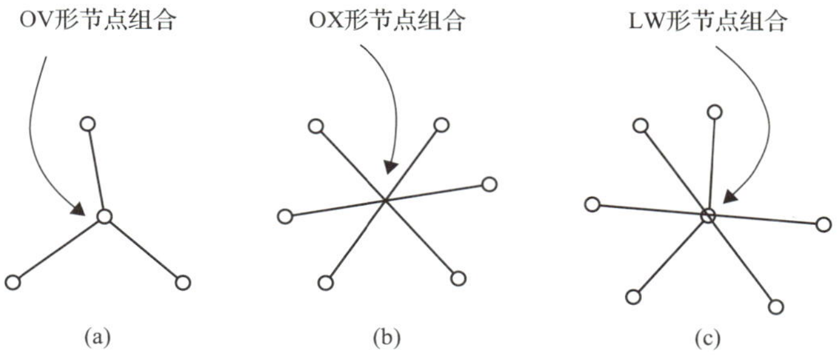

图 5.3　多条裂缝的连通方式

Fig. 5.3　Ways of connecting multiple cracks

图 5.4 是由多条裂缝构成的复杂裂缝网络。在图 5.4 中，一共有 7 条裂缝迹线，其中 1 条为非连通的孤立裂缝，6 条为连通的裂缝组，共由 7 个 O 形节点、1 个 V 形节点、1 个 Y 形节点、2 个 X 形节点、1 个 OV 形节点、1 个 OX 形节点和 1 个 LW 形节点构成。

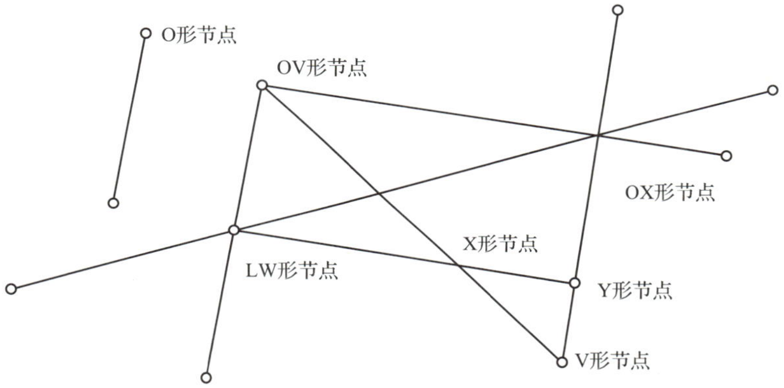

图 5.4　裂缝网络

Fig. 5.4　Crack network

2. 页岩裂缝网络的连通性参数

在任意的裂缝网络中，节点类型(O 形、V 形、Y 形、X 形、OV 形、OX 形、LW 形)不会随样本空间及尺度变换而变化。利用裂缝节点在样本空间连续变换时的不变性质，可以通过统计各节点类型的数量及比例来计算裂缝网络的拓扑参数。在已知裂缝总数、节点类型和各类型节点数的前提下，可知裂缝的总节点数：

$$N_s = N_o + N_v + N_y + N_x + N_{ov} + N_{ox} + N_{lw} \tag{5.12}$$

式中，N_o、N_v、N_y、N_x、N_{ov}、N_{ox}、N_{lw} 分别为 O 形、V 形、Y 形、X 形、OV 形、OX 形、LW 形节点数。

蒙特卡罗模拟算法生成的裂缝网络仅存在 O 形、V 形、Y 形、X 形 4 类节点，不存在 OV 形、OX 形、LW 形节点，因此，式(5.12)简化为

$$N_s = N_o + N_v + N_y + N_x \tag{5.13}$$

连通型节点数则为

$$N_c = N_v + N_y + N_x \tag{5.14}$$

相交的裂缝至少会有两个节点，现将两个节点之间的裂缝定义为裂缝分支。对于每个 O 形节点只有一条裂缝分支，每个 V 形节点有两条裂缝分支，每个 Y 形节点有 3 条裂缝分支，每个 X 形节点有 4 条裂缝分支。以此类推，可以得到裂缝网络的总裂缝分支：

$$N_b = \frac{1}{2}\left[N_o + \sum_i \sum_j (i+2j)N_{ij}\right] \tag{5.15}$$

式中，i 为端点型节点连通类型，为非连续的自然数；j 为非端点型节点连通类型，$j>1$，为非连续的自然数；N_{ij} 为 ij 不同取值时对应的节点统计个数。

当 i=2、j=0 时，$N_{20} = N_v$；当 i=0、j=2 时，$N_{02} = N_x$；当 i=1、j=1 时，$N_{11} = N_y$。另外，i 和 j 在分布次序上也不一定是连续的自然数。i 和 j 的最大取值由当前裂缝网络确定，也不是固定不变的。

裂缝网络的总裂缝分支计算式(5.15)可简化为

$$N_b = \frac{1}{2}(N_o + 2N_v + 3N_y + 4N_x) \tag{5.16}$$

在一个裂缝网络中，是由一种还是几种类型节点构成很难判断。从理论上讲，一个裂缝网络中，没有哪种类型节点是必须具有的。一般来说，一个节点具有的分支越多，裂缝的连通性就越好，反之则越差。一个具有 n^2 个裂缝数的裂缝网络具有的最大节点数为 n^2+4n。当 O 形节点占据主导地位时，裂缝网络趋于非连通。

由式(5.13)和式(5.14)可知裂缝网络中裂缝的平均总节点数和平均连通型节点数：

$$C_{ls} = \frac{N_s}{N_l} \tag{5.17}$$

$$C_{lc} = \frac{N_c}{N_l} \tag{5.18}$$

式中，C_{ls} 为平均总节点数；C_{lc} 为平均连通节点；N_l 为裂缝数量。

在一个裂缝网络中，每条裂缝的平均连接点数是非常重要的参数，它直接反映了裂缝网络的联结程度。在一个裂缝网络中，O 形节点占据主导地位时，$C_{ls}\to 2$，裂缝网络为非连通型网络；V 形节点占据主导地位时，$C_{ls}\to 1$；X 形节点占据主导地位时，$C_{ls}\to 4$。

由式(5.13)～式(5.15)可知，裂缝网络中裂缝分支的平均总节点数 C_{bs} 和平均连通型节点数 C_{bc}：

$$C_{bs} = \frac{N_s}{N_b} \tag{5.19}$$

$$C_{bc} = \frac{N_c}{N_b} \tag{5.20}$$

C_b 从裂缝分支的角度上反映了裂缝网络的联结程度，其分布更为集中、稳定，实际应用中可操作性更强。当裂缝网络由 O 形节点主导时，$C_b\to 0$；由 X 形或 Y 形节点主导时，均有 $C_b\to 2$。

5.1.4　页岩裂缝网络数值模型

为了分析页岩裂缝网络的系统特征，应用 MATLAB 编译脚本文件，产生随机断裂几何形状和性质的 MCS 程序。随机断裂几何按照 PDF 模型生成断裂参数。假设裂缝网络中的裂缝不重合，没有相交节点。

进而分析裂缝网络的分形维数、组数及倾角对裂缝网络节点、连通性的影响。在二维平面中，单一裂缝受位置、长度、宽度和角度等参数影响，裂缝组受组数、初始数量、初始长度、分形维数等参数影响。其中位置由泊松函数确定，长度及初始数量由分形函数确定，网络的连通性由节点模型确定。裂缝组的模拟参数见表 5.1。

表 5.1　裂缝组的模拟参数

Table 5.1　Simulation parameters of the fracture group

类型	裂缝数量/条	最大长度/m	分形维数	裂缝角度/(°)
1 组	40	100	1.6	90
2 组	80	100	1.6	15
3 组	120	100	1.6	0

由表 5.1 绘制裂缝网络二维分布图，如图 5.5 所示。

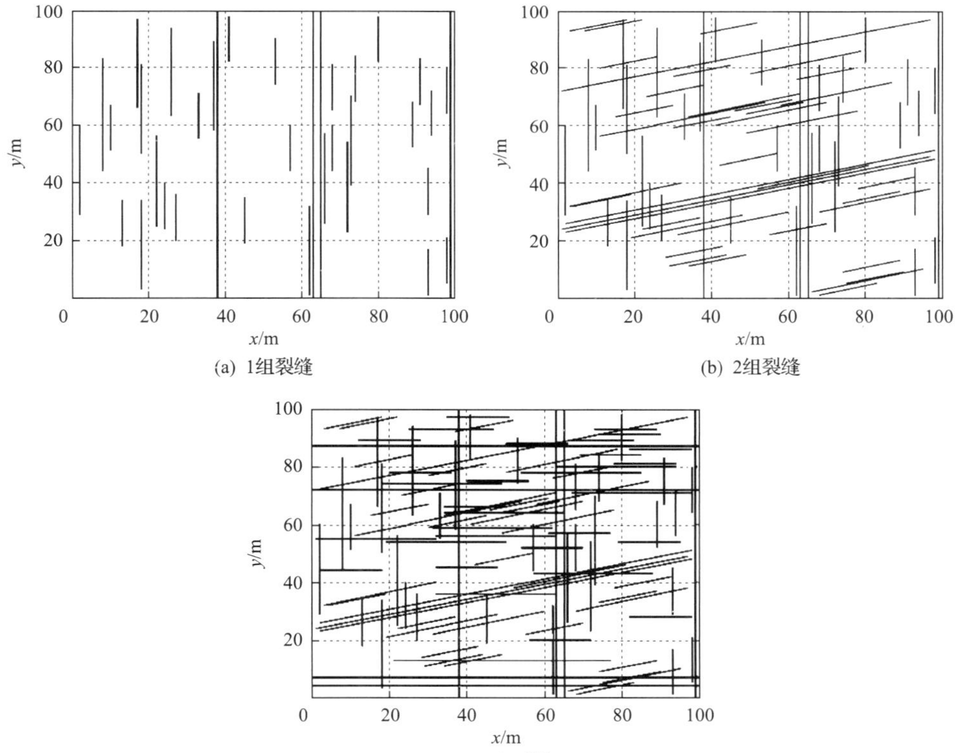

(a) 1组裂缝　(b) 2组裂缝　(c) 3组裂缝

图 5.5　裂缝网络模拟图

Fig. 5.5　Fracture network simulation

由图 5.5 可知：单组裂缝时，裂缝尺寸越小，裂缝数量越多；裂缝组走向单一，连通性差，各向异性强。多组裂缝时，裂缝网络连通性变好，独立裂缝少，裂缝网络的各向异性弱；随着裂缝组数的增多，裂缝网络分布越来越复杂。

为了进一步分析裂缝网络的节点特征，在图 5.5 的基础上绘制 O 形、V 形、Y 形、X 形等节点，具体如图 5.6 和图 5.7 所示。

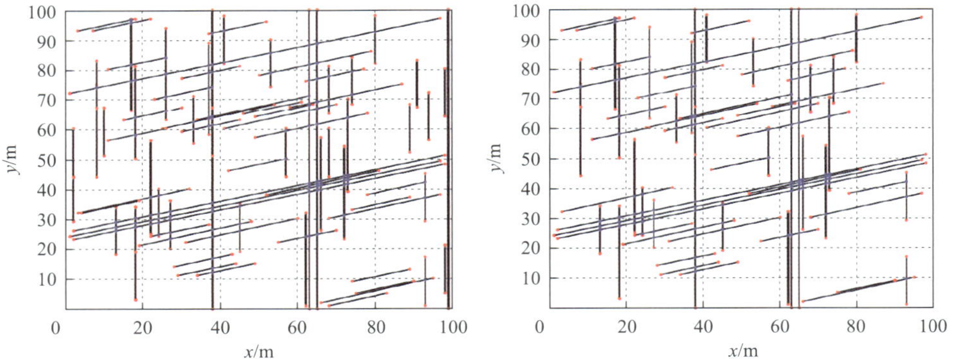

(a) 全部裂缝　　(b) 连通裂缝

图 5.6　2 组裂缝的节点分布

Fig. 5.6　Node distribution of two groups of fractures

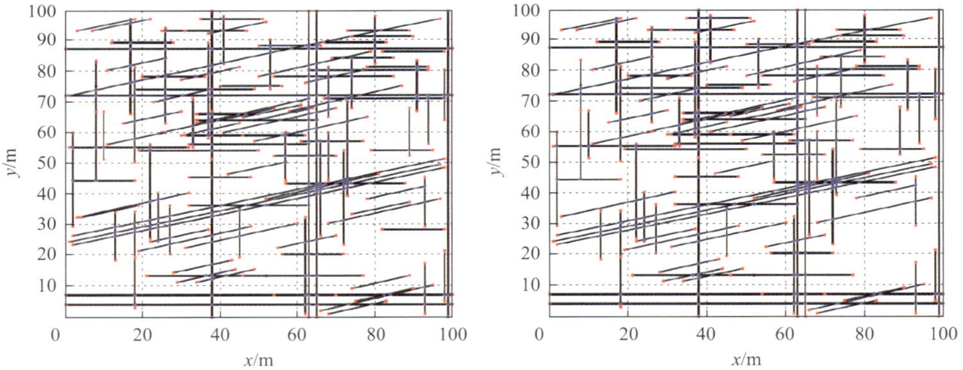

(a) 全部裂缝　　(b) 连通裂缝

图 5.7　3 组裂缝的节点分布

Fig. 5.7　Node distribution of three groups of fractures

由图 5.6 及图 5.7 可知：位置随机的裂缝网络的节点主要为 O 形、X 形节点，并无 Y 形节点，即裂缝网络的连通性主要受 X 形节点控制。随着不平行的裂缝组数的增加，裂缝网络 X 形节点数量明显增多。在 2 组或者 3 组裂缝中，都存在个别的独立裂缝，这些独立裂缝必须通过岩石的基质孔隙，才能和整个裂缝网络连通。裂缝网络的存在有效消除了地层渗透率的各向异性。

5.1.5　页岩裂缝网络连通性影响因素定性分析

运用蒙特卡罗模拟算法要满足的两个要求：①大量的模拟以提供一致的结果；②随

机数输入以产生随机数或随机数领域。本章蒙特卡罗模拟算法使用上述断裂几何参数的 PDF 模型来产生断裂模式。为了系统了解裂缝网络连通性特征，共进行 22 组算例的数值模拟。为了保证每个算例裂缝节点数据计算结果的稳定性，每个算例重复模拟 50 次。对不同计算结果进行统计并取平均值，最终形成图表中的一个点。根据计算结果，绘制图形。

1. 分形维数的影响

由图 5.8 可知：在 2 组裂缝和 3 组裂缝构成的裂缝网络中，位置随机的裂缝网络存在的节点类型有 O 形、V 形、Y 形、X 形，没有组合型节点，即裂缝网络的连通性主要受连通型节点 V 形、Y 形、X 形的控制。连通型节点中 V 形、Y 形节点相对占比较少，X 形节点占比较多。各节点随着分形维数的增大呈现幂律函数增长，相关性良好。这说明，在初始尺寸、初始个数、裂缝组角度给定的情况，裂缝组的连通性对分形维数十分敏感，即整个裂缝网络的连通性随分形维数呈现幂律变化。对比图 5.8(a)和(b)，随着裂缝组数的增加，裂缝的各类型节点的数量大幅度增加，即不相互平行的裂缝组数显著提高裂缝网络的系统连通性。

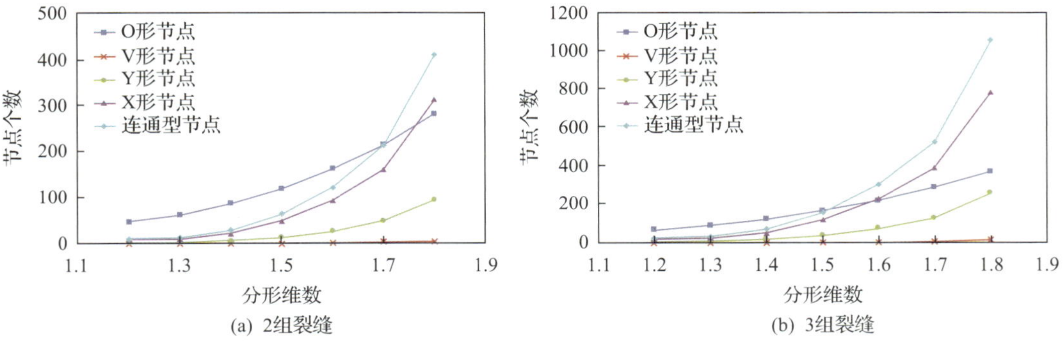

图 5.8 裂缝网络节点与分形维数

Fig. 5.8 Fracture network nodes and fractal dimensions

由图 5.9 可知，随着分形维数的增大，2 组裂缝、3 组裂缝的裂缝平均总节点、平均连通型节点呈现幂律函数增长。裂缝的平均总节点值明显大于平均连通型节点值，但随着裂缝组数的增大，平均连通型节点随分形维数的增长明显增多。当裂缝的平均连通型节点等于 1 时，认为该裂缝网络为理想连通型裂缝网络。这是一个具有物理意义的值，此时裂缝网络中每个裂缝理论上都存在一个连通型节点，从统计角度可以认为所有裂缝都连通了。3 组裂缝随分形维数变化的网络连通临界点要比 2 组裂缝达到得快些。

图 5.10 中，裂缝的分支平均总节点值随分形维数的增大呈现减小趋势，分支平均连通型节点呈现增大趋势，两组曲线逐渐收口，其理论值根据公式计算为 0.5。这说明，当分形维数增大至某个数值时，分支平均总节点值和分支平均连通型节点值在 0.5 这个奇点汇合。此时，总节点和连通型节点相等，裂缝网络为全连通网络。

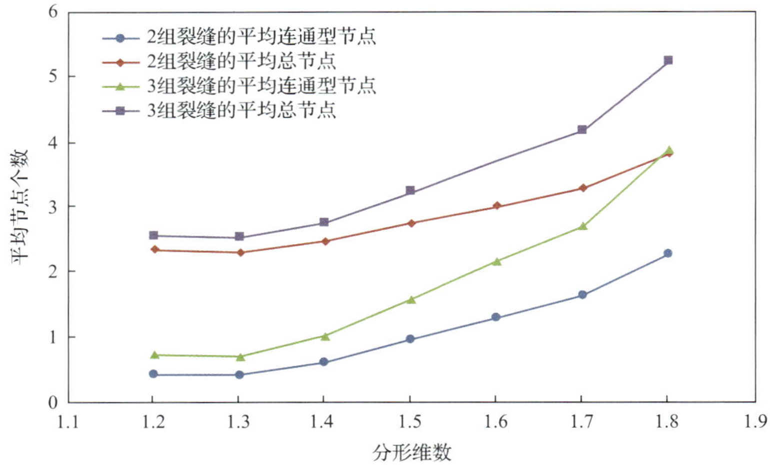

图 5.9　分形维数对裂缝平均连通性的影响

Fig. 5.9　Effect of fractal dimension on average connectivity of fractures

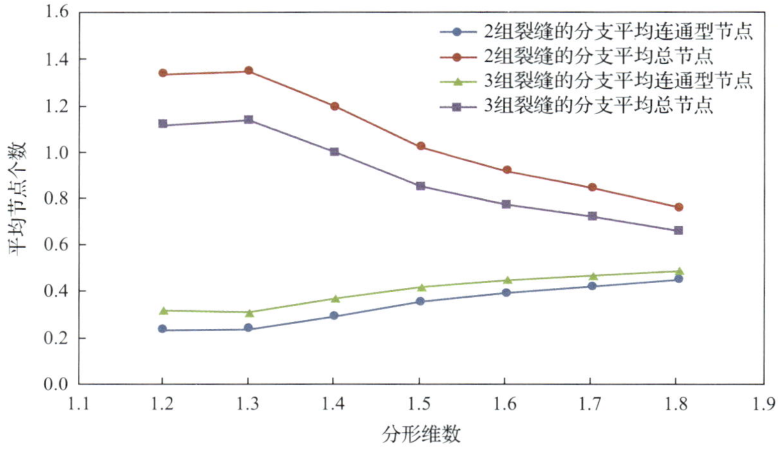

图 5.10　分形维数对分支平均连通性的影响

Fig. 5.10　Effect of fractal dimension on average connectivity of fracture branches

2. 裂缝组的影响

由图 5.11 可知，在由 2 组裂缝构成的裂缝网络中，第 1 组裂缝与水平方向的夹角为 0°，第 2 组裂缝以步长 30°从与水平方向的夹角为 0°逆时针旋转 180°，分析两组裂缝夹角对节点数的影响。由图 5.12 和图 5.13 可知：裂缝和裂缝分支的总节点、连通型节点受裂缝组夹角和分形维数影响明显，在两组裂缝正交时，裂缝的平均总节点达到极大值，裂缝的分支平均总节点达到极小值，且分形维数越大，极大值越大、极小值越小。在图 5.12 中，当 2 组裂缝组夹角为 0°时，裂缝组平行，裂缝数等于分支数，平均总节点个数为 2。此时裂缝网络只有 O 形节点一种节点。

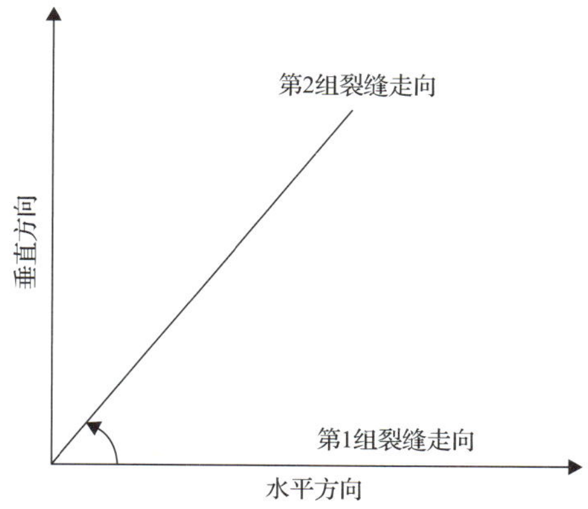

图 5.11　裂缝组夹角变化示意图

Fig. 5.11　Schematic diagram of the variation of the two group fractures angle

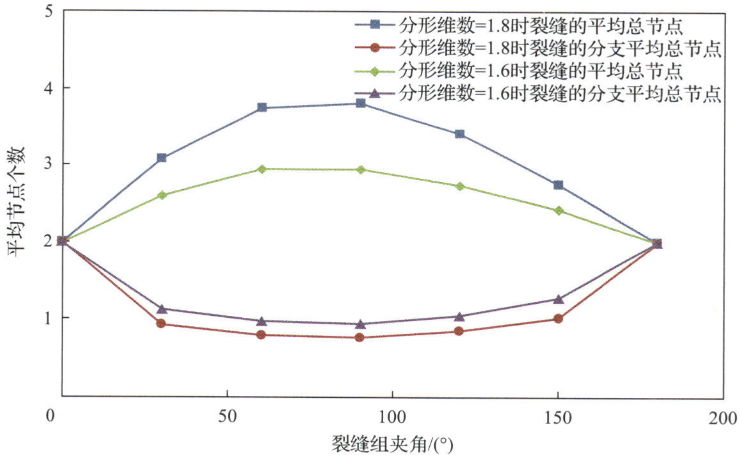

图 5.12　裂缝和分支平均总节点与裂缝组夹角分布关系

Fig. 5.12　The relationship between average nodes and angle distribution of fractures and branches

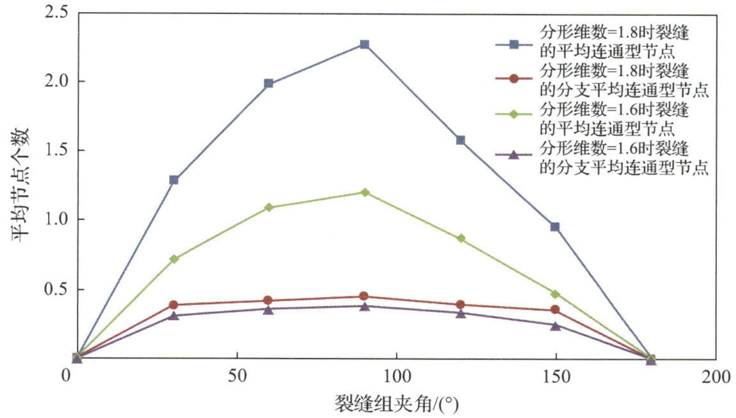

图 5.13　裂缝和分支平均连通型节点与裂缝组夹角分布关系

Fig. 5.13　The relationship between the average connected nodes number of fracture and fracture branches and angle distribution

由图 5.13 可知，当 2 组裂缝组夹角为 0°时，裂缝网络没有连通型节点。当 2 组裂缝组夹角为 90°时，裂缝组的连通型节点最多，裂缝的平均连通型节点为 2.2，裂缝的分支平均连通型节点为 0.5。这说明，在裂缝尺寸分布、初始裂缝个数一定的情况下，裂缝组的连通性对裂缝组的夹角十分敏感。

由图 5.14 可知，在由 3 组裂缝构成的裂缝网络中，第 1 组裂缝与水平方向的夹角为 0°，第 2 组裂缝与水平方向的夹角为 90°，第 3 组裂缝从与水平方向的夹角为 0°逆时针旋转 90°。由图 5.15、图 5.16 可知：裂缝的平均总节点变化呈现中间高、两端低，裂缝的分支平均总节点呈现中间低、两端高，极值点都出现在裂缝组夹角为 45°时。裂缝和分支的平均连通型总节点值分布也是如此。另外，分形维数越大，裂缝极值点越突出。对比 2 组裂缝和 3 组裂缝可知，随着裂缝组数的增加，裂缝组数对总节点、连通型节点的平均值影响不明显，其影响远不如分形维数重要。

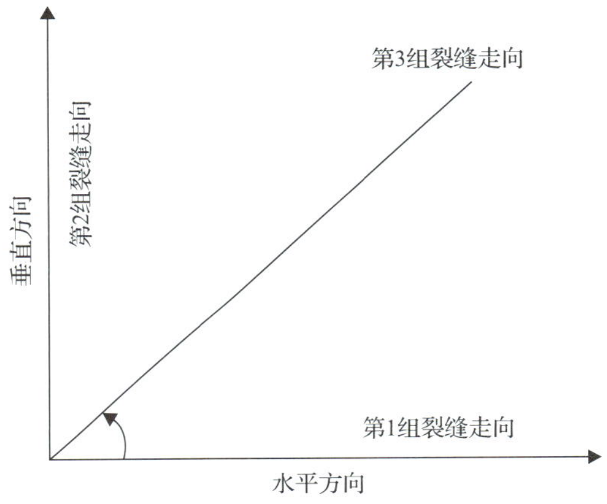

图 5.14 3 组裂缝组夹角变化示意图

Fig. 5.14 The schematic diagram of the angle change of the three group fractures angle

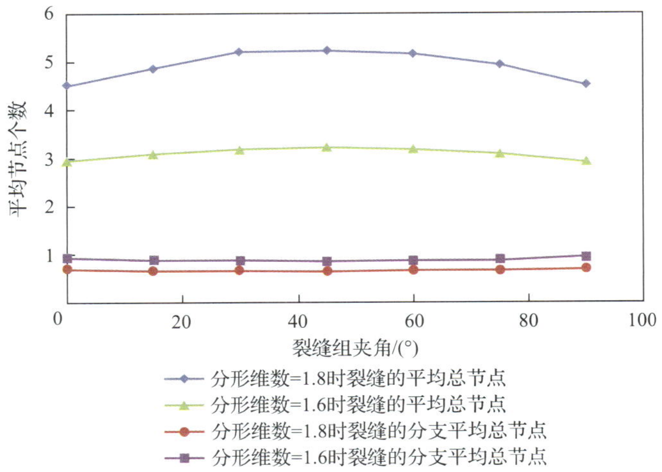

图 5.15 裂缝和分支平均总节点与 3 组裂缝组夹角分布关系

Fig. 5.15 The relationship between the average nodes number of three groups fracture and angle distribution

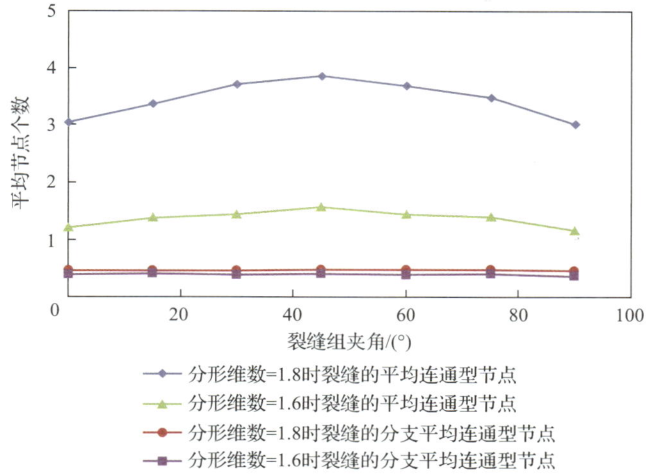

图 5.16　裂缝和分支平均连通型节点与 3 组裂缝组夹角分布关系

Fig. 5.16　The relationship between average connected nodes and angle distribution of fractures and branches

3. 裂缝连通性阈值

在一定尺度范围内，当裂缝个数稀少时，裂缝彼此没有交点。但当裂缝网络中裂缝数和分布混乱到一定程度后，裂缝彼此一定会相交，形成连通型裂缝网络。

由图 5.17～图 5.20 可知：无论是 2 组裂缝，还是 3 组裂缝，裂缝个数都随着分形维数和裂缝初始数量 N'的增大而增大，裂缝网络连通型节点个数也随分形维数和裂缝初始数量的增大而增大。这说明裂缝连通性阈值受分形维数和裂缝初始数量的控制。裂缝初始数量越大，裂缝网络连通性阈值越小。

图 5.21～图 5.24 可知，2 组裂缝和 3 组裂缝的裂缝个数、连通型节点个数随分形维数变化呈现相对一致的分布规律。其中，裂缝初始长度 L'和分形维数影响着裂缝连通性阈值。裂缝初始长度越大，相同数量的裂缝相交节点越多，连通性也越好。

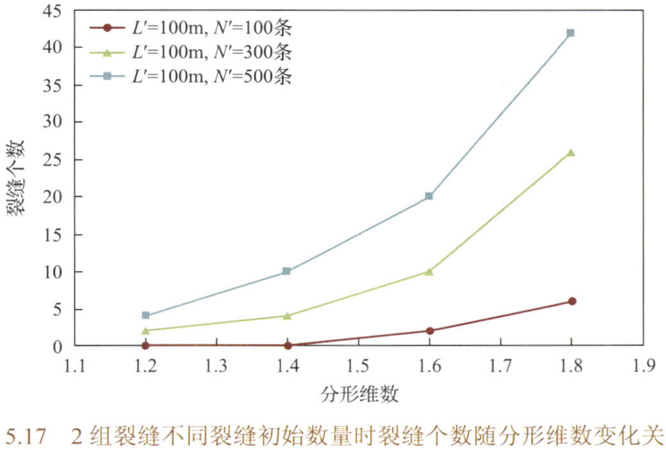

图 5.17　2 组裂缝不同裂缝初始数量时裂缝个数随分形维数变化关系

Fig. 5.17　The number of fractures varies with fractal dimension in two groups of fractures of different fracture number

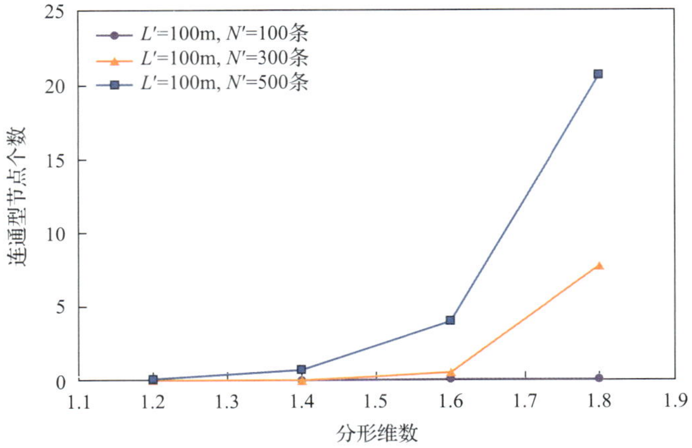

图 5.18　2 组裂缝不同裂缝初始数量时连通型节点个数随分形维数变化关系

Fig. 5.18　The number of connected nodes varies with fractal dimension in two groups fractures of different fracture number

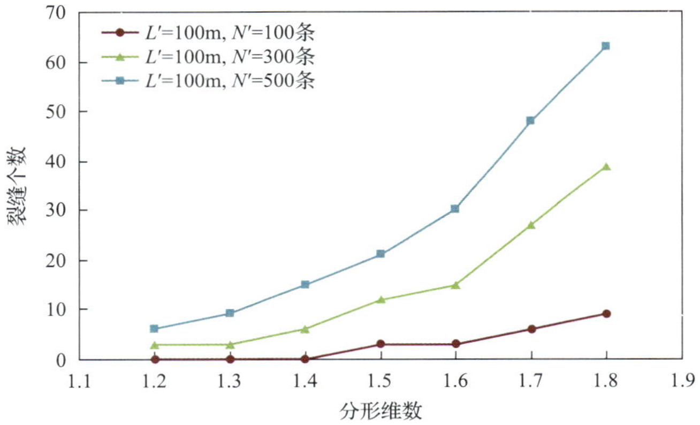

图 5.19　3 组裂缝不同裂缝初始数量时裂缝个数随分形维数变化关系

Fig. 5.19　The number of fractures varies with fractal dimension in three groups of different fracture number

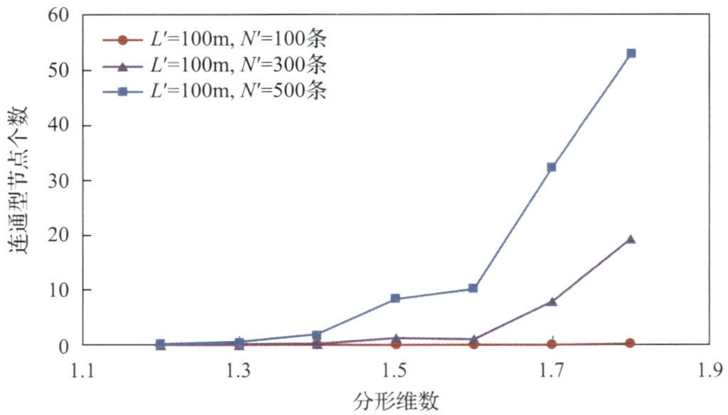

图 5.20　3 组裂缝不同裂缝初始数量时连通型节点个数随分形维数变化关系

Fig. 5.20　The number of connected nodes varies with fractal dimension in three groups of different fracture number

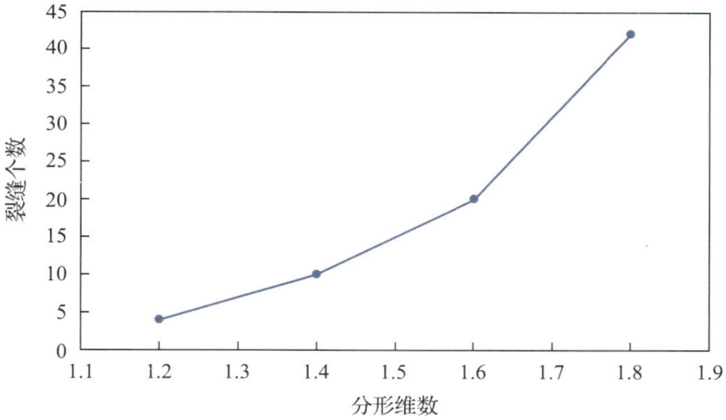

图 5.21　2 组裂缝时裂缝个数随分形维数变化关系（N'=500）

Fig. 5.21　The number of fractures in two groups varies with fractal dimension（N'=500）

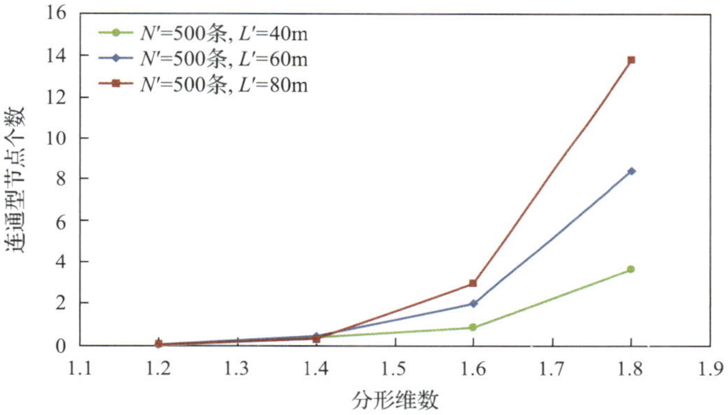

图 5.22　2 组裂缝不同裂缝初始长度时连通型节点个数随分形维数变化关系

Fig. 5.22　The number of connected nodes varies with fractal dimension in two groups of different fracture length

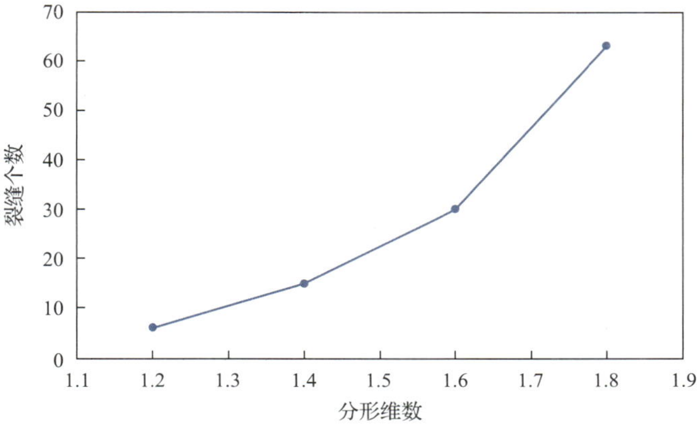

图 5.23　3 组裂缝时裂缝个数随分形维数变化关系（N'=500）

Fig. 5.23　The number of fractures in three groups varies with fractal dimension（N'=500）

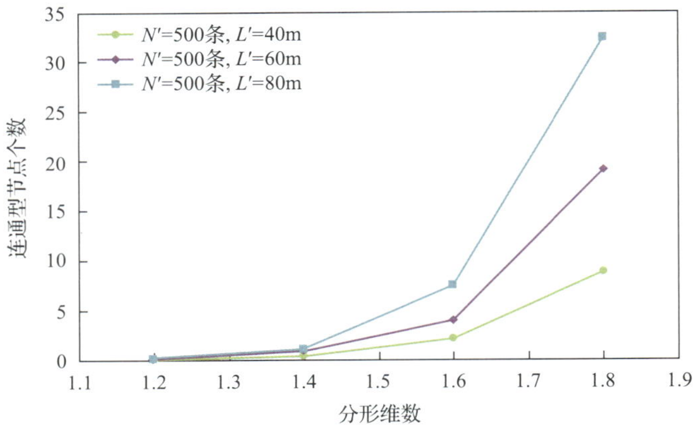

图 5.24 3 组裂缝不同裂缝初始长度时连通型节点个数随分形维数变化关系

Fig. 5.24 The number of connected nodes varies with fractal dimension in three groups different fracture length

5.2 页岩裂缝网络连通性与渗透性影响因素数值模拟研究

准确预测页岩等裂缝性储层渗透率对油气高效开发具有重要意义[188,189]。以往研究表明，裂缝性储层渗透性能不仅受单条裂缝渗流能力控制，还强烈受控于裂缝网络的连通性[190,191]。开展裂缝网络连通性研究是储层裂缝网络表征的重要课题，在当前大规模开发页岩油气资源的背景下，研究裂缝网络连通性与渗透性主控因素可以为裂缝性油藏开采提供理论支持。当前储层裂缝网络表征模型很多[45-69]，但涉及裂缝连通性的研究并不多见。施泽进和涂涛[192]从理论角度出发，运用重整化群方法研究一种规则的六边形裂缝网络的连通性，给出了单条裂缝连通概率与裂缝网络导通状态之间的关系。邬光辉等[193]从生产角度出发，研究了裂缝连通性与储层渗透性及油气产能之间的关系，认为只有裂缝连通性较好的储层，才具有较高的有效渗透率，才能实现高产稳产。Berkowitz 等[194]运用分形方法研究了幂律分布裂缝网络的连通性，认为裂缝连通性受幂律指数及分形维数控制。Xu 等[195]运用蒙特卡罗方法研究了离散裂缝网络模型的连通性及其对渗透性的影响，认为裂缝连通性相较于裂缝密度对裂缝网络渗透性更具影响。Alghalandis 等[196]运用概率统计法研究确定性裂缝网络与随机性裂缝网络的连通性，并指出裂缝连通性与裂缝密度存在正相关关系。本节在前人研究的基础上，以二维裂缝网络为研究对象，运用拓扑方法计算裂缝连通性表征指数，采用数值模拟方法，研究裂缝频率、裂缝长度、无量纲密度、分形维数对裂缝网络连通性及渗透性的影响，探索页岩裂缝网络连通性与渗透性之间的关系。

5.2.1 页岩裂缝网络模型建立

1. 裂缝网络连通性表征参数

研究裂缝网络连通性需要定义合适的表征参数，一般应用裂缝连通指数定量描述裂缝连通性的优劣。Gillespie 等[197]、邬光辉等[193]定义裂缝连通指数(连通率)为岩心上裂缝交点与端点的比值。Xu 等[195]定义裂缝连通指数为同一区域内任意两点间的连通概率。Alghalandis 等[197]定义连通域作为描述裂缝、孔隙连通性的参数。5.1 节中应用拓扑方法建立了能够反映裂缝连通性的两个参数，即裂缝平均连通节点数[式(5.18)]和分支平均连通节点数[式(5.20)]，本节采用裂缝平均连通节点数表征裂缝连通性，将其定义为裂缝连通指数。

2. 页岩裂缝网络模型

应用 MATLAB 软件建立 20 个页岩二维裂缝网络模型，模型区域大小为 100m×100m，各模型的具体情况见表 5.2。为了便于二维裂缝网络参数的计算并结合页岩裂缝发育特征，裂缝网络模型建立时需要遵守以下约束条件：

(1) 模型中的裂缝数是固定的，分别为 50 条、100 条、150 条、200 条、250 条；裂缝长度均值分别为 20m、40m、60m、80m。

(2) 各模型中的裂缝沿 SN—EW 方向垂直相交(85°～90°)，随机分布在模型的区域上(图 5.25)。

(3) 每条裂缝具有相同的开度，保证单条裂缝的渗流能力是相同的。

表 5.2　裂缝网络模型参数

Table 5.2　The parameters of fracture network model

模型	裂缝长度/m	裂缝数/条	裂缝面频率/(条/m^2)	裂缝面密度/(m/m^2)	无量纲密度	裂缝迹线分形维数	裂缝连通指数/(个/条)	等效渗透率/mD
1	20	50	0.005	0.100	1.273	1.310	0.593	7.045
2	20	100	0.010	0.200	2.546	1.448	1.150	23.531
3	20	150	0.015	0.300	3.820	1.541	1.720	70.041
4	20	200	0.020	0.400	5.093	1.601	2.265	119.544
5	20	250	0.025	0.500	6.366	1.646	2.886	168.753
6	40	50	0.005	0.200	5.093	1.418	2.821	64.367
7	40	100	0.010	0.400	10.186	1.560	5.579	185.642
8	40	150	0.015	0.600	15.279	1.654	8.530	281.257
9	40	200	0.020	0.800	20.372	1.700	11.281	412.536
10	40	250	0.025	1.000	25.465	1.736	14.129	496.751
11	60	50	0.005	0.300	11.459	1.465	7.181	122.549
12	60	100	0.010	0.600	22.918	1.613	14.849	251.035
13	60	150	0.015	0.900	34.377	1.671	22.501	400.457
14	60	200	0.020	1.200	45.837	1.720	30.014	547.321
15	60	250	0.025	1.500	57.296	1.755	37.085	677.961
16	80	50	0.005	0.400	20.372	1.582	11.578	129.358
17	80	100	0.010	0.800	40.744	1.681	23.654	295.146
18	80	150	0.015	1.200	61.115	1.715	35.782	433.015

续表

模型	裂缝长度/m	裂缝数/条	裂缝面频率/(条/m^2)	裂缝面密度/(m/m^2)	无量纲密度	裂缝迹线分形维数	裂缝连通指数/(个/条)	等效渗透率/mD
19	80	200	0.020	1.600	81.487	1.784	47.231	583.145
20	80	250	0.025	2.000	101.859	1.805	59.021	741.328

注：裂缝网络区域大小为 100m×100m。

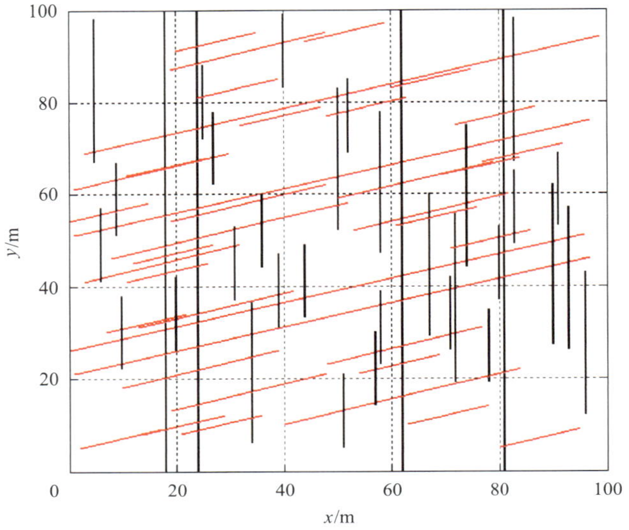

图 5.25　二维裂缝网络模型

Fig. 5.25　2D fracture network model

应用裂缝描述与建模软件 FRACA 计算裂缝网络等效渗透率[198]。将所产生的二维裂缝模型导入 FRACA 软件中，在软件中每一个裂缝网络将被网格化，在裂缝网络的各个方向上，应用压力变化线性边界条件建立大量的平衡方程[199]，求解这些方程，最终得到各二维裂缝网络模型的等效渗透率。每个裂缝网络模型运行 50 次，相关参数取均值，所得模型参数见表 5.2。

5.2.2　页岩裂缝网络连通性影响因素定量分析

1. 裂缝面密度对裂缝连通性的影响

首先分析裂缝面密度对裂缝连通性的影响。裂缝面密度可以由式(4.19)进行计算，计算结果见表 5.2。绘制裂缝连通指数(C_L)与裂缝面密度关系曲线，如图 5.26 所示，可以看到裂缝连通性受裂缝面密度影响，裂缝连通指数与裂缝面密度呈线性关系，裂缝连通指数随裂缝面密度增大而增大。

2. 裂缝面频率对裂缝连通性的影响

裂缝面密度可以表示为裂缝面频率与裂缝长度的乘积，为进一步研究裂缝连通性的影响因素，研究了裂缝面频率及裂缝长度与裂缝连通性之间的定量关系。裂缝面频率为单位面积上的裂缝数，可以由式(4.16)进行计算，所得数据见表 5.2。

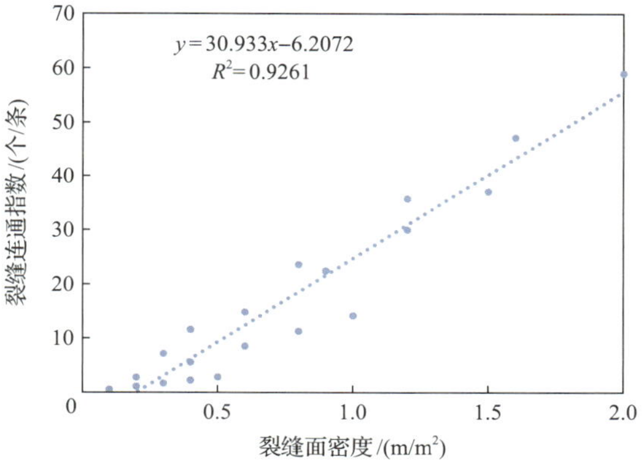

图 5.26　裂缝连通指数与裂缝面密度的关系

Fig. 5.26　The relationship between fracture connectivity index and fracture density

在裂缝长度相同的网络模型中，裂缝连通指数与裂缝面频率之间的关系如图 5.27 所示，二者呈明显的线性关系，拟合方程及相关系数见表 5.3，表中 C_L 的下标数字表示裂缝长度。

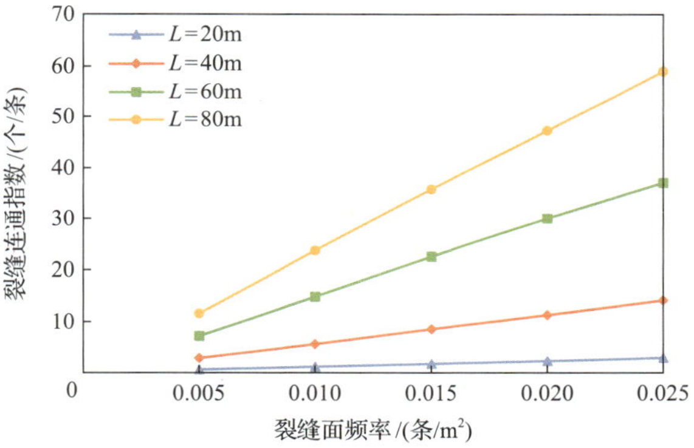

图 5.27　裂缝连通指数与裂缝面频率之间的关系

L 为裂缝长度

Fig. 5.27　The relationship between fracture connectivity index and fracture frequency

表 5.3　裂缝连通指数与裂缝面频率的数量关系

Table 5.3　The quantitative relationship between fracture connectivity index and fracture frequency

拟合方程	相关系数(R^2)
$C_{L20}=114.02F_A+0.0125$	0.9996
$C_{L40}=566.36F_A-0.0274$	0.9999
$C_{L60}=1499.5F_A-0.1659$	0.9997
$C_{L80}=2369.3F_A-0.0857$	0.9999

3. 裂缝长度对裂缝连通性的影响

在裂缝面频率相同的网络模型中，裂缝连通指数与裂缝长度之间的关系如图 5.28

所示，二者呈明显的二次关系，拟合方程及相关系数见表 5.4，表中 C_L 的下标数字表示裂缝面频率。

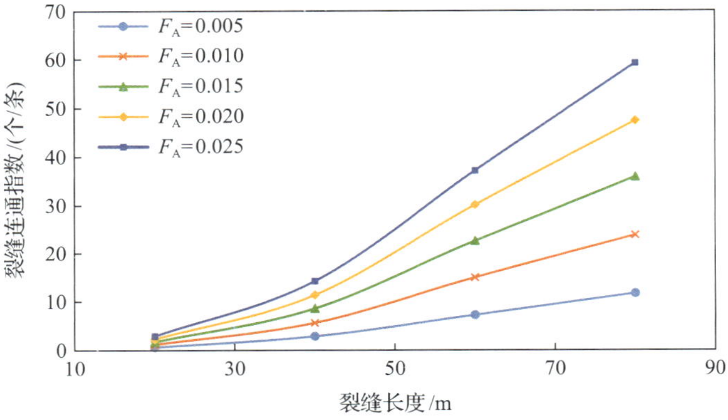

图 5.28 裂缝连通指数与裂缝长度之间的关系

Fig. 5.28 The relationship between fracture connectivity index and fracture length

表 5.4 裂缝连通指数与裂缝长度的数量关系

Table 5.4 The quantitative relationship between fracture connectivity index and fracture length

拟合方程	相关系数(R^2)
$C_{fL0.005} = 0.0014L^2 - 0.051L - 1.0742$	0.9969
$C_{fL0.010} = 0.0027L^2 + 0.1104L - 2.4175$	0.9953
$C_{fL0.015} = 0.004L^2 + 0.1763L - 3.8172$	0.9955
$C_{fL0.020} = 0.0051L^2 + 0.2556L - 5.4578$	0.9948
$C_{fL0.025} = 0.0067L^2 + 0.2885L - 6.1937$	0.9957

4. 无量纲密度对裂缝连通性的影响

当裂缝规模较大时，表 5.4 中回归公式一次项及常数项可以忽略，认为连通指数仅与裂缝长度的二次幂相关。前面提到裂缝连通指数与裂缝面频率呈线性关系，这样可以得到如下关系：

$$C_L = kfL^2 + b \tag{5.21}$$

式中，k 和 b 为常数；fL^2 为无量纲密度的标准形式[46]。对于随机分布的二维裂缝网络的无量纲密度，可以利用排他面积法进行求取[200]，计算公式如下：

$$\rho = \frac{2}{\pi} N_L L^2 / S \tag{5.22}$$

式中，N_L为裂缝长度；S为裂缝分布面积；ρ为无量纲密度，计算结果见表5.2。裂缝连通指数与无量纲密度之间的关系如图5.29所示，拟合方程及相关系数见表5.5。可以看到，在裂缝面频率相同的情况下，连通指数与无量纲密度之间存在明显的线性关系，且对于不同面频率(裂缝数不同)的裂缝网络，二者之间的线性关系依然存在。

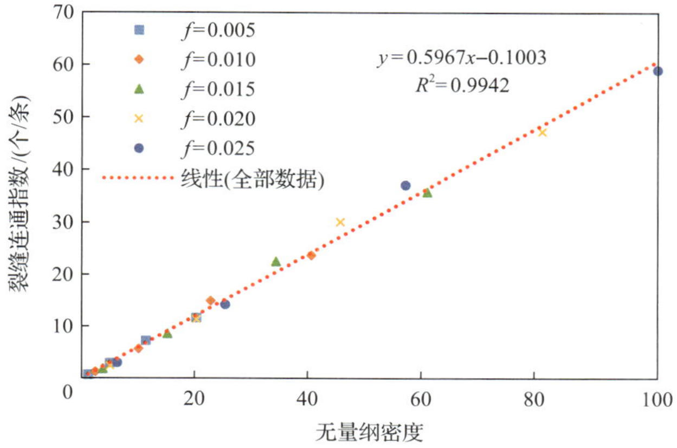

图5.29 裂缝连通指数与无量纲密度之间的关系

Fig. 5.29 The relationship between fracture connectivity index and dimensionless density

表5.5 裂缝连通指数与无量纲密度的数量关系

Table 5.5 The quantitative relationship between fracture connectivity index and dimensionless density

拟合方程	相关系数(R^2)
$C_L = 0.5967\rho - 0.1003$	0.9942
$C_{L0.005} = 0.5812\rho - 0.0065$	0.9946
$C_{L0.01} = 0.5977\rho - 0.1066$	0.9928
$C_{L0.015} = 0.6025\rho - 0.1263$	0.9927
$C_{L0.02} = 0.5971\rho - 0.1091$	0.9914
$C_{L0.025} = 0.5956\rho - 0.1555$	0.9929

5. 分形维数对裂缝连通性的影响

页岩裂缝网络具有分形特征，分形维数对裂缝网络连通性和渗透性具有重要影响[201]。裂缝描述与建模软件FRACA能够利用盒维数法计算二维裂缝网络的裂缝迹线分形维数值[198]，结果见表5.6。图5.30为裂缝连通指数与分形维数之间的关系，拟合方程及相关系数见表5.6。可以看到，裂缝连通指数随分形维数的增大而增大，在相同裂缝面频率(裂缝数)下，裂缝连通指数与分形维数呈明显的指数关系，相关系数都在0.91以上，不同裂缝面频率下(全部数据)指数关系仍然存在，相关系数为0.7415。分形维数越大，裂缝的离散程度越高，裂缝间的连通性越好。

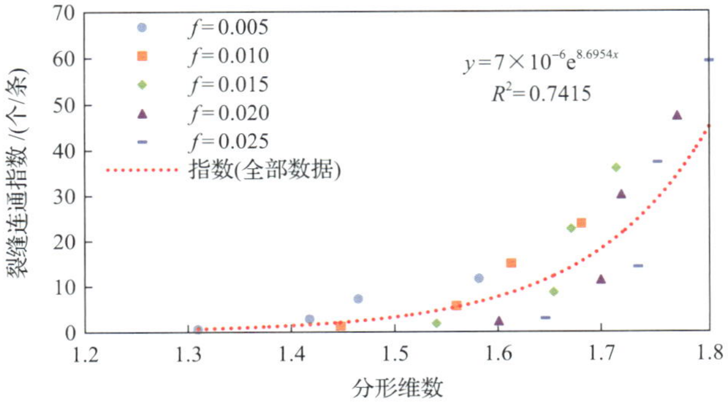

图 5.30 裂缝连通指数与分形维数之间的关系

Fig. 5.30 The relation between fracture connectivity index and fractal dimension

表 5.6 裂缝连通指数与分形维数的数量关系

Table 5.6 The quantitative relationship between fracture connectivity index and fractal dimension

拟合方程	相关系数(R^2)
$C_L=7\times10^{-6}\mathrm{e}^{8.6954D_\mathrm{R}}$	0.7415
$C_{L0.005}=4\times10^{-7}\mathrm{e}^{11.115D_\mathrm{R}}$	0.9154
$C_{L0.010}=4\times10^{-9}\mathrm{e}^{13.449D_\mathrm{R}}$	0.9796
$C_{L0.015}=2\times10^{-12}\mathrm{e}^{17.721D_\mathrm{R}}$	0.958
$C_{L0.020}=5\times10^{-13}\mathrm{e}^{18.218D_\mathrm{R}}$	0.9589
$C_{L0.025}=2\times10^{-14}\mathrm{e}^{19.691D_\mathrm{R}}$	0.9608

5.2.3 页岩裂缝网络渗透性影响因素分析

1. 裂缝面密度对裂缝网络渗透性的影响

图 5.31 为等效渗透率与裂缝面密度关系曲线，可以看到，等效渗透率与裂缝面密度之间呈明显的线性关系，相关系数达到 0.9352，裂缝面密度越大，裂缝越发育，页岩裂缝网络的渗透性越好。

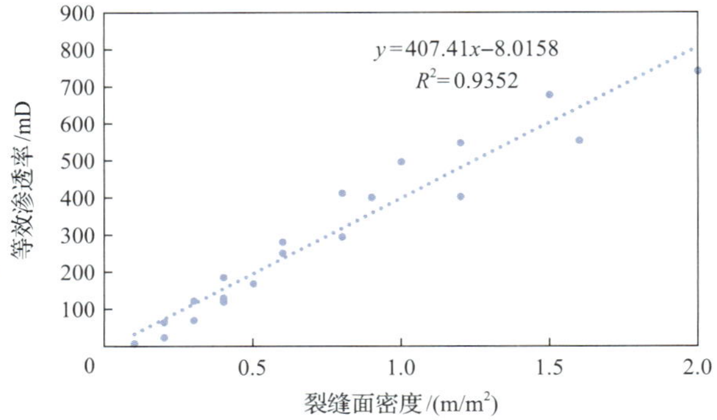

图 5.31 等效渗透率与裂缝面密度关系曲线

Fig. 5.31 The relation curve between equivalent permeability and fracture density

2. 裂缝面频率对裂缝网络渗透性的影响

图 5.32 为等效渗流率与裂缝面频率关系曲线，可以看到，裂缝长度确定时，裂缝等效渗透率与裂缝面频率呈明显的线性关系，裂缝面频率越大，裂缝网络越发育，页岩裂缝网络渗透性越好。

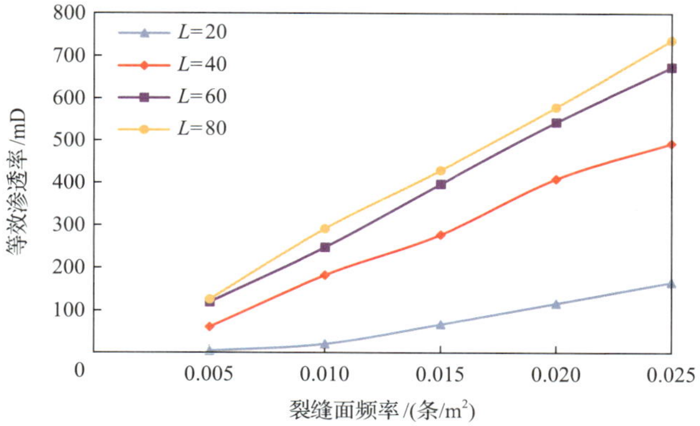

图 5.32　等效渗透率与裂缝面频率关系曲线

Fig. 5.32　The relation curve between equivalent permeability and fracture frequency

3. 裂缝长度对裂缝网络渗透性的影响

图 5.33 为等效渗透率与裂缝长度关系曲线，可以看到，裂缝面频率确定时，裂缝等效渗透率随着裂缝长度的增大快速增加，达到一定程度后，增加速度变慢，二者呈现良好的对数关系，裂缝越长，页岩裂缝网络渗透性越好。

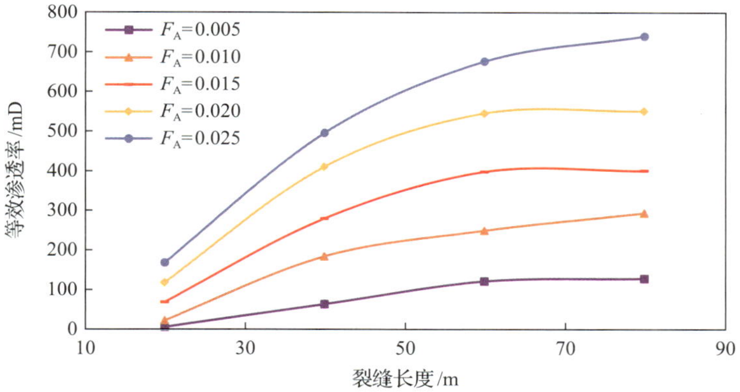

图 5.33　等效渗透率与裂缝长度关系曲线

Fig. 5.33　The relation curve between equivalent permeability and fracture length

4. 分形维数对裂缝网络渗透性的影响

图 5.34 为等效渗透率与分形维数关系曲线，可以看到，等效渗透率与分形维数之间

呈明显的指数关系，相关系数达到 0.8896，分形维数越大，裂缝离散程度越高，裂缝连通性越好，页岩裂缝网络的渗透性越好。对于一些极为复杂的页岩裂缝网络，在不便统计裂缝几何参数的情况下，可以通过分形方法估测裂缝网络的等效渗透率。

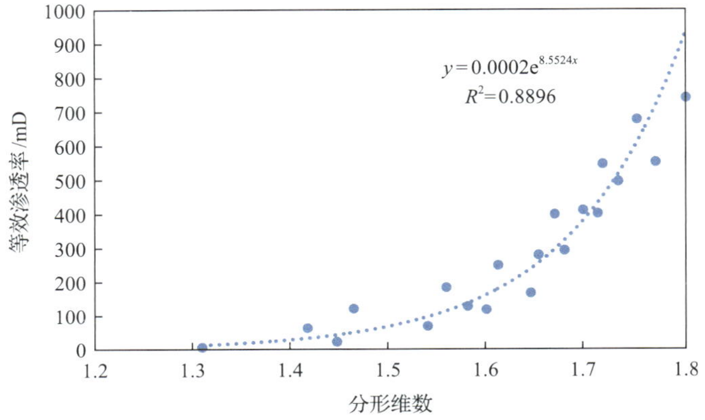

图 5.34 等效渗透率与分形维数关系曲线

Fig. 5.34 The relation curve between equivalent permeability and fractal dimension

5. 裂缝连通指数对裂缝网络渗透性的影响

为研究裂缝连通指数(C_L)与等效渗透率(K')之间的数量关系，根据表 5.7 的数据，绘制等效渗透率与裂缝连通指数关系曲线(图 5.35)，相应的拟合方程见表 5.7。可以看到，对于裂缝面频率相同的二维裂缝网络，等效渗透率受连通指数影响显著，二者呈现明显的幂率关系，且相关系数随裂缝面频率的增大而增大。在裂缝面频率(裂缝数)不同的二维裂缝网络中，幂率关系依然存在。

表 5.7 等效渗透率与裂缝连通指数的数量关系

Table 5.7 The quantitative relationship between equivalent permeability and fracture connectivity index

拟合方程	相关系数(R^2)
$K'=31.658C_L^{0.8207}$	0.8354
$K'=14.848C_{L0.005}^{1.0125}$	0.9406
$K'=26.526C_{L0.010}^{0.8397}$	0.9109
$K'=58.668C_{L0.015}^{0.5964}$	0.9268
$K'=89.374C_{L0.020}^{0.5197}$	0.921
$K'=109.33C_{L0.025}^{0.4988}$	0.9561

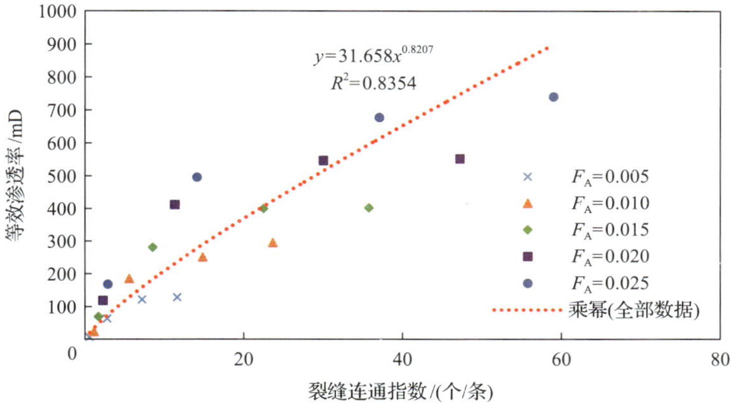

图 5.35　等效渗透率与裂缝连通指数关系曲线

Fig. 5.35　The relationship between equivalent permeability and fracture connectivity index

5.2.4　页岩裂缝网络连通性与渗透性的预测与验证

通过 5.2.2 节、5.2.3 节对有关裂缝网络连通性及渗透性影响因素的定量分析，对于任意垂向相交的页岩裂缝网络，可以采用表 5.5 中的公式利用裂缝网络无量纲密度计算裂缝连通指数；采用表 5.7 中的公式利用裂缝连通指数计算裂缝网络等效渗透率，从而实现页岩裂缝网络连通性及渗透性的预测。为了验证有关裂缝连通性与渗透性影响因素分析结论的正确性，按相同的约束条件，建立随机分布的二维裂缝网络 16 个。利用 FRACA 软件获取各模型的等效渗透率(实测)，所得结果见表 5.8。假设验证模型中裂缝面频率(裂缝数)未知，计算裂缝连通指数时选用表 5.6 中的第一个方程，计算等效渗透率时选用表 5.7 中的第一个方程，并将计算结果与实测结果进行了对比分析，所得结果见表 5.8。裂缝连通指数计算值与实测值之间的平均绝对误差为 8.08%，等效渗透率计算值与实测值之间的平均绝对误差为 17.24%，误差在可控范围内，能够说明回归方程的准确性，从而验证了裂缝网络连通性与渗透性影响因素分析结论是正确的。连通指数、等效渗透率的计算值与实测值对比结果分别如图 5.36、图 5.37 所示，从图中能够直观地看到计算值与实测值具有很好的相关性。

表 5.8　验证模型参数

Table 5.8　The parameters of validation model

长度/m	数量/条	无量纲密度	计算连通指数/(条/m)	实测连通指数/(条/m)	误差/%	计算等效渗透率/mD	实测等效渗透率/mD	误差/%
10	100	0.64	0.28	0.24	16.67	11.19	12.25	–8.65
10	200	1.27	0.66	0.72	–8.33	22.44	18.54	21.04
20	100	2.55	1.42	1.26	12.70	42.25	25.67	64.59
20	200	5.09	2.94	2.51	17.13	76.64	104.36	–26.56
30	100	5.73	3.32	3.54	–6.21	84.73	75.87	11.68
30	200	11.46	6.74	6.01	12.15	151.51	173.12	–12.48

续表

长度/m	数量/条	无量纲密度	计算连通指数/(条/m)	实测连通指数/(条/m)	误差/%	计算等效渗透率/mD	实测等效渗透率/mD	误差/%
40	100	10.19	5.98	5.75	4.00	137.38	165.26	–16.87
40	200	20.37	12.05	11.58	4.06	244.22	367.14	–33.48
50	100	15.92	9.4	10	–6.00	199.11	231.36	–13.94
50	200	31.83	18.89	20.1	–6.02	353.13	331.99	6.37
60	100	22.92	13.58	14.36	–5.43	269.25	257.37	4.62
60	200	45.84	27.25	29.14	–6.49	477	513.61	–7.13
70	100	31.19	18.51	16.94	9.27	347.26	312.43	11.15
70	200	62.39	37.13	39.48	–5.95	614.8	666.64	–7.78
80	100	40.74	24.21	25.38	–4.61	432.83	337.24	28.34
80	200	81.49	48.52	47.01	3.21	765.87	756.76	1.20

注：裂缝网络区域大小为 100m×100m。

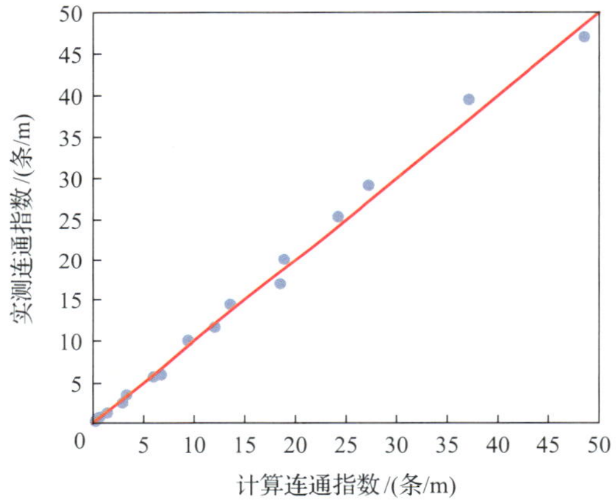

图 5.36 连通指数计算值与实测值对比

Fig. 5.36 Comparison between calculated and measured value of connectivity index

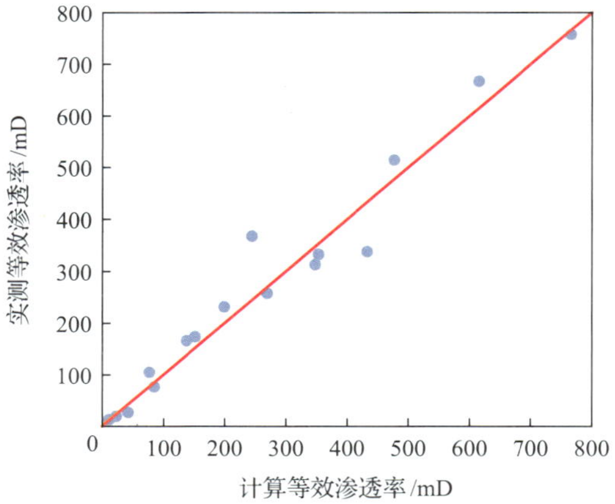

图 5.37 等效渗透率计算值与实测值对比

Fig. 5.37 Comparison between calculated and measured values of equivalent permeability

5.3　基于岩心裂缝连通性的页岩储层裂缝网络评价方法

岩心尺度较小，不能完全反映地下页岩岩体裂缝的真实状况，如何通过岩心裂缝信息恢复地下岩体裂缝的真实状况成为解决问题的关键。本节运用积分几何方法，利用岩心裂缝信息表征地下储层岩体裂缝网络连通性，依据裂缝网络连通性与渗透性的关系对页岩裂缝网络进行分类，建立了一种基于岩心裂缝连通性的页岩储层裂缝网络表征方法。

5.3.1　页岩裂缝网络分类

裂缝网络连通性受裂缝长度、裂缝密度等因素控制，裂缝网络连通性对渗透性具有显著影响。裂缝平均连接点可以作为裂缝网络连通性的表征参数，依据裂缝连通指数 C_L（裂缝平均连通点），结合数值模拟分析结果，可以将页岩裂缝网络分为 3 种类型：不连通裂缝网络、连通簇裂缝网络和全连通裂缝网络（图 5.38～图 5.40），3 种裂缝网络的渗透性能差异很大，对页岩储层渗流的意义也各不相同[202]。当 $C_L<1$ 时，裂缝网络中存在孤立的不连通裂缝，连通裂缝相对较少，此类裂缝网络称为不连通裂缝网络；当 $1<C_L<2$ 时，裂缝平均连接点介于 1～2，此阶段连通裂缝比例升高，裂缝网络会形成多样的连通簇集团，称为连通簇裂缝网络；当 $C_L\geqslant 2$ 时，网络中裂缝平均连接点大于 2，每条裂缝都期望与至少两条裂缝相交，可以期望裂缝网络全部连通，此阶段裂缝网络称为全连通裂缝网络，全连通裂缝网络渗透性极好，也可将其称为逾渗网络[203]。

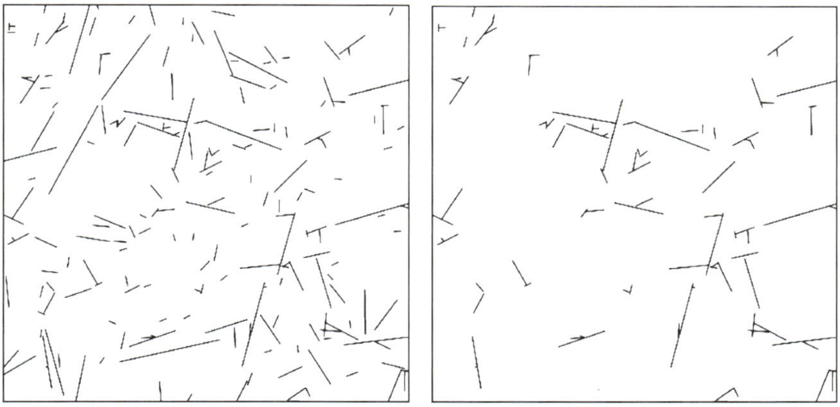

(a) 全部裂缝　　(b) 连通裂缝

图 5.38　不连通裂缝网络（$C_L<1$）

Fig. 5.38　Disconnected fracture network（$C_L<1$）

裂缝数为 200 条；无量纲密度为 0.430；C_L 期望值为 0.25

5.3.2　连通簇的度量

在不连通裂缝网络（$C_L<1$）中，连通裂缝出现频率相对较小[图 5.38(b)]；在连通簇裂缝网络中（$1<C_L<2$），连通裂缝出现频率相对较高，网络中会出现多种多样的连通簇

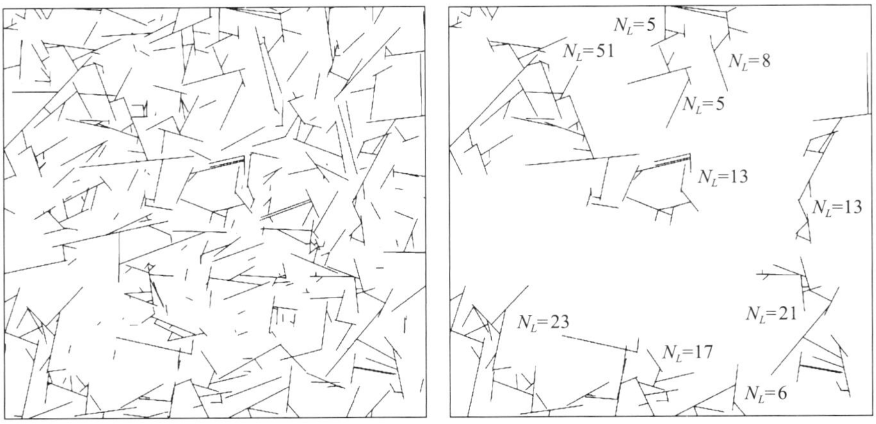

(a) 全部裂缝　　(b) 连通裂缝

图 5.39　连通簇裂缝网络（$1<C_L<2$）

Fig. 5.39　Connected cluster fracture network（$1<C_L<2$）

裂缝数为 503 条；无量纲密度为 1.41；C_L 期望值为 1.44；N_L 为连通簇中的裂缝数

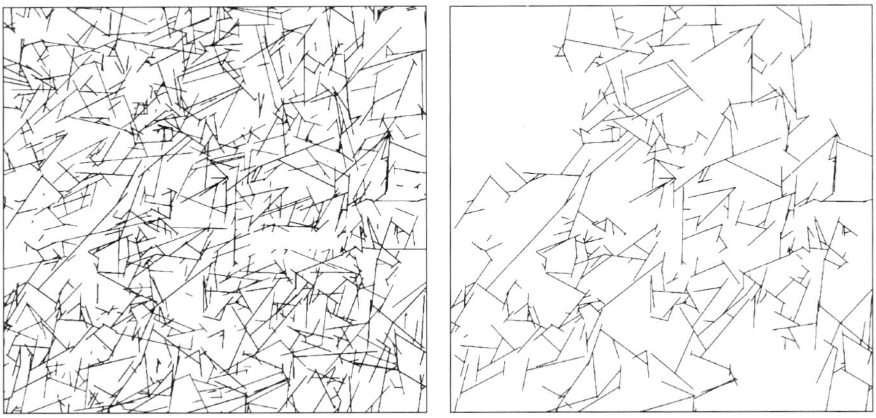

(a) 全部裂缝　　(b) 连通裂缝

图 5.40　全连通裂缝网络（$C_L\geqslant 2$）

Fig. 5.40　Fully connected fracture network（$C_L\geqslant 2$）

裂缝数为 780 条；无量纲密度为 2.41；C_L 期望值为 2.38

集团[图 5.39(b)]，连通簇的大小受网络中连通裂缝出现频率的控制，连通裂缝出现频率则由裂缝连通指数 C_L 控制。本节以形成连通簇中的裂缝数 N_L 作为连通簇大小的表征参数，根据大量模拟结果及概率统计理论构建 N_L 的期望值表达式：

$$N_L = 2C_L \sum (C_L - 1)^n \tag{5.23}$$

式中，n 为裂缝总数，当 $C_L<2$ 时，$(C_L-1)^n$ 收敛于 $1/(2-C_L)$，得到 N_L 的期望值为

$$N_L = \frac{2C_L}{2-C_L} \tag{5.24}$$

图 5.41 是连通簇中的裂缝数与裂缝连通指数的关系，从图中可以看到，当 $C_L<1$ 时，连通裂缝出现频率极低，储层裂缝网络中仅有较小的裂缝簇，此阶段裂缝连通指数增大不能明显改善储层渗透性，理论上压裂措施不能得到明显的增产效果；当 $1<C_L<2$ 时，连通裂缝出现频率增大，可以期望形成若干连通簇，对于页岩储层天然裂缝网络而言，此阶段裂缝网络尚不能完全连通，储层渗透性能仍然不理想，但连通裂缝频率较高且成簇分布，容易在压裂增产措施下沟通裂缝簇使裂缝网络进入全连通状态形成逾渗网络，从而大大提高储层渗透性；当 C_L 趋近于 2 时，连通裂缝出现频率急剧上升，网络处于全连通状态，储层渗透性能较好，可形成天然的逾渗网络。

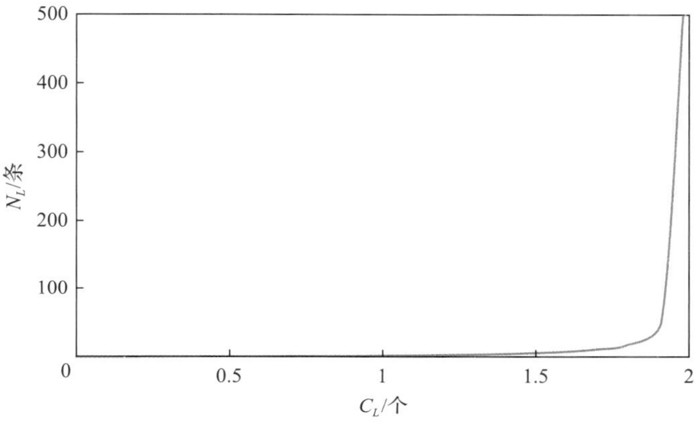

图 5.41　连通簇中的裂缝数与裂缝连通指数的关系

Fig. 5.41　Relationship between connected fracture and fracture connectivity index

如果页岩裂缝网络的裂缝长度、裂缝密度可以测定，那么连通簇中的裂缝数 N_L 具有重要的实际应用价值，它可以反映裂缝网络中连通面积区域或者连通体积区域的大小，令 S_N 和 V_N 表示连通面积和连通体积，二者可由如下公式计算：

$$S_N = N_L / n \cdot S_t \tag{5.25}$$

$$V_N = N_L / n \cdot V_t \tag{5.26}$$

式中，S_t 为区域面积；V_t 为区域体积。运用式(5.25)和式(5.26)可以估算连通簇区域大小。如果井眼区域或者近井区域处于连通簇区域范围内，同样可以期望获得较高的产气量。

5.3.3　基于岩心裂缝信息的岩体裂缝网络连通指数估算模型

1. 岩心裂缝的尺度限制

露头裂缝网络信息相对完整，利用拓扑结构模型可以实现页岩露头裂缝网络连通性的定量表征，结合 P_{xy} 体系模型可以实现页岩储层裂缝网络综合评价。但露头裂缝存在自身的局限性：第一，露头裂缝出露地表，无法消除应力释放作用及风化剥蚀作用对天然裂缝发育的影响；第二，露头本身处于断裂带中心，强构造作用往往使露头裂缝更为发育；第三，露头区与目的区的距离往往较大，二者裂缝参数本身可能存在较大差异。

综上 3 点，露头裂缝网络无法反映地下岩体裂缝网络的真实情况，可以作为页岩储层裂缝网络发育特征的参考，对区域地层研究更有意义。岩心裂缝直接取自目标岩体，能够真实地反映目标地层地下岩体裂缝信息，但由于尺度限制，岩心裂缝信息缺乏完整性，无法直接观测裂缝长度、面密度等重要信息，但岩心中蕴含裂缝连通交点、倾角等重要信息(图 5.42)，可以据此运用数学方法实现地下岩体裂缝连通性定量表征。

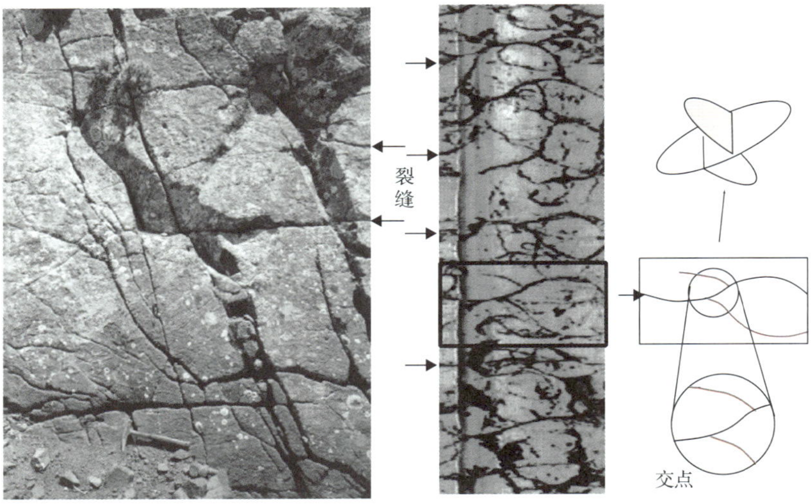

图 5.42　岩心裂缝交点

Fig. 5.42　Intersection of core fractures

2. 岩体裂缝与岩心的关系

地下岩体裂缝与岩心的关系可以总结为 3 种形式，分别是裂缝截断岩心、裂缝与岩心相交、裂缝与岩心不相交(图 5.43)。当井筒附近存在相交裂缝时，由于岩心尺度较小，可能在岩心上观察到裂缝交点，也可能观察不到，这取决于取心钻孔是否经过裂缝相交线(图 5.44)。

3. 岩心钻遇裂缝交点概率估算模型

岩心钻孔与岩体裂缝相交线相遇的概率称为岩心钻遇裂缝交点概率，简称为交点概率 P。交点概率如何计算，同样属于几何概率问题，可以运用积分几何方法建立交点概率估算模型。

假设裂缝面为标准圆盘，参照裂缝长度为 L(图 5.45)，相交裂缝随机分布，裂缝相交线长度为 L_S，距离参考裂缝面中心距离为 a，参照裂缝半径为 R，则式(5.27)成立：

$$L_S/2=\sqrt{R^2-a^2} \tag{5.27}$$

a 在 0 与 $L/2$ 间随机连续分布，即 $0<a<L/2$，则 $L_S/2$ 的期望值可表示为

$$E(L_S/2)=\frac{1}{R}\int_0^r\sqrt{(R^2-a^2)}\mathrm{d}a \tag{5.28}$$

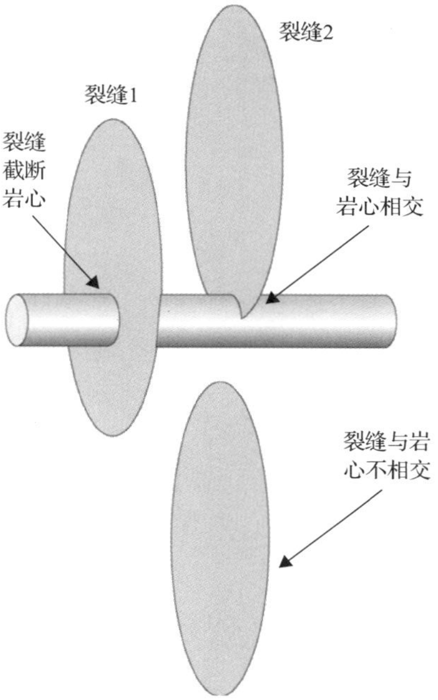

图 5.43　裂缝与岩心相交模式

Fig. 5.43　Intersect pattern of core and fracture

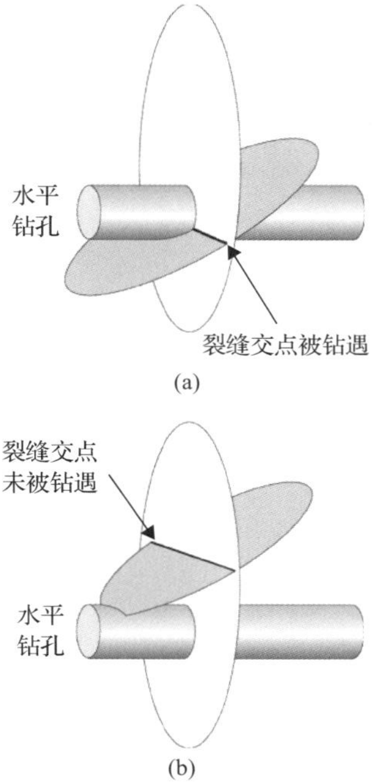

图 5.44　裂缝交点与岩心的关系

Fig. 5.44　Fracture intersection pattern

变换得到

$$E(L_S/2) = -R\int_0^{\pi/2} \sin^2\theta \mathrm{d}\theta \tag{5.29}$$

积分得到

$$E(L_S/2) = \frac{\pi R}{4} = \frac{\pi L}{8} \tag{5.30}$$

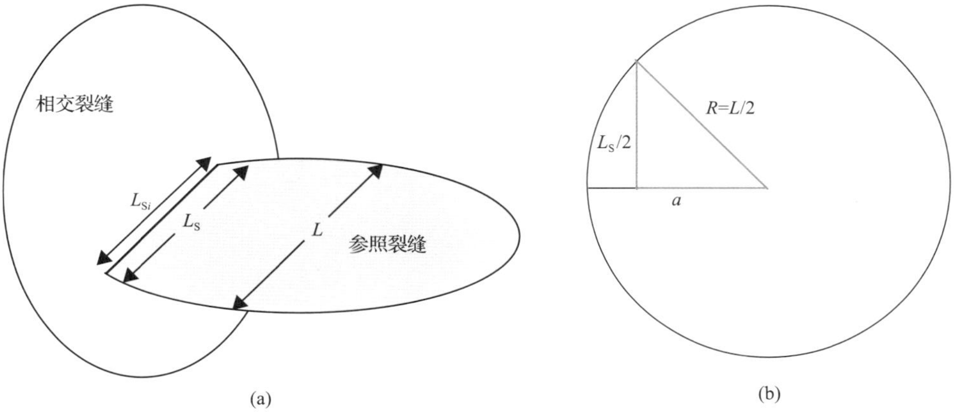

图 5.45　裂缝相交线长度计算模型

Fig. 5.45　Calculation model of fracture intersection line length

如果取心钻孔完全在参照裂缝中(图 5.46)，即裂缝截断岩心(图 5.43 裂缝 1)，在岩心上会形成完整的闭合迹线。如果取心钻孔钻遇参照裂缝边缘，则裂缝与岩心相交，在岩心上形成不闭合迹线。

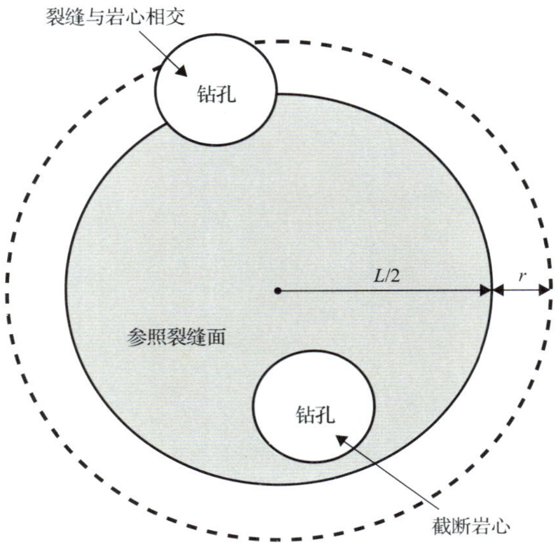

图 5.46 岩心钻孔与裂缝相交模式(2D)

Fig. 5.46 Intersection form of borehole and fracture (2D)

岩心钻遇裂缝交点概率可由岩心钻孔在参照裂缝面上的分布计算得到(图 5.47)。岩心钻孔分布在面积 A 区域时，岩心与裂缝交点一定相交，区域面积 A 可由两个半圆面积加上中间矩形面积得到，即

$$A = 2rL_S + \pi r^2 \tag{5.31}$$

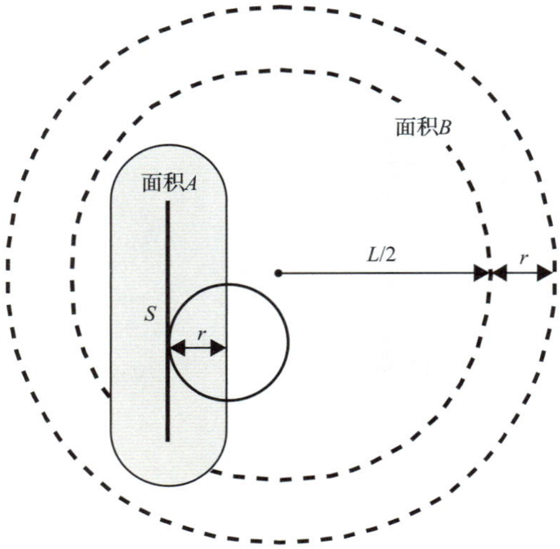

图 5.47 交点概率计算模型

Fig. 5.47 Calculation model of intersection probability

式中，r 为岩心半径。岩心钻孔分布在面积 B 区域时，岩心与参照裂缝一定相交，面积 B 是整个大圆面积，即

$$B = \pi(L/2 + r)^2 \tag{5.32}$$

那么岩心与参照裂缝相交且钻遇裂缝交点的概率(交点概率)可以表示为

$$P = \frac{A}{B} \tag{5.33}$$

上述分析是建立在岩心钻孔与参照裂缝面垂直的基础上，此时裂缝倾角为 0°，一般情况下，岩心与裂缝面都会存在一定的角度，所以上述概率模型必须进行修正才有现实意义。当取心钻孔与参照裂缝面存在倾角 θ 时，岩心上的裂缝面不再是标准圆面，而是椭圆面[图 5.48(a)]。这样需要对上面的交点概率模型进行修正，图 5.48(b)中，c 和 b 分别表示椭圆面的短轴和长轴，由平面几何知识可得

$$c = L\cos\theta \tag{5.34}$$

$$b = L \tag{5.35}$$

裂缝相交线的平均长度为

$$L_{\text{sav}} = \frac{L_{\text{S}} + L_{\text{S}}\cos\theta}{2} \tag{5.36}$$

修正后的面积 A 和面积 B 分别为

$$A = 2rL_{\text{sav}} + 4\pi r^2 \tag{5.37}$$

$$B = \pi(L/2 + r)(L\cos\theta/2 + r) \tag{5.38}$$

整理得到修正后的交点概率模型为

$$P = \frac{rL(1+\cos\theta)/8 + 4r^2}{(L/2+r)(L\cos\theta/2+r)}, \qquad A<B \tag{5.39}$$

当面积 A 大于或等于面积 B 时，认为岩心必钻遇裂缝交点，即

$$P = 1, \qquad A \geqslant B \tag{5.40}$$

4. 岩体裂缝长度估算模型

式(5.39)中，岩心半径 r、裂缝倾角 θ 可以通过岩心观测得到，而裂缝长度 L 受岩心尺度限制，在岩心上观测的裂缝长度只是地下岩体裂缝长度的一部分，裂缝长度不能直接测量得到。但岩心裂缝长度同样蕴含着地下岩体裂缝长度信息，下面运用积分几何方法建立岩体裂缝长度估测模型。

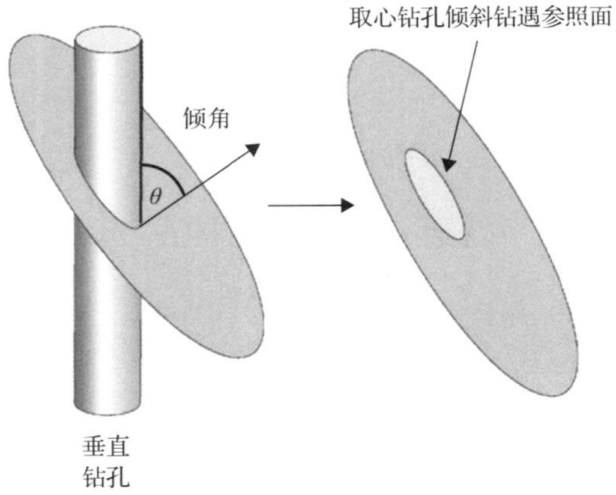

(a)

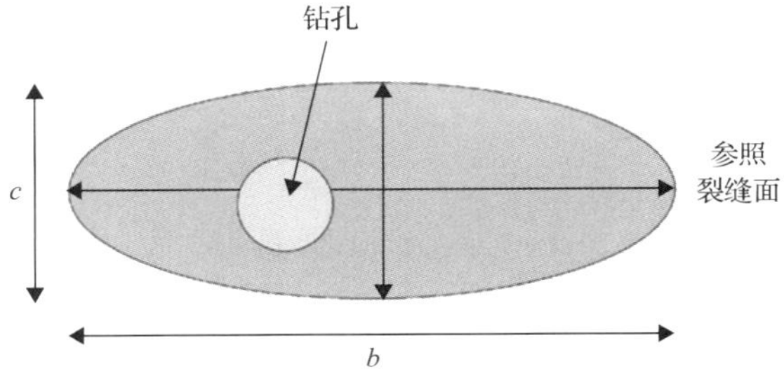

(b)

图 5.48　岩心倾斜钻遇参照裂缝

Fig. 5.48　Borehole dip drilling reference fracture

假设参照裂缝为标准圆盘，直径为 L，裂缝倾角为 θ，参照面在水平方向的投影为椭圆[图 5.48(b)]。取心钻孔半径为 r，其完全在参照裂缝面内时，岩心上出现完整的闭合迹线(裂缝截断岩心)，此时取心钻孔分布面积 A'为

$$A' = \frac{\pi(L/2 - r)(L/2\cos\theta - r)}{4} \tag{5.41}$$

当裂缝与岩心相交时，岩心钻孔分布面积扩大，该分布面为另一个椭圆，其长轴、短轴分别用 w_1、w_2 表示，则有

$$w_1 = L/2 + r \tag{5.42}$$

$$w_2 = L/2\cos\theta + r \tag{5.43}$$

钻孔与裂缝面相交的分布面积 A'' 为

$$A'' = \frac{\pi(L/2 + r)(L/2\cos\theta + r)}{4} \tag{5.44}$$

岩心上截断岩心裂缝与全部相交裂缝的比值 τ 就可以由式(5.45)计算

$$\tau = \frac{A'}{A''} \tag{5.45}$$

整理得

$$\tau = \frac{(L/2 - r)(L/2\cos\theta - r)}{(L/2 + r)(L/2\cos\theta + r)} \tag{5.46}$$

这里称 τ 为截断率，同样是一个比较重要的参数。根据岩心裂缝倾角、半径及截断率即可由式(5.46)估算地下岩体裂缝长度。

5. 岩体裂缝网络连通指数估算模型

岩体裂缝网络连通性与交点概率之间必然存在关联性，近井区域裂缝网络连通性越好，裂缝相交线密度就会越大，岩心钻遇裂缝交点概率也就更高。岩体裂缝间的相交事件是随机离散事件，岩心钻遇裂缝交点事件同样属于随机离散事件，因此本节假定交点概率服从泊松分布[204,205]，则地下岩体每条裂缝的平均连通裂缝数，也就是裂缝网络连通指数 C_L（裂缝平均连接点数）的期望值可以由式(5.47)给出：

$$P(0) = \mathrm{e}^{-C_L} \sum_k \frac{P(0|k){C_L}^k}{k!} \tag{5.47}$$

式中，$P(0)$ 为孤立裂缝概率；$P(0|k)$ 为参照裂缝存在 k 个连接点，但岩心都没有钻遇到的概率。对于页岩裂缝网络而言，裂缝交叉切割，裂缝连接点的分布呈多样性，可以认为钻遇参照裂缝连接点的个数是随机的，则条件概率 $P(0|k)$ 可表示为

$$P(0|k) = (1-P)^k \tag{5.48}$$

岩心上孤立裂缝概率 $P(0)$ 可以表示为

$$P(0) = 1 - P_{\mathrm{ob}} \tag{5.49}$$

式中，P_{ob} 为岩心上连通裂缝的概率，这里简称为连通率，可由式(5.50)计算得到

$$P_{\mathrm{ob}} = \frac{N_{\mathrm{c}}}{N_{\mathrm{t}}} \tag{5.50}$$

式中，N_{c} 为岩心上的连通裂缝数；N_{t} 为岩心上总裂缝数。

将实测得到的孤立裂缝概率 $P(0)$ 代入式(5.47)，通过迭代运算即可求取地下岩体裂缝网络连通指数期望值，从而进行页岩储层裂缝网络综合评价。

5.3.4 岩体裂缝连通性影响因素分析

根据理论估算模型，绘制了裂缝长度与截断率关系曲线，如图 5.49 所示。由图 5.49 可知，截断率随裂缝长度的增大而增大，二者呈对数关系，当裂缝长度较小时，裂缝长

度对截断率影响比较明显；当裂缝长度较大时，裂缝长度对截断率影响的敏感性变弱。截断率随裂缝倾角的增大而减小，裂缝倾角越小，对截断率的影响越明显。总体来说，裂缝越长，裂缝倾角越小，越容易截断岩心。

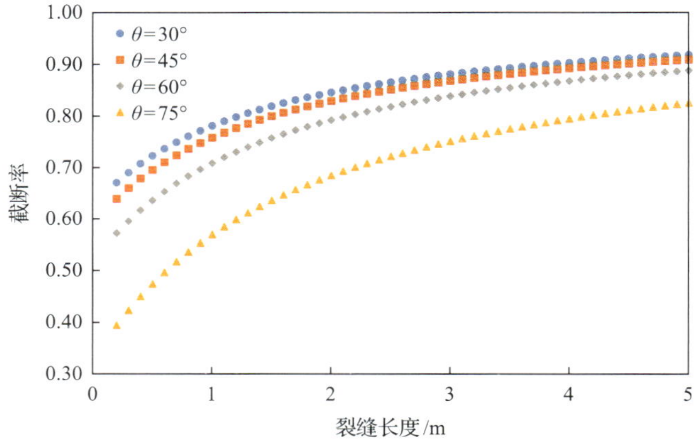

图 5.49 截断率与裂缝长度关系曲线

Fig. 5.49 Relation curve of length of cut and length of crack

图 5.50 是交点概率与裂缝长度关系曲线。如图 5.50 可知，交点概率随裂缝长度的增大而减小，二者呈负幂率关系，裂缝越短对交点概率影响的敏感性越强。交点概率随裂缝倾角的增大而增大，裂缝倾角越大对交点概率影响越明显。总体来说，裂缝越短，裂缝倾角越大，岩心钻遇裂缝交点的概率就越大。

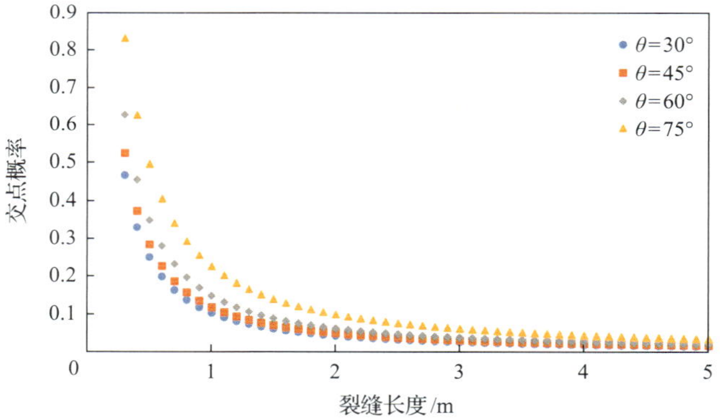

图 5.50 交点概率与裂缝长度关系曲线

Fig. 5.50 Relation curve of intersection probability and fracture length

图 5.51 是连通率与连通指数关系曲线。由图 5.51 可知，连通率随连通指数的增大而增大，二者呈线性关系。连通率随裂缝倾角的增大而增大，裂缝倾角越大，对连通率的影响越明显。总体来说，裂缝连通指数越大，裂缝倾角越大，连通率越高。

图 5.52 是连通率与裂缝长度的关系曲线。由图 5.52 可知，在裂缝网络连通指数确定的情况下，连通率随裂缝长度的增大而减小，二者呈负幂率关系。裂缝长度对裂缝网络连通性与渗透性影响明显，当裂缝长度分别为 1m、2m、3m、4m、5m 时，裂缝网络为

全连通网络（$C_L=2$）要求的岩心裂缝连通率逐渐降低，分别为 0.275、0.128、0.086、0.067、0.056，说明裂缝长度对裂缝网络连通性及渗透性具有重要影响。当裂缝长度确定后，裂缝网络连通指数随岩心裂缝连通率的增大而增大，当连通率较小时，裂缝网络处于不连通状态（$C_L<1$）；随着连通率的增大，裂缝网络进入连通簇状态（$1<C_L<2$）；连通率继续增大，裂缝网络将进入全连通状态（$C_L\geqslant 2$）。

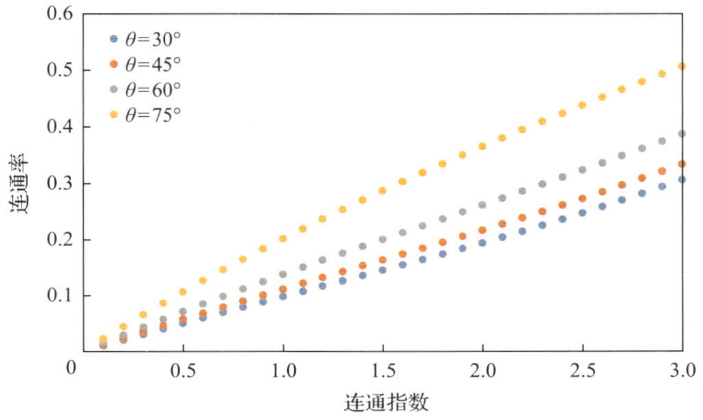

图 5.51　连通率与连通指数关系曲线

Fig. 5.51　Relation curve of connectivity probability and connectivity index

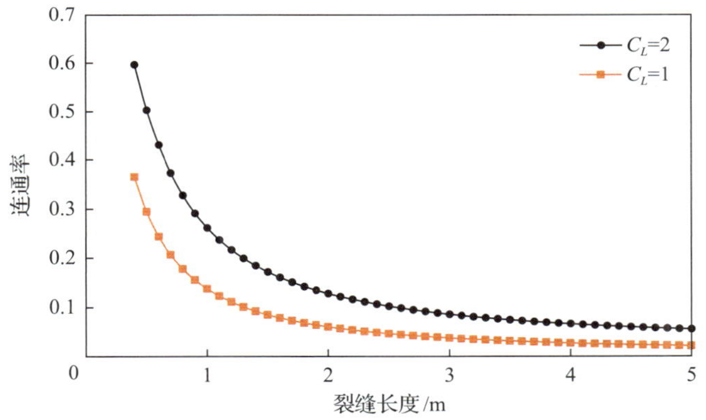

图 5.52　连通率与裂缝长度关系曲线

Fig. 5.52　Relation curve of connectivity probability and fracture length

图 5.53 是连通率与截断率关系曲线。由图 5.53 可知，在裂缝网络连通指数确定的情况下，连通率随截断率的增大而减小，二者呈负幂率关系。连通率一定时，连通指数随截断率的增大而增大。连通率和截断率越高，地下岩体裂缝网络连通性和渗透性越好。当截断率确定后，随着岩心裂缝连通率的增大，裂缝网络逐步经历不连通状态、裂缝簇状态，最后形成全连通裂缝网络。

5.3.5　表征实例

采用前述理论方法，对研究区 W 井龙马溪组页岩储层裂缝网络进行了表征与评价。

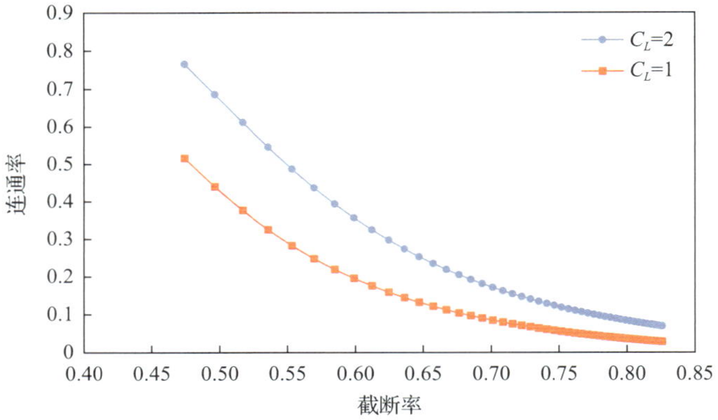

图 5.53 连通率与截断率关系曲线

Fig. 5.53 Relation curve of connection rate and truncation rate

充填裂缝作为天然结构弱面，在压裂改造过程中容易重新开启，所以本次测试分析将充填裂缝考虑在内。测试与估算结果见表 5.9。裂缝平均长度在 0.57～2.32m，截断率在 0.29～0.54，连通率在 0.19～0.34，估测连通指数在 0.48～1.21，普遍低于露头裂缝测试结果。从估算结果看，5 段页岩岩体裂缝网络连通性不理想，均没有形成全连通裂缝网络，当然此方法没有考虑微尺度裂缝对裂缝网络连通性的积极作用。2195～2200m 页岩段和 2251～2256m 页岩段储层裂缝连通指数较高，裂缝发育较好，理论上形成了连通簇裂缝网络。从裂缝连通角度来看，认为压裂措施在上述两段页岩中能够取得较好的增产效果，具体情况还要结合该段页岩的地质力学特性及微观尺度裂缝发育情况进行深入分析。

表 5.9 研究区页岩裂缝网络估测参数

Table 5.9 Estimation parameters of shale fracture network in study area

岩心深度/m	直径/m	裂缝总数/条	截断裂缝/条	连通裂缝/条	平均倾角/(°)	裂缝平均长度/m	钻遇率	截断率	连通率	估测连通指数
2195～2200	0.12	114	55	38	63	1.08	0.34	0.48	0.33	1.21
2224～2229	0.12	65	19	16	57	0.57	0.64	0.29	0.25	0.48
2232～2237	0.12	154	64	36	71	1.16	0.37	0.42	0.23	0.77
2244～2249	0.12	47	21	9	48	0.76	0.41	0.45	0.19	0.58
2251～2256	0.12	301	162	103	66	2.32	0.14	0.54	0.34	1.15

第6章　地应力及测试方法

油气勘探开发中地应力是重要的基础数据，油藏地应力是多种因素相互影响、彼此作用的结果，掌握地下岩层地应力的大小和方向，地应力剖面特征及地应力场的分布规律，是实现油气井钻井优化设计、油气田开发方案和压裂方案优化、油气藏保及安全和低成本施工的基础。

6.1　地应力的主要成因

地应力的成因是十分复杂的，主要与地球的各种运动过程有关，包括：大陆板块边界受挤压、地幔热对流、地心引力、岩浆侵入，以及地温梯度、地表剥蚀或其他物理和化学变化等。其中构造应力场和重力应力场是现今地应力场的主要组成部分。

1. 大陆板块边界受挤压引起的应力场

大陆板块除了受印度洋板块和太平洋板块的推挤(推挤速度约为数厘米/年)外，同时受西伯利亚板块和菲律宾板块的约束。大陆板块在次边界条件下会发生变形，有的在挤压过程中抬升，有的下沉，产生水平方向的压应力场。

2. 地幔热对流引起的应力场

地幔热对流的观点认为：地下众多的放射性物质和岩石物理化学状况的改变，使岩层中积累了巨大的热能，加上上部岩层的压力，使地球内部物质具有可塑性和流动性。又由于岩石的各向异性，温度、压力的分布不均衡及重力作用，地球内部的塑性物质就会像液体或气体那样发生对流现象(热循环过程)。

在热循环过程中，当下部高温物质上升至地壳时，对流作用会使高温物质发生水平方向的移动，带动地壳随之移动而产生水平位移；冷却后下沉时又会造成地壳随之下降，下降部位会受到来自两侧的压力作用，从而使得地壳产生挤压变形，形成褶皱。我国从西昌、渡口到昆明的裂谷地区正位于这一地幔热对流地区。该裂谷有一个以西藏中部为中心的上升流的大对流环，而在华北—山西地堑带存在一下降流。地幔物质的下降，会引起很大的水平方向的挤压应力。

3. 地心引力引起的应力场

地心引力引起的应力场又叫作重力应力场。重力应力场是各种应力场中唯一能够计算的应力场。地壳中任意一点的自重应力等于单位面积上覆岩层的质量。重力应力为垂直方向的应力，它是地壳中所有各点垂直应力的主要组成部分。但是，因为板块的移动、岩浆的侵入和对流、岩体的非均匀扩容、温度的不均匀和地层中流体的压力梯度都会引起垂直应力的变化，垂直应力一般不完全等于自重应力。

4. 岩浆侵入引起的应力场

岩浆侵入挤压、冷凝收缩和成岩均在周围地层中产生相应的应力场。需要注意的是，不同的热膨胀及热力学过程会使其发生变化。

5. 地温梯度引起的应力场

地温梯度随深度增加而增加，一般为3℃/100m，会引起地层中不同深度岩石的膨胀，从而引起压应力，其中有的压应力可达到相同深度自重应力的几分之一。相反，遇冷时会产生收缩。

6. 地表剥蚀引起的应力场

地表岩石受风化、水冲蚀及其他能量的搬运而产生剥蚀。值得注意的是，剥蚀会导致岩体内仍然存在着比地层厚度所引起的自重应力还要大得多的水平应力。

6.2 原地应力应力状态及应力张量

6.2.1 原地应力的基本构成

1. 上覆岩层压(应)力和侧压系数

1) 上覆岩层压(应)力

$$\begin{aligned}\sigma_v &= \int_0^H \rho g(h)\mathrm{d}h \\ \sigma_{\mathrm{ev}} &= \sigma_v - \alpha P_{\mathrm{p}}\end{aligned} \tag{6.1}$$

式中，σ_{ev} 为垂向有效应力；α 为有效应力系数；P_{p} 为孔隙压力；ρ 为地层岩石密度；H 为井深。

在地层温度一般不超过200℃的深部地层，岩体主要表现为弹性体，重力应力为

$$\sigma_v = \rho\cdot g\cdot H,\quad \sigma_x^1 = \frac{\mu}{1-\mu}\rho\cdot g\cdot H,\quad \sigma_y^1 = \frac{\mu}{1-\mu}\rho\cdot g\cdot H \tag{6.2}$$

式中，μ 为地层岩石泊松比；σ_v、σ_x^1、σ_y^1 分别为上覆岩层压力和由其产生的水平方向(x 轴、y 轴)的地应力。

2) 侧压系数

假设沿埋深(z)处的水平面不产生横向变形，最大和最小水平地应力相等(且等于零)，轴向应变为零，即：$\varepsilon_{xx}=\varepsilon_{yy}=0$；$\varepsilon_{zz}=0$。由广义胡克定律可求得侧压系数：

$$\lambda = \sigma_{xx} / \sigma_{zz} \tag{6.3a}$$

或

$$\lambda = \sigma_{xx} / \rho g z \tag{6.3b}$$

一般室内测得的泊松比 μ =0.15～0.30； λ=0.18～0.43。因此在弹性岩体中，水平侧向压力小于垂向压(应)力。

1993 年，胡博罗克等利用钻井资料，在研究最大和最小水平地应力时，给出了下述计算不同类型岩石侧压系数的计算公式，如：

$$\lambda = 1 - \sin\varphi \tag{6.4a}$$

或

$$\lambda = 1 + \frac{2}{3}\sin\varphi \tag{6.4b}$$

式中

$$\varphi = \arcsin\left(\frac{1}{1 + 4\varDelta / \left(P_{\mathrm{e}+\varDelta}^{a} - P_{\mathrm{e}-\varDelta}^{b}\right)}\right)$$

其中， $\varDelta$ 为压力变化增量； a、b 为与岩石性质有关的回归系数； P_{e} 为有效应力。

几点常规认识如下：

(1) 对于各向均质同性线弹性岩石： μ =0.2～0.3， $\lambda < 1.0$ ；

(2) 对于理想的塑性岩石： μ =0.5， λ=1.0，即处于上述静水应力状态；

(3) 对于无黏结力松散岩石： μ 、λ 需由莫尔-库仑准则、胡克定律进行确定，剪切应力 $\tau = \tan\varphi$ ；

(4) 地层的重力、构造应力是产生垂向和水平地应力的基本因素；

(5) 地应力状态取决于沉积压实、构造运动和压力变化(与时间、温度、构造类型、层理、断层及裂缝等有关)。

2. 构造应力

地质构造、板块运动、地震活动等地壳动力学方面的原因所附加的应力分量称为构造应力。构造应力的存在会使地层显示出明显的各向异性，因此原地应力也呈各向异性。最大水平主地应力方向通常与构造应力的合矢量方向一致。如果用上覆岩层压力表示水平构造应力的大小，则有

$$\begin{aligned} \sigma_x^2 &= \omega_x \cdot \sigma_v \\ \sigma_y^2 &= \omega_y \cdot \sigma_v \end{aligned} \tag{6.5}$$

式中， ω_x、 ω_y 为水平方向(x 轴、y 轴)的构造应力系数； σ_x^2 、 σ_y^2 为构造运动在水平方向(x 轴、y 轴)引起的构造应力。

3. 温度产生的附加应力

受各种原因和因素的影响，当地层温度升高时，多数岩石因膨胀产生附加应力，即

$$\sigma^{3}_{x、y} = 2G\frac{1+\mu}{1-2\mu}\cdot\lambda\cdot\left(T-T_0\right) \tag{6.6}$$

式中，G 为垂向地应力梯度；T_0、T 分别为岩石的初始和当前地层温度；λ 为由温度变化引起的膨胀系数；$\sigma^{3}_{x、y}$ 为温度升降在水平方向(x 轴、y 轴)引起的应力。

4. 原地总应力

由于地层岩石呈三向应力状态，3 个主应力方向的主应力分别为最大、最小水平主地应力和垂向应力分量(σ_H、σ_h、σ_v)，其大小可用下式表示：

$$\begin{aligned} \sigma_H &= \sigma_x^1 + \sigma_x^2 + \sigma_x^3 \\ \sigma_h &= \sigma_y^1 + \sigma_y^2 + \sigma_y^3 \\ \sigma_v &= \sigma_z \end{aligned} \tag{6.7}$$

式(6.7)反映了(受多种因素影响)地下岩层的物化特征、不同埋深处实际应力的规律。

6.2.2 地下岩石某点的应力状态和应力张量

如前所述，地应力状态是指作用在地下岩体(石)内不同应力空间方位截面上所存在的应力(σ_{ij}，τ_{ij})的总和。假设地下某点 P 处的面积为 dA，微小面积 dA 和其受力在 3 个坐标轴上的分量分别为：(dA_x，dA_y，dA_z)和(dF_x，dF_y，dF_z)；当从岩体内取出一单元六面体时，由应力定义和剪切互等定理，可得到下述以应力张量形式表示的地下岩石空间点 P 处的应力状态，如图 6.1 所示。

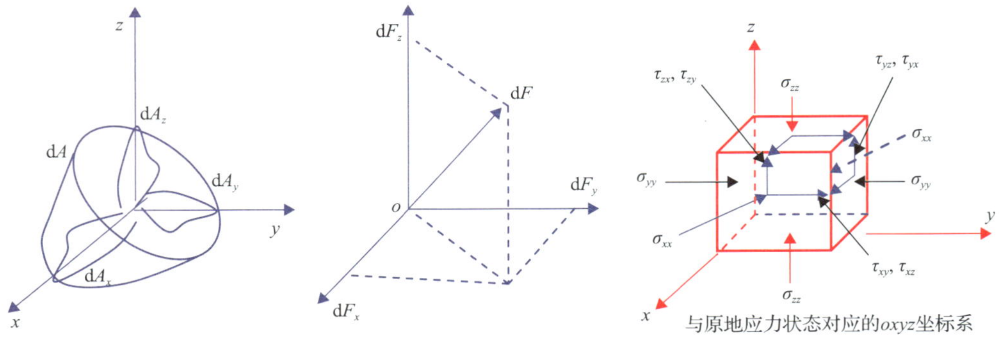

(a) (b) (c)

图 6.1 岩体内部某点应力状态

Fig. 6.1 Schematic diagram of establishing a stress state at a point inside a rock mass

1. 地下岩体某点处的应力状态(张量表达式)

由应力极限定义可知：$\boldsymbol{\sigma} = \lim\left(\mathrm{d}F / \mathrm{d}A_{\mathrm{d}A\to 0}\right)$。

当从井眼围岩中(或井壁上)取出单元六面体时，如图 6.1(c)所示。单元六面体各截面上受下述各种应力的作用。

(1) 前截面上所受的应力作用有

$\sigma_{xx} = \lim|\mathrm{d}A \to 0\left(\mathrm{d}F_x / \mathrm{d}A_x\right)$——是垂直于主平面上的正应力；

$\tau_{xy} = \lim|\mathrm{d}A \to 0\left(\mathrm{d}F_y / \mathrm{d}A_y\right)$——是垂直于 ox 轴(或 oxz 平面)、平行于 oy 轴(或 oxy 平面)的剪切应力；

$\tau_{xz} = \lim|\mathrm{d}A \to 0\left(\mathrm{d}F_z / \mathrm{d}A_z\right)$——是垂直于 oy 轴(或 oxy 平面)，平行于 oz 轴(或 oxz 平面)的剪切应力。

(2) 在右截面上(或 $defc$ 平面)所受的应力作用有：σ_{yy}、τ_{yx}、τ_{yz}。

(3) 在上截面上(或 $dcfg$ 平面)所受的应力作用有：σ_{zz}、τ_{zx}、τ_{zy}。

根据剪切互等定理可知：$\tau_{xy} = \tau_{yx}$、$\tau_{yz} = \tau_{zy}$、$\tau_{xz} = \tau_{zx}$。所以，单元体上只作用有 6 个独立的应力分量，即 σ_{xx}、σ_{yy}、σ_{zz}、τ_{xy}、τ_{yz}、τ_{xz}。

应力状态表达形式：

$$\boldsymbol{\sigma} = \begin{bmatrix} \sigma_{xx} & \tau_{xy} & \tau_{xz} \\ \tau_{yx} & \sigma_{yy} & \tau_{yz} \\ \tau_{zx} & \tau_{zy} & \sigma_{zz} \end{bmatrix} \tag{6.8}$$

2. 应力状态或应力张量的分解

现代地应力测量和理论分析证明：地应力大多数为三向不等压的、空间的、非稳定的，且岩石的变形和破坏取决于本身所受有效应力的大小。因此，在岩石力学中，常常把地层流体孔隙压力作为原地应力的一个重要组成部分。另外，地下岩体某点处的应力状态或应力张量 σ_{ij} 可用 6 个应力分量表示。在给定受力情况下，各应力分量的大小与坐标轴的方向有关。但是当把它们作为一个整体来表示空间某点应力状态时，则与坐标的选择无关。

所谓张量是指在坐标变换时，按照某种指定形式变化的量。张量的分量随坐标的变换而变化。从数学和力学角度来看，由剪切应力互等定理可知，应力张量为二阶对称张量。因此，我们可以将上述应力空间点的应力状态进行分解：

$$\sigma_{xx} = \sigma_0 + \left(\sigma_{xx} - \sigma_0\right), \quad \sigma_{yy} = \sigma_0 + \left(\sigma_{yy} - \sigma_0\right), \quad \sigma_{zz} = \sigma_0 + \left(\sigma_{zz} - \sigma_0\right)$$

则有

$$[\sigma_{ij}] = \begin{bmatrix} \sigma_0 & 0 & 0 \\ 0 & \sigma_0 & 0 \\ 0 & 0 & \sigma_0 \end{bmatrix} + \begin{bmatrix} \sigma_{xx} - \sigma_0 & \tau_{xy} & \tau_{xz} \\ \tau_{yx} & \sigma_{yy} - \sigma_0 & \tau_{yz} \\ \tau_{zx} & \tau_{zy} & \sigma_{zz} - \sigma_0 \end{bmatrix} \tag{6.9}$$

或

$$[\sigma_{ij}] = \sigma_{\mathrm{m}} \times [\delta_{ij}] + [S_{ij}] = \begin{bmatrix} \sigma_{\mathrm{m}} & 0 & 0 \\ 0 & \sigma_{\mathrm{m}} & 0 \\ 0 & 0 & \sigma_{\mathrm{m}} \end{bmatrix} \begin{bmatrix} 1 & 0 & 0 \\ 0 & 1 & 0 \\ 0 & 0 & 1 \end{bmatrix} \tag{6.10}$$

式中，$\sigma_0=\dfrac{\sigma_{xx}+\sigma_{yy}+\sigma_{zz}}{3}$，为平均应力；$[\delta_{ij}]\sigma_0=\begin{bmatrix}1&0&0\\0&1&0\\0&0&1\end{bmatrix}\sigma_0=\begin{bmatrix}\sigma_0&0&0\\0&\sigma_0&0\\0&0&\sigma_0\end{bmatrix}$，为球应力张量；$[S_{ij}]=\begin{bmatrix}\sigma_{xx}-\sigma_0&\tau_{xy}&\tau_{xz}\\\tau_{yx}&\sigma_{yy}-\sigma_0&\tau_{yz}\\\tau_{zx}&\tau_{zy}&\sigma_{zz}-\sigma_0\end{bmatrix}$为应力偏张量。$S_{xx}=\sigma_{xx}-\sigma_{\text{m}}$；$S_{yy}=\sigma_{yy}-\sigma_{\text{m}}$；$S_{zz}=\sigma_{zz}-\sigma_{\text{m}}$；$\sigma_{\text{m}}=\dfrac{1}{3}\left(\sigma_{xx}+\sigma_{yy}+\sigma_{zz}\right)$或$\sigma_{\text{m}}=\dfrac{1}{3}\left(\sigma_1+\sigma_2+\sigma_3\right)$。

3. 球应力张量σ_0、σ_{ij}，应力偏张量S_{ij}的物理意义

球应力张量是指 3 个主应力相等的应力状态σ_0，表示各个方向受相同的压应力或拉应力，所对应的变形是弹性体积变化而无形状变化；应力偏张量反映了实际应力状态偏离均匀应力状态的程度，所代表的应力状态只产生形状改变而无体积变化。

6.3 地应力岩心测量方法

6.3.1 岩心定向技术

1. 定向取心技术

传统的岩心定向技术使用的工具为定向取心工具。这种机械式取心工具是在取心筒中安装一台照相机，定时拍射罗盘表面与凸耳相对位置，这个凸耳与岩心划线针在同一直线上。岩心进入岩心筒，即在岩心上刻出一条刻痕。此方法需要昂贵的钻具和无磁钻头，同时由于扭转运动作用，刻痕易产生弯曲而影响精度。

2. 古地磁定向技术

地磁场是一个通过地球中心的偶极子磁场，磁性矿物颗粒就像一个个小罗盘锁定在岩石生成时的磁场环境中，因而记录了当时岩石的磁场方向。在实验室内，通过磁清洗，可获得岩心定向所需的原生剩磁、天然剩磁和次生剩磁等磁矢量。

早期的古地磁定向方法是用古地磁仪测定处理系统分离出稳定的、原生的天然剩磁向量，然后以这个原生的天然剩磁向量决定岩心参考线坐标，进而与现场(露头)给定年代的岩样预先测定的方向(地理坐标)比较，才能确定岩心原始的方位。用原生天然剩磁定向方法有两个附带问题：第一，岩心的磁化年代与这个地层年代有可能不是同一个时期，必须准确知道地层原始年代。第二，定向岩心天然剩磁方向要与已知同一年代、同一构造的露头得到的测定数据进行比较。在取心地点具有复杂构造运动的情况下，这种比较便没有意义。

20 世纪 80 年代末，有人开始用黏滞剩磁进行岩心定向。岩心形成后，随着时间的推移或地质事件的发生和变迁，原来的磁化可能会被整个或部分新产生的磁化所代替，并且可能与初始磁化方向不同，我们称这种剩磁为次生剩磁。在近代地磁场作用下，反映现在磁场方向的、在正常温度下获得的次生剩磁，叫作黏滞剩磁。黏滞剩磁主要形成于沉积剩磁之后，是长期地质历史时期中于较低的温度阶段获得的剩磁，因此可在低温阶段退去，沉积剩磁则是在沉积与成岩作用过程中形成的，准确记录了岩石形成时期当地的地磁场方向，在高温阶段方可退去。因此，通过逐步退磁实验可分别获得两组剩磁分量组平均方向。

对于多裂缝页岩储层，岩心具有完整性较差、磁矩较小等特点，导致利用古地磁实验方法测定水平地应力方向时存在误差。卢运虎等[71]考虑到高温退磁方法在实验过程中会引发磁成分变化而影响实验结果的准确性，选择利用逐步交变退磁方法分离出岩心剩磁成分中的黏滞剩磁分量，实验结果处理方法采用 EnKin 主向量法及主成分分析法，同组多块平行岩心数据采用 Fisher 平均统计，取得了较好的岩心定向效果。

6.3.2 声发射实验

1. 声发射凯泽效应和测定原理

利用声发射凯泽效应测定地下岩层的地应力，首先是由 Kanagawa 于 1977 年提出的，当对取自现场的岩样在室内进行匀速加载时，岩样中由于裂缝的出现将产生一系列的声信号，当所加载荷达到岩样在地下所受的最大应力时，岩样中产生的声信号将有一个突然显著的增加，这种现象称作凯泽效应。凯泽效应是材料在重复加载过程中出现的一种声发射异常现象，它表明岩石具有“记忆”其应力历史的能力。假如加在多孔岩石上的荷载是由一些强弱不等的岩桥分担的，岩桥的承载能力不同，在历史最大应力作用下，承载能力低于该应力的岩桥被削掉。因此，在荷载不超过历史最大应力的条件下，没有新的微观破坏出现，直至所加荷载超过历史最大应力，才能观测到明显的声发射，从而形成凯泽效应。由于岩石孔隙液体将分担一部分荷载，加在岩桥上的应力应该是有效应力，即凯泽效应“记忆”的是历史上曾经承受过的最大有效应力。

2. 试验方法

声发射测试用的岩心是从全直径岩心上钻取的，岩心钻取方向如图 6.2 所示，先沿岩心轴线划一个过岩心的 0°标志线，此标志线与岩心磁定向的标志线一致，然后分别在 30°、60°、90°方向平行于岩心层理方向及沿岩心轴向方向钻取岩样，其直径为 1in①，长度为 2in。两个端面尽量切平行，再经过研磨达到美国材料与试验学会(ASTM)和国际岩石力学学会(ISRM)的标准。

① 1in=2.54cm。

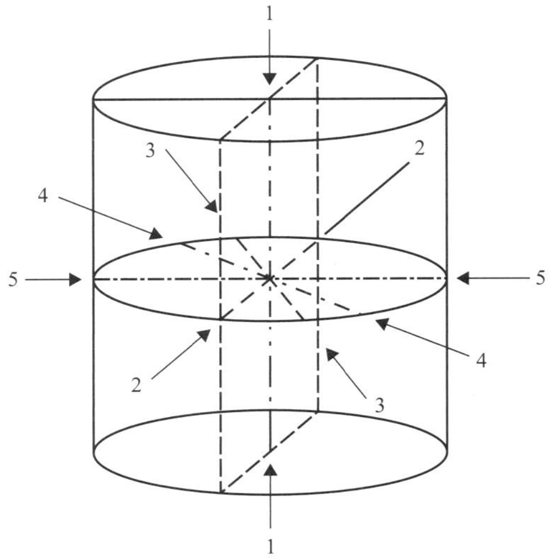

图 6.2 岩心钻取方向

Fig. 6.2 Core drilling direction

3. 实验数据处理

应力随着方向而变化，从 0°～90°时，应力是变化的，在实际地应力场中，地应力的变化是有规律的，即有最大和最小主应力，因此，地应力在整个水平方向呈椭圆形分布，长轴方向为最大主应力，短轴方向为最小主应力。

根据这种变化趋势，用极坐标表示椭圆方程：

$$\frac{(\sigma\cos\theta)^2}{a^2}+\frac{(\sigma\sin\theta)^2}{b^2}=1 \tag{6.11}$$

式中，σ 为极坐标中的极径；θ 为极角；a、b 分别为椭圆的长轴和短轴。则

$$\sigma^2=\frac{a^2b^2}{a^2\left(1-\cos^2\theta\right)+b^2\cos^2\theta}=a^2b^2\Big/\left[a^2+\left(b^2-a^2\right)\cos^2\theta\right]$$

$\because \sigma^2>0$， $a^2b^2>0$

$\therefore \sigma^{-2}=\dfrac{a^2}{a^2b^2}+\left(b^2-a^2\right)\cos^2\theta/a^2b^2$

令上式为一线性函数，即

$$C=A+BG$$

式中，$C=\sigma^{-2}$； $A=1/b^2$； $B=\left(1/a^2-1/b^2\right)$； $G=\cos^2\theta$。

根据最小二乘法原理，其对应的正规方程为

$$\begin{bmatrix} N & \sum_{i=1}^{N}x_i & \sum_{i=1}^{N}x_i^2 & \cdots & \sum_{i=1}^{N}x_i^m \\ \sum_{i=1}^{N}x_i & \sum_{i=1}^{N}x_i^2 & \sum_{i=1}^{N}x_i^3 & \cdots & \sum_{i=1}^{N}x_i^{m+1} \\ \vdots & \vdots & \vdots & & \vdots \\ \sum_{i=1}^{N}x_i^m & \sum_{i=1}^{N}x_i^{m+1} & \sum_{i=1}^{N}x_i^{m+2} & \cdots & \sum_{i=1}^{N}x_i^{2m} \end{bmatrix} \begin{bmatrix} a_0 \\ a_1 \\ \vdots \\ a_m \end{bmatrix} = \begin{bmatrix} \sum_{i=1}^{N}y_i \\ \sum_{i=1}^{N}x_i y_i \\ \vdots \\ \sum_{i=1}^{N}x_i^m y_i \end{bmatrix} \tag{6.12}$$

式中，N 为测量次数；$a_0, \cdots, a_m$ 为系数项。

6.3.3　差应变分析实验

1. 实验原理

差应变分析(DSA)是一种通过室内岩心实验确定地应力方位的方法。钻取自深钻孔中的均质、无天然裂隙的岩心，由于三向主应力的数值彼此不等，钻取岩心时，不同方向卸载程度不同。原地应力的释放产生了与卸载程度呈比例的微裂隙性应变，重新用静水压加载时，不同方向的恢复应变有所区别，最大应变的方向是岩心原来受到最大主应力作用的方向。

从 DSA 方法中得到的最大主应力方向是相对于固结在岩样上的标志线(即坐标系)的，取心后，岩心在地下所处的原始空间方向已不清楚，因此利用古地磁方法确定岩样上的标志线相对于地理北极的方位，两者结合得到真正的地应力方向。

2. 实验方法

首先在岩心圆柱面上绘一条平行于岩心轴的标志线，箭头向上，表明岩心的上下方向。这条标志线即为差应变分析测定和古地磁岩心定向共同参考线。

将岩心加工制成边长为 60mm 的正方体，把标志线移到正方体的侧面上，并作为坐标系的一个轴，依据标志线选定坐标系，在正方体的 3 个相互垂直的面上贴应变花，并依次对每个应变片进行编号，如图 6.3 所示，一共贴上 3 组应变花。1～9 是按逆时针方向应变片对应的编号，然后导线焊在应变片上将线引出。图 6.4 是黏滞剩磁岩样的制备方法，岩样用聚四氟乙烯套套住，然后将调制好的硅胶灌入塑料套内，硅胶固结后的样品如图 6.5 所示，可以用做 DSA 实验。

3. 实验数据处理方法

将上述制备好的岩样放入岩石力学测试系统的压力舱内，加静水压力到超过岩样所在地层的水平应力，对应每组应变花可得到如图 6.6 所示的 3 个不同方向 3 条应变与压力的变化关系曲线。用线性回归的方法，从图 6.6 上可求得两段曲线的斜率，分别为 θ_i 与 φ_i，令 $\varepsilon_i = \theta_i - \varphi_i$ (i=1, 2,⋯, 9)，此即微裂缝闭合引起的应变变化。根据得到的 ε_i 可计算相应的固结在岩心坐标系上的 6 个应变分量：ε_x、ε_y、ε_z、ε_{xy}、ε_{yz}、ε_{zx}。

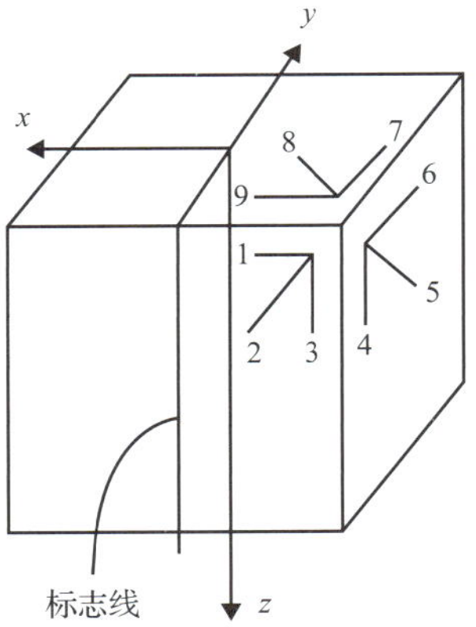

图 6.3 DSA 岩样制备图

Fig. 6.3 Preparation of DSA rock sample

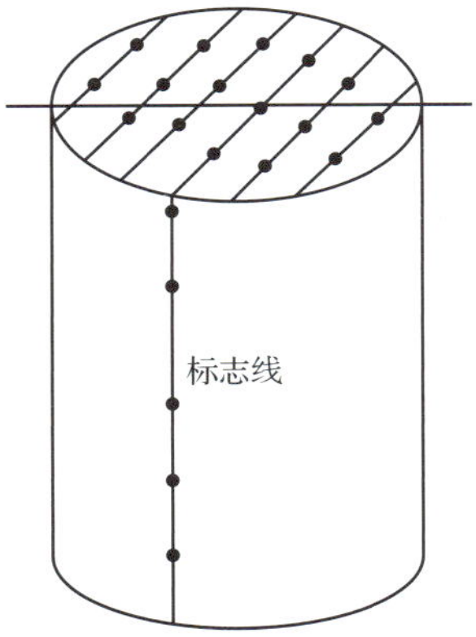

图 6.4 黏滞剩磁岩样制备

Fig. 6.4 Preparation of viscous residual magnetic sample

图 6.5 制作完成的 DSA 实验的岩样

Fig. 6.5 Rock sample of the completed DSA test

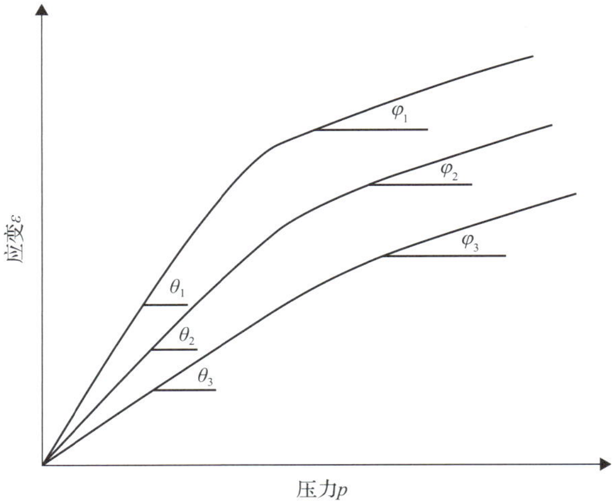

图 6.6 每组应变花 3 条应变与压力关系曲线

Fig. 6.6 Three strain-pressure curves for each set of strain flowers

$$\begin{cases}\varepsilon_x = \dfrac{1}{2}(\varepsilon_1 + \varepsilon_9)\\ \varepsilon_y = \dfrac{1}{2}(\varepsilon_7 + \varepsilon_6)\\ \varepsilon_z = \dfrac{1}{2}(\varepsilon_3 + \varepsilon_4)\\ \varepsilon_{xy} = 2\varepsilon_8 - \varepsilon_7 - \varepsilon_9\\ \varepsilon_{yz} = 2\varepsilon_5 - \varepsilon_4 - \varepsilon_6\\ \varepsilon_{zx} = 2\varepsilon_2 - \varepsilon_1 - \varepsilon_3\end{cases} \tag{6.13}$$

式中，ε_x、ε_y、ε_z 分别为 x、y、z 方向的正应变；ε_{xy}、ε_{yz}、ε_{zx} 分别为 xy、yz、zx 平面上的剪应变；$\varepsilon_1 \sim \varepsilon_9$ 分别为应变片 1～9 对应的应变。

3 个主应变的大小是下列三次方程的 3 个根：

$$\varepsilon^2 - I_1\varepsilon^2 + I_2\varepsilon - I_3 = 0 \tag{6.14}$$

式中

$$\begin{cases}I_1 = \varepsilon_x + \varepsilon_y + \varepsilon_z\\ I_2 = \varepsilon_y\varepsilon_z + \varepsilon_z\varepsilon_x + \varepsilon_x\varepsilon_y - \dfrac{1}{4}\left(\varepsilon_{yz}^2 + \varepsilon_{zx}^2 + \varepsilon_{xy}^2\right)\\ I_3 = \varepsilon_x\varepsilon_y\varepsilon_z - \dfrac{1}{4}\left(\varepsilon_x\varepsilon_{yz}^2 + \varepsilon_y\varepsilon_{zx}^2 + \varepsilon_z\varepsilon_{xy}^2\right) + \dfrac{1}{4}\varepsilon_{yz}\varepsilon_{zx}\varepsilon_{xy}\end{cases} \tag{6.15}$$

解出 3 个根 ε_{11}、ε_{22}、ε_{33}，即为主应变大小。

可利用下列方程组求出与主应变 ε_{ii} 相应的方向余弦 l_i、m_i、n_i。

$$\begin{cases}(\varepsilon_x - \varepsilon_{ii})l_i + \dfrac{1}{2}\varepsilon_{xy}m_i + \dfrac{1}{2}\varepsilon_{xz}n_i = 0\\ \dfrac{1}{2}\varepsilon_{xy}l_i + (\varepsilon_y - \varepsilon_{ii})m_i + \dfrac{1}{2}\varepsilon_{yz}n_i = 0\end{cases} \tag{6.16}$$

利用 $l_i^2 + m_i^2 + n_i^2 = 1$，最后可解得

$$\begin{cases}n_i = \dfrac{1}{\pm\sqrt{\left(\dfrac{l_i}{n_i}\right)^2 + \left(\dfrac{m_i}{n_i}\right)^2 + 1}}\\ l_i = n_i \cdot \dfrac{\Delta_1^i}{\Delta^i}\\ m_i = n_i \cdot \dfrac{\Delta_2^i}{\Delta^i}\end{cases} \tag{6.17}$$

式中

$$
\begin{cases}
\Delta^i = \begin{vmatrix} \varepsilon_x - \varepsilon_{ii} & \frac{1}{2}\varepsilon_{xy} \\ \frac{1}{2}\varepsilon_{xy} & \varepsilon_y - \varepsilon_{ii} \end{vmatrix} \\
\Delta_1^i = \begin{vmatrix} -\frac{1}{2}\varepsilon_{xz} & \frac{1}{2}\varepsilon_{xy} \\ -\frac{1}{2}\varepsilon_{yz} & \varepsilon_y - \varepsilon_{ii} \end{vmatrix} \\
\Delta_2^i = \begin{vmatrix} \varepsilon_x - \varepsilon_{ii} & \frac{1}{2}\varepsilon_{xz} \\ \frac{1}{2}\varepsilon_{xy} & -\frac{1}{2}\varepsilon_{yz} \end{vmatrix}
\end{cases}
\tag{6.18}
$$

上述方程求得的 l_i、m_i、n_i(i=1, 2, 3)是 3 个主应变的方向余弦，由此可求得 3 个主应变方向与固结在岩样上坐标系 x 轴、y 轴、z 轴(即相对于标志线)的夹角 α_i、β_i、γ_i(i=1, 2, 3)，再结合古地磁法求出的标志线相对于地理北极的方向便可得到实际的地应力方向。

6.4 地应力矿场水力压裂试验方法

6.4.1 基本的假设条件

(1)测段岩石为均质、各向同性的线弹性体，渗透率低。

(2)水力压裂可简化成一个无限大平板中有一圆孔，圆孔轴与垂向应力平行，在平板内作用有两个水平主应力 σ_H、σ_h 的模型，如图 6.7 所示。

(3)水力压裂初始裂缝面垂直并平行于孔轴。

(4)有相当长的一段裂缝面和最小水平主应力方向垂直。

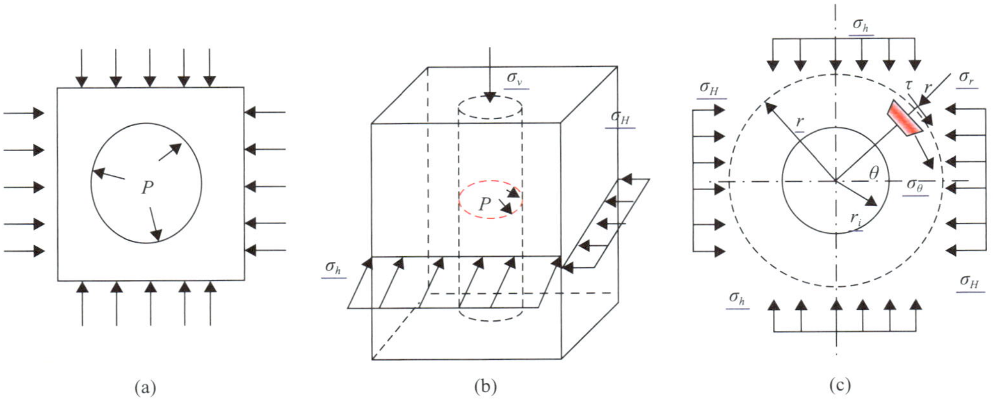

图 6.7 井壁岩石受力力学模型

Fig 6.7 Mechanical model of rock stress on shaft wall

6.4.2 水力压裂试验曲线中的有关概念

深埋地下的岩石在工程扰动之前，就承受应力作用，该应力称原地应力。原地应力场一般情况下是一个三个方向应力不相等、空间上不稳定的应力场。就石油工程来讲，原地应力可分 σ_0、σ_H、σ_h。图 6.8 给出了典型的地层破裂压力试验曲线，有关概念如下所述。

(1) P_L——漏失压力：开始偏离直线点的压力，即初始破裂压力。

(2) P_f——地层破裂压力：压力的最高点(地层发生破裂、流体漏失时的井底压力)。

(3) P_e——裂缝延伸压力：压力开始趋于平缓的点(使裂缝向地层深处扩展的井底压力)。

(4) P_r——裂缝重新开启压力：瞬间停泵后，重开泵(压力升高)使闭合裂缝重新张开的压力。

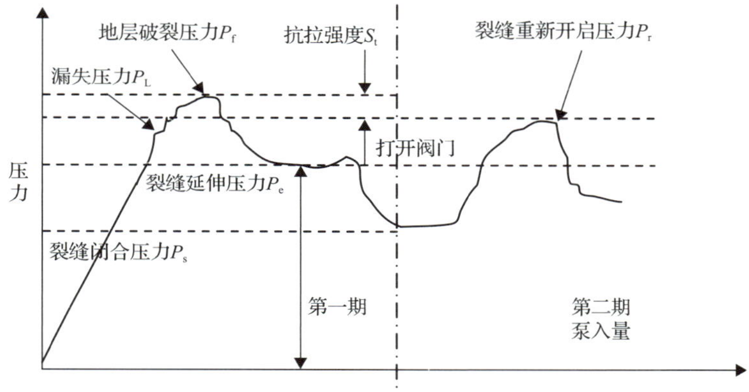

图 6.8 典型的地层破裂压力试验曲线

Fig. 6.8 Typical formation fracture pressure test curve

水力压裂试验是在固井射孔后，将油气层上、下用封隔器封隔起来进行。现场试验方法是目前进行深部绝对应力测量的直接方法。

6.4.3 水力压裂试验原理

水力压裂试验法是通过在裸眼井段进行地层破裂试验，测量出地层破裂压力、裂缝延伸压力、瞬时停泵压力、裂缝闭合压力、裂缝重新开启压力等，然后再利用破裂压力计算公式(如伊顿法、黄氏法等)进行反算。这种方法可以比较准确地测定出最小水平主地应力 σ_h 的大小。所测量的最大水平主地应力 σ_H 的精度受地层孔隙压力、渗透率、孔隙连通性(程度)的影响较大。典型的地层破裂压力试验曲线如图 6.8 所示。

1. 极坐标下的井眼围岩和井壁岩石应力方程

由线弹性平面轴对称应力-应变理论可知：为使求解井眼稳定性问题的过程简便，常用极坐标系进行求解。下面给出以极坐标形式表示的受井眼液柱压力 P_i，最大、最小水平地应力 σ_H、σ_h 和地层流体压力 P_p 的基本方程(不考虑体力的情况下)。

$$\begin{aligned}
\sigma_r &= \frac{\sigma_H+\sigma_h}{2}\left(1-\frac{r_i^2}{r^2}\right)+\frac{\sigma_H-\sigma_h}{2}\left(1+3\frac{r_i^4}{r^4}-4\frac{r_i^2}{r^2}\right)\cos 2\theta+\frac{r_i^2}{r^2}P_i-P_p \\
\sigma_\theta &= \frac{\sigma_H+\sigma_h}{2}\left(1+\frac{r_i^2}{r^2}\right)-\frac{\sigma_H-\sigma_h}{2}\left(1+3\frac{r_i^4}{r^4}\right)\cos 2\theta-\frac{r_i^2}{r^2}P_i-P_p \\
\tau_{r\theta} &= \frac{\sigma_H-\sigma_h}{2}\left(1-3\frac{r_i^4}{r^4}+2\frac{r_i^2}{r^2}\right)\sin 2\theta
\end{aligned} \tag{6.19}$$

式中，r_i 为井眼半径。

2. 井壁岩石应力方程

由式(6.19)可知，当计算半径 $r=r_i$ 时，该式可以改写为

$$\begin{aligned}
\sigma_r &= P_i-P_p \\
\sigma_\theta &= \sigma_H+\sigma_h-2(\sigma_H-\sigma_h)\cos 2\theta-P_i-P_p \\
\tau_{r\theta} &= 0
\end{aligned} \tag{6.20}$$

3. 水力压裂试验地应力确定机理

另外，从式(6.20)可以看出：当 P_i 增大时，切向应力 σ_θ 变小，而当 P_i 增大到一定程度时，切向应力 σ_θ 变成负值，即岩石所受应力由压应力变为拉应力。当拉应力达到足以克服岩石抗拉强度时，地层将发生破裂，而且破裂发生在切向应力最小处，即 $\sigma_\theta=0°$、180°处。

若令

$$\sigma_\theta = 3\sigma_h-\sigma_H-P_i-P_p=-S_t \tag{6.21}$$

可以得到岩石产生拉伸破裂(坏)时井内液柱压力(即地层破裂压力)为

$$P_f = 3\sigma_h-\sigma_H-P_p+S_t \tag{6.22}$$

式中，S_t 为破裂岩层的抗拉强度。

当地层被压裂后，如果瞬时停泵，裂缝将不再向前扩展，但仍保持开启状态，此时的裂缝闭合压力 P_s 应该与垂直裂缝的最小地应力平衡，即 $P_s=\sigma_h$。

如果重新开泵，并使闭合裂缝重新张开，此时重新开启闭合裂缝所需的压力 P_r 与地层破裂压力 P_f 相比，不需要再次克服地层岩石的抗拉强度 S_t。

因此，可近似认为地层岩石的抗拉强度 $S_t=P_f-P_r$，即可从 3 个压力曲线图(图 6.8)上直接读出压力值后，用式(6.23)(反算法)计算地层的地应力：

$$
\begin{aligned}
&\sigma_r = P_s \\
&\sigma_\theta = 3\sigma_h - P_f - P_p + S_t = 3P_s - P_p - P_r \\
&S_t = P_f - P_r
\end{aligned}
\tag{6.23}
$$

4. 水力压裂试验地应力测量方法

当地层压裂后，瞬时停泵，裂缝不再向前扩展（t 时间后会闭合），此时停泵的裂缝闭合压力 $P_s=\sigma_h$（垂直裂缝）。

当瞬时停泵重新开泵后，闭合裂缝重新开启，此时裂缝重新开启压力 P_r 与 P_f 相比相差 S_t，即 $S_t=P_f-P_r$。

5. 裂缝中压力的变化规律

关泵前，压裂液由井底沿裂缝面流入裂缝尖端使裂缝扩展。由于流体流动过程中要受裂缝壁摩擦阻力的作用，在裂缝面距离井眼不同位置处，流动压力按线性关系减小，如图 6.9 所示，其大小可由式(6.24)计算：

$$
P_c = P_{cd} - 2P_sL_0(x - R) \tag{6.24}
$$

式中，P_c 为距离井眼 x 处裂缝内的压裂液压力；P_{cd} 为井底压力；$2L_0$ 为关泵前的裂缝长度；x 为距离井眼的距离；R 为压降梯度，可由岩石断裂韧性等于裂缝尖端的应力集中系数条件求得。

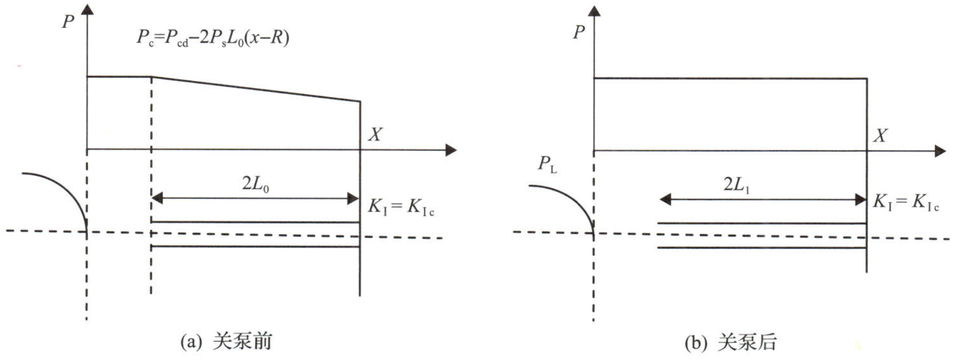

图 6.9 关泵前和关泵后裂缝中压力的分布关系曲线

Fig. 6.9 Distribution curve of pressure in crack before and after pump

K_I 为裂缝尖端的应力集中系数；K_{Ic} 为断裂韧性

关泵瞬间：压裂液停止流动，$P_s \to 0$，裂缝尖端的压力增大，应力集中系数超过岩石的断裂韧性；使停泵瞬间裂缝突然向前延伸，直到 P_L（流体压力）达到一个均匀值 P_s（它对应于 $K_{Ic}=K_IP_L$，对应于瞬间停泵压力）。此时裂缝长度 $2L_1>2L_0$；裂缝中流体压力 $P=P_L$ 时，裂缝停止扩展，而且有 $K_I(P_c)=K_{Ic}$。随着停泵时间的延长，由于流体向裂缝面及井壁内渗透，流体压力会降低，导致 $K_I(P_c)$ 下降，当 $K_I(P_c)$ 下降到零时，裂缝开

始闭合。此时的流体压力为裂缝闭合压力 P_s，它的大小等于作用在裂缝面上的法向地层应力的平均值，为

$$P_{FcP}=\frac{1}{A}\int_0^h\int_0^1 S(x,y)\mathrm{d}x\mathrm{d}y \tag{6.25}$$

式中，$S(x,y)$ 为作用在裂缝面上的法向有效地层应力。

受井眼周围应力集中的影响，只有当裂缝趋向于无限大时，P_{FcP} 才等于最小水平地应力。但实际上只要裂缝长度超过 5 倍的井眼半径时，两者之间的误差将小于 5%。实际上，由于裂缝长度很难确定，为了使测量结果可靠，可以进行多次关泵操作，闭合压力趋向于稳定时的值即可代表最小水平主地应力的值。

6. 裂缝闭合点 B 的确定方法

对于不同性质的地层，瞬时停泵后裂缝中压力 P_c 下降的规律相差很大，主要受岩石渗透率大小控制；对于渗透率小的地层，裂缝闭合压力近似等于瞬时停泵压力；而对于渗透率大的地层，可以用裂缝闭合前后的压力降低速度不同来确定裂缝闭合压力。主要的方法如下所述。

根据现场压力时间数据绘制 $P\to t^{1/2}$ 曲线时，其斜线的交点即为裂缝开始闭合点。其他的方法还有：①最大曲率点法，它是 $\left(\partial P/\partial t\right)\to t$ 曲线；② $P-\lg t$ 曲线；③ $\lg P-\lg t$ 等曲线。

利用水力压裂试验数据计算最大水平主地应力可能会导致较大的误差，研究表明：其最大误差为 30%～50%，主要受岩石孔隙度、渗透性、压裂液黏性的影响。地层性质不明确时，水力压裂试验难以确定最大水平主地应力。

6.5 地应力模式

6.5.1 地应力计算模式

地应力是页岩水平井井壁稳定分析和压裂施工设计的前提和基础依据。地应力计算模式为能反映地应力物理本质和实际规律的计算公式，到目前为止国内外学者已经建立了许多地应力计算模式。计算模式中对于垂向应力的确定，普遍采用了垂向应力为一主应力且等于上覆岩层重力的假设，即

$$\sigma_v=\int_0^H \rho(h)\cdot g\cdot \mathrm{d}h \tag{6.26}$$

式中，h 为地层埋藏深度；$\rho(h)$ 为地层岩石密度随地层深度变化的函数；g 为重力加速度。实际的地层岩石密度 $\rho(h)$ 随深度的变化难以用一个简单的函数来表示，但是，由密度测井曲线可以求出某一井段的平均密度，所以也可以用分段求和的方法来计算：

$$\sigma_v=\frac{\Delta D_i}{10}\sum_{i=1}^{n}\rho_i \tag{6.27}$$

式中，ΔD_i 为第 i 段地层厚度；ρ_i 为密度测井曲线上第 i 段的平均体积密度。

垂向有效应力为

$$\sigma_{ve} = \sigma_v - \alpha P_p \tag{6.28}$$

式中，α 为有效应力系数。

在确定垂向应力的基础上，发展了以下几种水平应力计算模型。

1. 莫尔–库仑破坏准则

假设地层最大原地剪切应力是由地层的抗剪强度决定的，地层处于剪切临界破坏状态，在此基础上给出了地应力计算模式：

$$\sigma_1 - P_p = \sigma_u + N_\varphi(\sigma_3 - P_p) \tag{6.29}$$

式中，$N_\varphi = \tan^2\left(\frac{\pi}{4} + \frac{\varphi}{2}\right)$，为三轴应力系数；$\sigma_1$ 为最大主应力；σ_3 为最小主应力；σ_u 为岩石的单轴抗压强度。

2. 单轴应变模式

假设地层在沉积过程中水平方向的变形受到限制，应变为零，水平方向上的应力是由上覆岩层重力产生的，则 $\varepsilon_x=\varepsilon_y=0$，根据胡克定律可得到如下模型。

1) 金尼克模型

$$\sigma_H = \sigma_h = \frac{\mu}{1-\mu}\sigma_v \tag{6.30}$$

此模型是针对均匀的、各向同性的、无孔隙的地层而提出的，没有考虑地层孔隙压力的影响。

2) Mattews 和 Kelly 模型（1967 年）

在金尼克模型的基础上，Mattews 和 Kelly 提出了考虑孔隙压力的水平地应力计算模型——Mattews 和 Kelly 模型：

$$\sigma_H = \sigma_h = K_i(\sigma_v - P_p) \tag{6.31}$$

式中，K_i 为常数，不随深度而变化。

3) Terzaghi 模型

$$\sigma_H = \sigma_h = \frac{\mu}{1-\mu}(\sigma_v - P_p) \tag{6.32}$$

Terzaghi 模型与 Mattews 和 Kelly 模型的区别是考虑垂向应力梯度随深度的变化。

4) Anderson 模型(1973 年)

该模型是利用 Biot(毕奥)于 1954 年提出的多孔介质弹性变形理论导出的：

$$\sigma_H - \alpha P_\mathrm{p} = \sigma_h - \alpha P_\mathrm{p} = \frac{\mu}{1-\mu}\left(\sigma_v - \alpha P_\mathrm{p}\right) \tag{6.33}$$

5) Newberry 模型(1985 年)

Newberry 针对低渗透且有微裂缝地层，修正了 Anderson 模型：

$$\sigma_h - P_\mathrm{p} = \frac{\mu}{1-\mu}\left(\sigma_v - \alpha P_\mathrm{p}\right) \tag{6.34}$$

单轴应变模式是两向水平地应力相等的模型，两向水平地应力均小于垂向地应力，这与大部分地应力测试结果不符。

3. 黄氏模式(1983 年)

黄荣樽教授在进行地层破裂压力新方法的研究中，提出了以下表示地应力大小的关系式：

$$\sigma_H = \left(\frac{\mu_\mathrm{s}}{1-\mu_\mathrm{s}} + \beta\right)\left(\sigma_v - P_\mathrm{p}\right) + P_\mathrm{p} \tag{6.35}$$

$$\sigma_h = \left(\frac{\mu_\mathrm{s}}{1-\mu_\mathrm{s}} + \gamma\right)\left(\sigma_v - P_\mathrm{p}\right) + P_\mathrm{p} \tag{6.36}$$

式中，β 和 γ 为反映两个水平方向上构造应力大小的常数，对于给定的地区是一个定值，但因地区而异；μ_s 为岩石静态泊松比。

该模式考虑了构造应力的影响，认为地下岩层的应力主要由上覆岩层压力和水平方向的构造应力产生，在同一断块内 β 和 γ 为常数。该模式能够解释我国大部分地区三向应力不等且最大水平地应力大于垂向应力的现象，但没有考虑地层刚性对水平地应力的影响，对不同岩性地层中地应力的差别考虑得不充分。

1) 组合弹簧模式

假设岩石为均质、各向同性的线弹性体，在沉积和后期地质构造运动过程中，地层和地层之间不发生相对位移，所有地层两水平方向的应变均为常数：

$$\sigma_h - \alpha P_\mathrm{p} = \left(\frac{\mu}{1-\mu}\right)\left(\sigma_v - \alpha P_\mathrm{p}\right) + \frac{E\varepsilon_h}{1-\mu^2} + \frac{\mu E \varepsilon_H}{1-\mu^2} \tag{6.37}$$

$$\sigma_H - \alpha P_\mathrm{p} = \left(\frac{\mu}{1-\mu}\right)\left(\sigma_v - \alpha P_\mathrm{p}\right) + \frac{E\varepsilon_H}{1-\mu^2} + \frac{\mu E \varepsilon_h}{1-\mu^2} \tag{6.38}$$

式中，ε_H 和 ε_h 分别为岩层在最大和最小水平地应力方向上的应变，同一断块内其值为常数；E 为弹性模量。该模式指出地应力不但与泊松比有关，而且与地层岩石的弹性模量有关，地应力与弹性模量成正比。

2）考虑横观各向同性的页岩地应力计算模型

页岩通常具有良好的分层结构，在构造和组成上呈连续变化，造成页岩在平面和垂向方向上力学性质表现出很强的差异，在水平方向上，呈现各向同性特征，而在垂直方向上，表现为各向异性。中国石油大学(北京)的邓金根教授，考虑地层横观各向同性、孔隙压力变化、构造载荷和渗流作用，建立了相应的水平地应力计算模型：

$$\sigma_H = K_0\left[\sigma_v - \alpha(1-\xi)P_p\right] + \Delta P_p(1+K_0) + \alpha P_p + K_2\varepsilon_H \tag{6.39}$$

$$\sigma_h = K_0\left[\sigma_v - \alpha(1-\xi)P_p\right] + \Delta P_p(1+K_0) + \alpha P_p + K_1\varepsilon_h \tag{6.40}$$

式中

$$K_0 = \frac{E_h}{E_v}\left(\frac{\mu_v}{1-\mu_h}\right)$$

$$K_1 = \frac{1}{E_v - E_h\mu_h - 2E_h\mu_v^2}\left[\frac{E_h\left(E_v\mu_h + E_h\mu_v^2\right)}{1+\mu_h} - \frac{E_h\mu_v^2}{1-\mu_h}\right]$$

$$K_2 = \frac{1}{E_v - E_v\mu_h - 2E_h\mu_v^2}\left[\frac{E_h\left(E_v - E_h\mu_v^2\right)}{1+\mu_h} - \frac{E_h\mu_v^2}{1-\mu_h}\right]$$

式中，E_h 和 E_v 分别为水平方向和垂直方向上的弹性模量；μ_h 和 μ_v 分别为施加水平和垂直应变时水平应变和垂直应变的泊松比；ξ 为渗流系数。

该模型指示水平与垂直弹性模量之比、水平与垂直泊松比 i 比和孔隙压力的变化对地应力的预测影响较大，且以上 3 种因素增大，地应力的预测结果也将增大。升沉作用对地应力的影响较小。

页岩较破碎，取心困难，给页岩层地应力的室内试验带来了困难。针对该问题，基于横观各向同性材料本构方程，考虑垂向和水平方向弹性参数的差异，建立了水平层理页岩的地应力计算模型及利用均质临层反演水平层理页岩地应力的模型：

$$\begin{cases}\sigma_{Ah} = \dfrac{\mu_{Ah}}{E_{Ah}}\cdot\dfrac{E_{Av}}{1-\mu_{Av}}\left(\sigma_{Av} - \alpha_A P_{Ap}\right) + \dfrac{K_1\cdot E_{Av}}{\left(1-{\mu_{Av}}^2\right)E_{\mathrm{I}}} + \dfrac{K_2\cdot E_{Av}\cdot\mu_{Av}}{E_{\mathrm{I}}\left(1-{\mu_{Av}}^2\right)} + \alpha_A P_{Ap} \\ \sigma_{AH} = \dfrac{\mu_h}{E_h}\cdot\dfrac{E_{Av}}{1-\mu_{Av}}\left(\sigma_{Av} - \alpha_A P_{Ap}\right) + \dfrac{K_2\cdot E_{Av}}{\left(1-{\mu_{Av}}^2\right)E_{\mathrm{I}}} + \dfrac{K_1\cdot E_{Av}\cdot\mu_{Av}}{E_{\mathrm{I}}\left(1-{\mu_{Av}}^2\right)} + \alpha_A P_{Ap} \\ K_1 = \left(\sigma_{\mathrm{I}h} - \alpha_{\mathrm{I}}P_p\right) - \mu_{\mathrm{I}}\left(\sigma_{\mathrm{I}H} + \sigma_{\mathrm{I}v} - 2\alpha_{\mathrm{I}}P_{\mathrm{Ip}}\right) \\ K_2 = \left(\sigma_{\mathrm{I}H} - \alpha_{\mathrm{I}}P_p\right) - \mu_{\mathrm{I}}\left(\sigma_{\mathrm{I}h} + \sigma_{\mathrm{I}v} - 2\alpha_{\mathrm{I}}P_{\mathrm{Ip}}\right)\end{cases} \tag{6.41}$$

式中，σ_{Ah} 为页岩最小水平地应力；E_{Ah} 为页岩平行层理方向弹性模量；μ_{Ah} 为页岩平行层理方向泊松比；E_{Av} 为页岩垂直层理方向弹性模量；μ_{Av} 为页岩垂直层理方向泊松比；σ_{AH} 为页岩最大水平地应力；$P_{A\text{p}}$ 为页岩地层流体压力；α_A 为临层均质地层的有效应力系数；σ_{Iv} 为临层均质地层的上覆岩层压力，MPa；$\sigma_{\text{I}H}$ 临层均质地层的最大水平地应力，MPa；$\sigma_{\text{I}h}$ 为临层均质地层的最小水平地应力，MPa；P_{Ip} 为临层均质地层的孔隙压力，MPa；E_{I} 为临层均质地层的弹性模量，MPa；μ_{I} 为临层均质地层的泊松比；α_{I} 为临层均质地层的 Boit 数；K_1、K_2 为过渡系数。

该模型指示，随着页岩垂直层理方向弹性模量和泊松比的增大，两个水平地应力均呈线性增大，最大水平地应力的增长率更高，两向水平地应力差值逐渐增大。随着页岩平行层理方向弹性模量的增大，两个水平地应力均呈指数函数减小，随着泊松比的增大，两个水平地应力呈线性增大，两向水平地应力变化速率相近。

6.5.2 地应力计算模式中参数的确定

在井壁稳定计算中所设计的岩石力学参数包括：岩石的弹性模量、泊松比、孔隙弹性有效系数、岩石的黏聚力、岩石的内摩擦角和抗压强度、最大和最小水平地应力、构造应力(包括构造应力系数)等。这些参数的确定可采取以下方法：一是室内岩心试验直接获得，即上述所说的静态试验；二是通过动态试验，即测试岩石的声波响应，以及将动态测得的数值与静态相比较，从而间接获得有关的岩石力学参数。

1. 动态弹性模量和泊松比

利用声波测井记录各类波的传播时间(单位为μm/s)，经过单位换算后，可得到纵、横波速度(V_{p}、V_{s})及其动态弹性模量和泊松比(E_{d}、μ_{d})的计算公式，即

$$\begin{aligned} E_{\text{d}} &= \frac{\rho_{\text{s}} V_{\text{s}}^2 \left(3V_{\text{p}}^2 - 4V_{\text{s}}^2\right)}{V_{\text{p}}^2 - V_{\text{s}}^2} \\ \mu_{\text{d}} &= \frac{0.5V_{\text{p}}^2 - V_{\text{s}}^2}{V_{\text{p}}^2 - V_{\text{s}}^2} \end{aligned} \tag{6.42}$$

式中，ρ_{s} 为中子测井密度。

大庆、辽河、大港等油田的岩心在室内进行的三轴应力试验表明：在动、静态同步测试条件下，所测得的动、静态弹性模量和泊松比有较好的线性关系，通过换算可以得到地层的静态弹性模量值。例如，辽河油田的动、静态弹性模量及泊松比关系如下：

$$E_{\text{s}} = -0.1989 - 0.60421E_{\text{d}}, \qquad R = 0.867$$
$$\mu_{\text{s}} = -0.1239 - 0.36150\mu_{\text{d}}, \qquad R = 0.319$$

1989 年，Elssa 等给出的公式为

$$E_{\text{s}} = -0.082 - 0.74E_{\text{d}}, \qquad R = 0.84$$

2. 单轴抗压强度 σ_u 和砂岩的内聚强度 C_0

1) 岩石的单轴抗压强度

由于取心困难，国内外专家都在试图寻找一种能够确定地层强度参数的简便方法。Fjaer 根据 1996 年 Deere 和 Miller 对大量沉积岩所做的静态测量，通过校正，给出了下述计算岩石的单轴抗压强度的公式：

$$\sigma_u = 0.033\rho_s^2 V_p^2 \left(\frac{1+\mu_d}{1-\mu_d}\right)^2 (1-2\mu_d)(1+0.78\mu_d) \tag{6.43}$$

2) 砂岩的内聚强度 C_0

1981 年，Coates 和 Denco 给出了砂泥岩 C_0 与声波速度之间关系：

$$C_0 = 5.44\times10^{-3}\rho_s^2(1-2\mu_d)\left(\frac{1+\mu_d}{1-\mu_d}\right)^2 V_p^4(1+0.78\mu_d) \tag{6.44}$$

3) 岩石的内摩擦角 ϕ

岩石的内摩擦角应根据不同地区的岩石性质采用数理统计方法加以确定。例如，塔里木地区泥岩的内摩擦角可用式(6.45)计算为

$$\phi = 2.564\cdot\lg\left\{(59.83-1.785C_0)+\left[(59.83-1.785C_0)^2+1\right]^{\frac{1}{2}}+20\right\} \tag{6.45}$$

因为斯伦贝谢公司所提供的 30°的内摩擦角不符合实际情况，尤其是泥质砂岩或泥岩，若取 $\phi\approx30°$，就有可能产生较大的误差。

3. 地层流体压力 P_p、有效应力系数 α、岩石孔隙度 φ_0 和泥质含量 V_{sh}

可用钻速模式、地层测试、dc 指数等测井方法(如声波速度、声波时差、自然电位、密度测井等)确定。其中有效应力系数值 α，可以根据声波测井及密度测井用下式计算：

$$\alpha = 1-\frac{K_b}{K_m}$$

$$K_B = \rho_\theta\left(\frac{1}{\Delta t_p^2}-\frac{4}{3\Delta t_s^2}\right)\times10^6$$

$$K_m = \rho_m\left(\frac{1}{\Delta t_{mp}^2}-\frac{4}{3\Delta t_{ms}^2}\right)\times10^6$$

式中，ρ_θ 为岩石的密度；Δt_p、Δt_s 为纵、横波时差，μs/m；ρ_m 为岩石骨架的密度；Δt_{mp}、

Δt_{ms} 为岩石骨架的纵、横波时差，μs/m。

除了具有十分低的渗透性外，根据 Terzadhi 理论，一般砂岩的有效应力系数可取 α=1。

4. 构造应力系数和岩石的线膨胀系数 α_T 等

构造应力系数(k_H、k_h)及水平地应力增量($\Delta\sigma_h$ 、 $\Delta\sigma_H$)的大小需要通过实测地应力数据用反算法加以确定。数据的来源包括：岩心地应力实测、水力压裂、钻井套管鞋漏失试验。具体方法如下：

(1) 通过岩心试验可求得 3 个地应力(σ_h、σ_H、σ_v)的大小。

(2) 通过裸眼井水力压裂可求得最大、最小水平地应力。

(3) 套管井的水力压裂只能获得最小水平地应力， $\sigma_h = P_s$ (裂缝闭合压力)。

(4) 在固井后，经常要先钻水泥塞后进行漏失试验，若能测得完整的数据，就可获得最大和最小水平地应力。例如，国家地震局利用在辽河油田所收集到的水力压裂数据，应用下式计算最大、最小水平地应力：

$$\sigma_h = P_s$$

$$\sigma_H = 3P_s - P_r - \alpha P_p$$

得出辽河油田最大、最小水平地应力随井深变化规律为

$$\begin{cases} \sigma_H = -2.342 + 0.026576H \\ \sigma_h = -0.7765 + 0.018247H \end{cases} \tag{6.46}$$

式中，H 为井深。

通过以上直接和间接方法，可以获取地应力计算模式中的各项参数，最终实现不同区块地应力模块化计算，为油田现场地应力大小计算和分析提供了理论方法。

第 7 章　地应力场区域建模

常规地应力测试，一般都只能确定一点的应力状态，而岩体内的地应力场仍无法确定，只能根据实测点数据予以推断和估计。然而在工程设计中往往需要了解地应力在空间的分布情况，即地应力场，因此地应力场的分析非常重要。

7.1　地应力反演力学-数学模型

7.1.1　应力场-渗流场耦合模型

有限元法是目前在工程技术领域内常用的数值模拟方法。有限元法的基本思想是将问题的求解域划分为一系列单元，单元之间仅靠节点连接。单元内部点的待求量可由单元节点量通过选定的函数关系插值求得。由于单元形状简单，易于由平衡关系或能量建立节点量之间的方程式，然后将各个单元方程"组集"在一起形成总体代数方程组，计入边界条件后即可对方程组求解。

1. 渗流理论

有限元法求解渗流问题的方法和相关方程如下所述。

1) 广义达西定律

$$\boldsymbol{v} = -\boldsymbol{k}\phi' \tag{7.1}$$

式中，$\boldsymbol{v} = \left[v_x, v_y, v_z\right]^{\mathrm{T}}$；水头 $\phi' = \left[\dfrac{\partial \Phi}{\partial x}, \dfrac{\partial \Phi}{\partial y}, \dfrac{\partial \Phi}{\partial z}\right]^{\mathrm{T}}$；渗透矩阵 $\boldsymbol{k} = \begin{bmatrix} k_{xx} & k_{xy} & k_{xz} \\ k_{yz} & k_{yy} & k_{yz} \\ k_{zx} & k_{zy} & k_{zz} \end{bmatrix}$。

2) 基本方程

对于不可压缩的流体，水头 Φ 在实数域 $\mathbf{R}$ 内必须满足的基本方程为

$$\begin{aligned} &\frac{\partial}{\partial x}\left(k_{xx}\frac{\partial \Phi}{\partial x} + k_{xy}\frac{\partial \Phi}{\partial y} + k_{xz}\frac{\partial \Phi}{\partial z}\right) + \frac{\partial}{\partial y}\left(k_{yx}\frac{\partial \Phi}{\partial x} + k_{yy}\frac{\partial \Phi}{\partial y} + k_{yz}\frac{\partial \Phi}{\partial z}\right) \\ &+ \frac{\partial}{\partial z}\left(k_{zx}\frac{\partial \Phi}{\partial x} + k_{zy}\frac{\partial \Phi}{\partial y} + k_{zz}\frac{\partial \Phi}{\partial z}\right) + Q = 0 \end{aligned} \tag{7.2}$$

式中，Q 为内源；水头 Φ 还必须满足一定的边界条件。工程上经常出现以下两种边界条件。

(1) Φ 在边界 b 上水头已知：

$$\Phi = \Phi_b \tag{7.3}$$

(2) Φ 在边界 c 上单位面积渗流量已知，即法向流速 v_n 已知：

$$l_x v_x + l_y v_y + l_z v_z = v_n \tag{7.4}$$

式中，l_x、l_y、l_z 分别为边界表面向外法线在 x、y、z 方向的方向余弦。由基本方程及边界条件式可确定渗流场的水头 Φ。

3) 问题的离散化

把求解区域划分为有限个单元，经离散化后得到

$$\boldsymbol{\phi}' = \boldsymbol{B}\boldsymbol{\phi} \tag{7.5}$$

各点流速为

$$\boldsymbol{v} = \left[v_x, v_y, v_z\right]^{\mathrm{T}} = -\boldsymbol{K}\boldsymbol{B}\boldsymbol{\phi} \tag{7.6}$$

$$\boldsymbol{H}^e = \iiint_{\Delta R} \boldsymbol{B}^{\mathrm{T}} \boldsymbol{K}\boldsymbol{B} \mathrm{d}x\mathrm{d}y\mathrm{d}z \tag{7.7}$$

$$\boldsymbol{F}^e = \iiint_{\Delta R} \boldsymbol{N}^{\mathrm{T}} Q \mathrm{d}x\mathrm{d}y\mathrm{d}z - \iint_{\Delta C} \boldsymbol{N}^{\mathrm{T}} v_n \mathrm{d}s \tag{7.8}$$

式中，s 为时间；$\boldsymbol{F}^e$ 为结点载荷；$\boldsymbol{N}^{\mathrm{T}}$ 为形函数矩阵；$\boldsymbol{H}^e$ 为单元传导矩阵，相当于结构计算中的刚度矩阵。$\boldsymbol{H}^e$ 和 $\boldsymbol{F}^e$ 的元素计算如下：

$$\begin{aligned} H_{ij}^e = \iiint_{\Delta R} \Bigg[& k_{xx}\frac{\partial N_i}{\partial x}\frac{\partial N_j}{\partial x} + k_{yy}\frac{\partial N_i}{\partial y}\frac{\partial N_j}{\partial y} + k_{zz}\frac{\partial N_i}{\partial z}\frac{\partial N_j}{\partial z} + k_{xy}\left(\frac{\partial N_i}{\partial x}\frac{\partial N_j}{\partial y} + \frac{\partial N_i}{\partial y}\frac{\partial N_j}{\partial x}\right) \\ & + k_{yz}\left(\frac{\partial N_i}{\partial y}\frac{\partial N_j}{\partial z} + \frac{\partial N_i}{\partial z}\frac{\partial N_j}{\partial y}\right) + k_{zx}\left(\frac{\partial N_i}{\partial z}\frac{\partial N_j}{\partial x} + \frac{\partial N_i}{\partial x}\frac{\partial N_j}{\partial z}\right)\Bigg] \end{aligned} \tag{7.9}$$

$$F_i^e = \iiint_{\Delta R} N_i Q \mathrm{d}x\mathrm{d}y\mathrm{d}z - \iint_{\Delta C} N_i v_n \mathrm{d}s \tag{7.10}$$

式中，ΔR 为求解区域的一个子域；ΔC 为子域 ΔR 的边界。

与结构计算比较，式(7.10)等号右端第 1 项相当于体积力引起的结点荷载，第 2 项相当于边界上表面力引起的结点荷载。

将各单元组集，对于求解区域的全部结点，得到方程组：

$$\boldsymbol{H}\boldsymbol{\phi} = \boldsymbol{F} \tag{7.11}$$

$$\begin{aligned} H_{ij} &= \sum_e H_{ij}^e \\ F_i &= \sum_e F_i^e \end{aligned} \tag{7.12}$$

由式(7.11)和式(7.12)可解出各结点的 Φ 值与各点流速。

2. 三维多孔介质流固耦合系统的有限单元格式

对于岩土等多孔介质，其力学行为和孔隙中的流体有着密切的关系。如果用 $\boldsymbol{\sigma}^{\mathrm{T}}=\left[\sigma_x,\sigma_y,\sigma_z,\sigma_{xy},\sigma_{yz},\sigma_{zx}\right]$ 表示作用在多孔介质上的总应力，用 p 表示孔隙中流体的压力，则有效应力为

$$\boldsymbol{\sigma}'=\boldsymbol{\sigma}+\boldsymbol{m}p \tag{7.13}$$

式中，$\boldsymbol{m}^{\mathrm{T}}=[1, 1, 1, 0, 0, 0]$。假设多孔介质骨架为线弹性固体，其变形由有效应力 $\boldsymbol{\sigma}'$ 引起，所以应力应变关系为

$$\boldsymbol{\sigma}'=\boldsymbol{D\varepsilon} \tag{7.14}$$

式中，$\boldsymbol{\varepsilon}^{\mathrm{T}}=\left[\varepsilon_x,\varepsilon_y,\varepsilon_z,\varepsilon_{xy},\varepsilon_{yz},\varepsilon_{zx}\right]$，为应变矩阵；$\boldsymbol{D}$ 为弹性矩阵

$$\boldsymbol{D}=\frac{E}{(1+\mu)(1-2\mu)}\begin{bmatrix}1-\mu & \mu & \mu & 0 & 0 & 0\\ \mu & 1-\mu & \mu & 0 & 0 & 0\\ \mu & \mu & 1-\mu & 0 & 0 & 0\\ 0 & 0 & 0 & (1-2\mu)/2 & 0 & 0\\ 0 & 0 & 0 & 0 & (1-2\mu)/2 & 0\\ 0 & 0 & 0 & 0 & 0 & (1-2\mu)/2\end{bmatrix}$$

下面以空间四面体单元为例介绍多孔介质流固耦合系统有限元格式的建立。

假设域内有一点的位移矢量为 $\boldsymbol{u}^{\mathrm{T}}=[u,v,w]$，单元的节点位移为 $\boldsymbol{a}^e=\left[a_i,a_j,a_m,a_p\right]$，$\boldsymbol{a}_i^{\mathrm{T}}=\left[u_i,v_i,w_i\right]$对单元内的位移 u 用空间坐标的线性插值来表示：

$$u=\alpha_1+\alpha_2x+\alpha_3y+\alpha_4z \tag{7.15}$$

式中，$\alpha_i\,(i=1, 2, 3, 4)$ 为待定系数。将 i、j、m、p 等各个结点的位移代入式(7.15)，有

$$u_i=\alpha_1+\alpha_2x_i+\alpha_3y_i+\alpha_4z_i \tag{7.16}$$

$$u_j=\alpha_1+\alpha_2x_j+\alpha_3y_j+\alpha_4z_j \tag{7.17}$$

$$u_m=\alpha_1+\alpha_2x_m+\alpha_3y_m+\alpha_4z_m \tag{7.18}$$

$$u_p=\alpha_1+\alpha_2x_p+\alpha_3y_p+\alpha_4z_p \tag{7.19}$$

求解上述关于 $\alpha_i\,(i=1, 2, 3, 4)$ 的代数方程组，得

$$\begin{aligned}U=\frac{1}{6\boldsymbol{V}}=\Big[&(a_i+b_ix+c_iy+d_iz)u_i+\left(a_j+b_jx+c_jy+d_jz\right)u_j\\&+(a_m+b_mx+c_my+d_mz)u_m+\left(a_p+b_px+c_py+d_pz\right)u_p\Big]\end{aligned} \tag{7.20}$$

式中，$6\boldsymbol{V}$ 为四面体的体积

$$\boldsymbol{V}=\frac{1}{6}\begin{bmatrix}1 & x_i & y_i & z_i\\ 1 & x_j & y_j & z_j\\ 1 & x_m & y_m & z_m\\ 1 & x_p & y_p & z_p\end{bmatrix}$$

而 a_i、b_i、c_i、d_i 等系数为

$$a_i=\begin{vmatrix}x_j & y_j & z_j\\ x_m & y_m & z_m\\ x_p & y_p & z_p\end{vmatrix},\quad b_i=-\begin{vmatrix}1 & y_j & z_j\\ 1 & y_m & z_m\\ 1 & y_p & z_p\end{vmatrix}$$

$$c_i=-\begin{vmatrix}x_j & 1 & z_j\\ x_m & 1 & z_m\\ x_p & 1 & z_p\end{vmatrix},\quad d_i=-\begin{vmatrix}x_j & y_j & 1\\ x_m & y_m & 1\\ x_p & y_p & 1\end{vmatrix}$$

其他的系数可以通过下标 i、j、m、p 的轮换得到。

用类似的过程可以求得单元内的位移 v 和 w 的线性插值表达式。

单元内任意一点的位移矢量 $\boldsymbol{u}^{\mathrm{T}}=[u,v,w]$ 可表达为

$$\boldsymbol{u}=\left[\boldsymbol{I}N_i,\boldsymbol{I}N_j,\boldsymbol{I}N_m,\boldsymbol{I}N_p\right]\boldsymbol{a}^e=N\boldsymbol{a}^e \tag{7.21}$$

式中，$\boldsymbol{I}$ 为单位矩阵；形函数 N_i、N_j、N_m、N_p 定义为

$$N_i=\frac{a_i+b_ix+c_iy+d_iz}{6\boldsymbol{V}},\quad N_j=\frac{a_j+b_jx+c_jy+d_jz}{6\boldsymbol{V}}$$

$$N_m=\frac{a_m+b_mx+c_my+d_mz}{6\boldsymbol{V}},\quad N_p=\frac{a_p+b_px+c_py+d_pz}{6\boldsymbol{V}}$$

对于线弹性固体，应变-位移关系为

$$\boldsymbol{\varepsilon}=\begin{bmatrix}\varepsilon_x\\ \varepsilon_y\\ \varepsilon_z\\ 2\varepsilon_{xy}\\ 2\varepsilon_{yz}\\ 2\varepsilon_{zx}\end{bmatrix}=\begin{bmatrix}\dfrac{\partial u}{\partial x}\\ \dfrac{\partial v}{\partial y}\\ \dfrac{\partial w}{\partial z}\\ \dfrac{\partial u}{\partial y}+\dfrac{\partial v}{\partial x}\\ \dfrac{\partial w}{\partial y}+\dfrac{\partial v}{\partial z}\\ \dfrac{\partial u}{\partial z}+\dfrac{\partial w}{\partial x}\end{bmatrix}=\begin{bmatrix}\dfrac{\partial}{\partial x} & 0 & 0\\ 0 & \dfrac{\partial}{\partial y} & 0\\ 0 & 0 & \dfrac{\partial}{\partial z}\\ \dfrac{\partial}{\partial y} & \dfrac{\partial}{\partial x} & 0\\ 0 & \dfrac{\partial}{\partial z} & \dfrac{\partial}{\partial y}\\ \dfrac{\partial}{\partial z} & 0 & \dfrac{\partial}{\partial x}\end{bmatrix}\begin{bmatrix}u\\ v\\ w\end{bmatrix}=\mathrm{S}\boldsymbol{u} \tag{7.22}$$

$$\boldsymbol{\varepsilon} = \mathrm{S}N\boldsymbol{a}^e = \boldsymbol{B}\boldsymbol{a}^e = \left[\boldsymbol{B}_i, \boldsymbol{B}_j, \boldsymbol{B}_m, \boldsymbol{B}_p\right]\boldsymbol{a}^e \tag{7.23}$$

式中，S 为偏微分算子。

$$\boldsymbol{B}_i = \begin{bmatrix} \dfrac{\partial N_i}{\partial x} & 0 & 0 \\ 0 & \dfrac{\partial N_i}{\partial y} & 0 \\ 0 & 0 & \dfrac{\partial N_i}{\partial z} \\ \dfrac{\partial N_i}{\partial y} & \dfrac{\partial N_i}{\partial x} & 0 \\ 0 & \dfrac{\partial N_i}{\partial z} & \dfrac{\partial N_i}{\partial y} \\ \dfrac{\partial N_i}{\partial z} & 0 & \dfrac{\partial N_i}{\partial x} \end{bmatrix}$$

三维弹性动力学的基本方程如下所述。

运动方程：

$$\sigma_{ij,j} + f_i - \rho u_{i,tt} - \mu u_{i,t} = 0\,, \qquad \text{在 } \Omega \text{ 域内} \tag{7.24}$$

式中，$u_{i,t}$ 为 i 方向的速度；$u_{i,tt}$ 为 i 方向的加速度；ρ 为质量密度；μ 为阻尼系数。

几何方程：

$$\varepsilon_{ij} = \frac{1}{2}(u_{i,j} + u_{j,i})\,, \qquad \text{在 } \Omega \text{ 域内} \tag{7.25}$$

物理方程：

$$\sigma_{ij} = D_{ijkl}\varepsilon_{kl} \tag{7.26}$$

式中，D_{ijkl} 为弹性矩阵；ε_{kl} 为应变向量。

边界条件：

$$u_i = \bar{u}_i\,, \qquad \text{在 } S^u \text{ 边界上} \tag{7.27}$$

$$\sigma_{ij}\boldsymbol{n}_j = \overline{T}_i\,, \qquad \text{在 } S^\sigma \text{ 边界上} \tag{7.28}$$

式中，$\bar{u}_i$ 为边界上的速度；$\boldsymbol{n}_j$ 为单位法向向量；$\overline{T}_i$ 为边界上的应力。

初始条件：

$$u_i(x, y, z, 0) = u_i(x, y, z)\,, \qquad \text{在 } \Omega \text{ 域内} \tag{7.29}$$

$$u_{i,t}(x, y, z, 0) = u_{i,t}(x, y, z)\,, \qquad \text{在 } \Omega \text{ 域内} \tag{7.30}$$

与运动方程和力的边界条件对应的等效积分形式的 Galerkin 加权余量法为

$$\int_{\Omega}\delta u_i\left(\sigma_{ij,j}+f_i-\rho u_{i,tt}-\mu u_{i,t}\right)\mathrm{d}\Omega-\int_{S^{\sigma}}\delta u_i\left(\sigma_{ij}n_j-\overline{T_i}\right)\mathrm{d}s \tag{7.31}$$

将式(7.31)进行分步积分，得到其弱形式为

$$\int_{\Omega}\left(\delta\varepsilon_{ij}\sigma_{ij}+\delta_{ui}\delta_{y,j}+\delta u_i\rho u_{i,tt}+\delta u_i\mu u_{i,tt}\right)\mathrm{d}\Omega=\int_{\Omega}\delta u_i f_i\mathrm{d}\Omega+\int_{S^{\sigma}}\delta u_i\overline{T_i}\mathrm{d}s \tag{7.32}$$

在现实情况下，$u_1=u$，$u_2=v$，$u_3=w$，将空间离散后的位移表达式和应变表达式及弹性矩阵表达式代入弱形式，并注意到δu的任意性可得到如下动力学求解方程：

$$\boldsymbol{M}\ddot{\boldsymbol{a}}+\boldsymbol{C}\ddot{\boldsymbol{a}}+\sum_{e}\int_{\Omega_e}\boldsymbol{B}^{\mathrm{T}}\boldsymbol{\sigma}\mathrm{d}\Omega_e=\boldsymbol{F}_{\mathrm{s}} \tag{7.33}$$

式中，$\boldsymbol{F}_{\mathrm{s}}$为载荷向量；$\ddot{\boldsymbol{a}}$为位移向量；$\boldsymbol{B}$为应变矩阵

$$\boldsymbol{M}=\sum_{e}\int_{\Omega_e}\rho\boldsymbol{N}^{\mathrm{T}}\boldsymbol{N}\mathrm{d}\Omega_e$$

$$\boldsymbol{C}=\sum_{e}\int_{\Omega_e}\rho\boldsymbol{N}^{\mathrm{T}}\boldsymbol{N}\mathrm{d}\Omega_e$$

$$\boldsymbol{F}_{\mathrm{s}}=\sum_{e}\int_{\Omega_e}\boldsymbol{N}^{\mathrm{T}}f\mathrm{d}\Omega_e+\sum_{e}\int_{S_e^{\sigma}}\boldsymbol{N}^{\mathrm{T}}\overline{T}\mathrm{d}S_e$$

式中，f为体力；$\boldsymbol{N}$为形函数矩阵；$\overline{T}$为边界上的应力；$\sum\limits_{e}$为对所有单元求和；Ω_e为单元域；S_e为力的边界部分；$\boldsymbol{M}$为系统的质量矩阵；$\boldsymbol{C}$为系统的阻尼矩阵。

现在求$\sum\limits_{e}\int_{\Omega_e}\boldsymbol{B}^{\mathrm{T}}\sigma\mathrm{d}\Omega_e$，由$\boldsymbol{\sigma}'=\boldsymbol{\sigma}+\boldsymbol{m}p$和$\boldsymbol{\sigma}'=\boldsymbol{D\varepsilon}$可得

$$\begin{aligned}\sum_{e}\int_{\Omega_e}\boldsymbol{B}^{\mathrm{T}}\boldsymbol{\sigma}\mathrm{d}\Omega_e&=\sum_{e}\left(\boldsymbol{B}^{\mathrm{T}}\boldsymbol{\sigma}'\mathrm{d}\Omega_e\right)-\sum_{e}\left(\boldsymbol{B}^{\mathrm{T}}\boldsymbol{m}p\mathrm{d}\Omega_e\right)\\&=\sum_{e}\left(\boldsymbol{B}^{\mathrm{T}}\boldsymbol{D}B\mathrm{d}\Omega_e\right)a-\sum_{e}\left(\boldsymbol{B}^{\mathrm{T}}\boldsymbol{m}p\mathrm{d}\Omega_e\right)\\&=\boldsymbol{K}_{\mathrm{s}}a-\sum_{e}\left(\boldsymbol{B}^{\mathrm{T}}\boldsymbol{m}p\mathrm{d}\Omega_e\right)\end{aligned} \tag{7.34}$$

式中，a为单位节点的位移；$\boldsymbol{K}_{\mathrm{s}}$对应于多孔介质骨架的刚度矩阵；第二项是由孔隙压力引起的流固耦合项。对流体压力场p在离散后的单元内采用相同的插值函数进行插值，有

$$p\approx\hat{p}=N_p p^e \tag{7.35}$$

式中，N_p为节点p的形函数。从而

$$\sum_{e}\left(\boldsymbol{B}^{\mathrm{T}}\boldsymbol{m}p\mathrm{d}\Omega_e\right)=\sum_{e}\left(\boldsymbol{B}^{\mathrm{T}}N_p\mathrm{d}\Omega_e\right)=\boldsymbol{K}_{\mathrm{p}}p \tag{7.36}$$

式中，$\boldsymbol{K}_{\mathrm{p}}$ 为流固耦合矩阵。因此，多孔介质流固耦合系统的动力学求解方程为

$$\boldsymbol{M}\ddot{\boldsymbol{a}} + \boldsymbol{C}\ddot{\boldsymbol{a}} + \boldsymbol{K}_{\mathrm{s}}p - \boldsymbol{K}_{\mathrm{p}}p = \boldsymbol{F}_{\mathrm{s}} \tag{7.37}$$

要求解多孔介质流固耦合系统的动力学问题，还必须补充渗流方程：

$$-\nabla\cdot(k\nabla p) + \frac{1}{Q}p + \varepsilon_v = 0 \tag{7.38}$$

式中，k 为渗透率。

通过上述渗流场的有限元格式，应用 Galerkin 加权余量法，可以得到渗流场的有限元求解方程为

$$\boldsymbol{K}_{\mathrm{p}}^{\mathrm{T}}a + Sp + Hp = \boldsymbol{F}_{\mathrm{f}} \tag{7.39}$$

式中，$S = \sum_e\left(\int_{\Omega_e}\boldsymbol{N}_p^{\mathrm{T}}\frac{1}{Q}\boldsymbol{N}_p\mathrm{d}\Omega_e\right)$；$H = \sum_e\left(\int_{\Omega_e}(\nabla\boldsymbol{N}_p)^{\mathrm{T}}k\nabla\boldsymbol{N}_p\mathrm{d}\Omega_e\right)$；$\boldsymbol{F}_{\mathrm{f}}$ 为流体载荷向量。

综上所述，可以得到多孔介质流固耦合系统的有限元求解方程为

$$\begin{bmatrix}\boldsymbol{M} & 0\\ 0 & 0\end{bmatrix}\begin{bmatrix}\ddot{a}\\ p\end{bmatrix} + \begin{bmatrix}\boldsymbol{C} & 0\\ \boldsymbol{K}_{\mathrm{p}}^{\mathrm{T}} & S\end{bmatrix}\begin{bmatrix}a\\ p\end{bmatrix} + \begin{bmatrix}k & -\boldsymbol{K}_{\mathrm{p}}\\ 0 & H\end{bmatrix}\begin{bmatrix}a\\ p\end{bmatrix} = \begin{bmatrix}\boldsymbol{F}_{\mathrm{s}}\\ \boldsymbol{F}_{\mathrm{f}}\end{bmatrix} \tag{7.40}$$

7.1.2 地应力反演三维约束模型

设实测点数目为 N，待求量数目为 M，实测点位置最佳估算值 S_i 与实测值之间的误差为 e_i，则有

$$S_i = \sum_{j=1}^{M}A_{ij} + e_i \tag{7.41}$$

综上，目标函数 $\varphi(x_j)$（x_j 为应力加权系数），可定义为

$$\varphi(x_j) = \sum_{i=1}^{N}e_i^2 = \sum_{i=1}^{N}\left(\sum_{j=1}^{M}A_{ij}\cdot x_j - \sigma_i\right)^2 \tag{7.42}$$

式中，A_{ij} 为测点的实测值。

为了使地应力反演结果更好地反映区域的已知数据，需要使目标函数计算结果总体达到最小值，进而实现区域地应力场反演。

7.2 地应力场反演数值模拟方法

7.2.1 地应力场模拟方法

地应力的实际测试一般都只能确定一点的应力状态，岩体内的地应力场仍无法确定，

只能根据实测点予以推断和估计。然而在工程设计中往往需要了解地应力在空间的分布情况，即地应力场，因此地应力场的分析非常重要。

影响地应力场的因素可概括为 3 个：①构造格架，包括断层产状与地层厚度变化；②区域应力场；③岩石物理力学性质。其中，①和②是决定地应力场性质的基本条件。要研究一个具有复杂结构的地质体的应力场分布显然不能采用解析解。在数值方法中最常用的是有限差分法与有限元法。有限差分法主要离散的是基本的控制方程，虽然可以通过引进凹凸不平网格的特殊方法来考虑不规则边界，但通常只适用于具有简单外形的几何体；而有限元法离散的是构成这个系统的物体，因此更适合具有不规则形状和内部结构复杂的问题。所以，有限元法是目前研究复杂地质体中应力场分布最有效的方法。

三维构造应力场数值模拟可避免二维分析中构造模型过于简化的不足，能够施加更符合实际情况的边界条件，更好地考虑不同层位之间的相互影响、各层厚度变化、岩层产状变化、断裂产状变化等结构构造。计算结果不仅给出了各层顶、底界面在平面上的应力分布，也给出了沿垂向上任意剖面的应力变化。这样的空间构造应力场为研究油田构造裂缝的空间分布和油气运移聚集分析及油田合理注采开发、避免或解决油井套损等提供了依据。

7.2.2 有限元法基本原理

有限元法是近似求解一般连续介质问题的数值方法，其基本思路概括为：化整为零、聚零为整，即将边界上受载荷的介质划分成有限个单元，单元体之间以结点连接，即将整体介质离散化。先对每个单元进行分析研究，就是所谓的化整为零；然后将这些单元综合起来进行整体研究，就是所谓的聚零为整。

有限元法按 3 个步骤进行，即单元划分(离散化)、单元分析、整体分析，其具体步骤如下：

(1)根据研究问题的精度和计算机容量，将介质划分为有限个单元，每个单元之间用结点相连。

(2)以单元结点位移分量作为基本未知量，在保证单元位移连续的前提下，选择位移模式。将单元内的位移用结点位移表示。

(3)利用几何方程及本构方程，将单元内应变及应力分量用结点位移来表示。

(4)将作用在单元上的分布力转化为等效结点力，然后得到单元等效结点力与结点位移分量之间的关系，建立单元刚度矩阵。

(5)按最小势能原理，根据单元刚度矩阵，建立总体刚度矩阵，得到一组以结点位移为未知量的代数方程组。

(6)解方程组得到结点位移分量，然后根据结点位移分量求出各单元的应变和应力分量。

(7)最后求得各单元的主应力和主方向。

运用有限元法进行地应力场研究时，先计算每个单元体的构造应力场，然后将这些单元综合起来计算整个地质体的构造应力场，其基本步骤与上面类似，可概括为：地质模型的建立、单元划分、边界条件的施加，在此基础上将模型转化为数学-力学模型进行求解。

7.2.3　初始地应力场回归分析过程

使用多孔弹性平面应力应变理论模型进行求解回归时，具体流程如下：

(1) 对同一区块的同一深度，根据以往地应力资料，找出 N 个已知测点($n1$、$n2$、$n3$、$n4$、$n5$、$n6$，…)对应的地应力数值。

(2) 在室内进行地应力参数试验和岩心渗透率试验，获得该地区的地层参数值。

(3) 利用数值模拟软件进行仿真地质建模，以实际地层结构、地质资料为基础，建立等比例地质模型，并设定地层参数。

(4) 将建立的模型的程序化语言导入 MATLAB 软件中，利用 MATLAB 软件与有限元软件的无缝连接互动功能，对最大水平地应力 σ_H、最小水平地应力 σ_h 进行嵌套循环加载。

(5) 计算不同地应力下模型中 N 个测点的地应力值，并利用最小有效值原理寻求最优解，所对应的最大水平地应力和最小水平地应力值即为最优地应力值，保存模型。具体优化反演过程如图 7.1 所示。

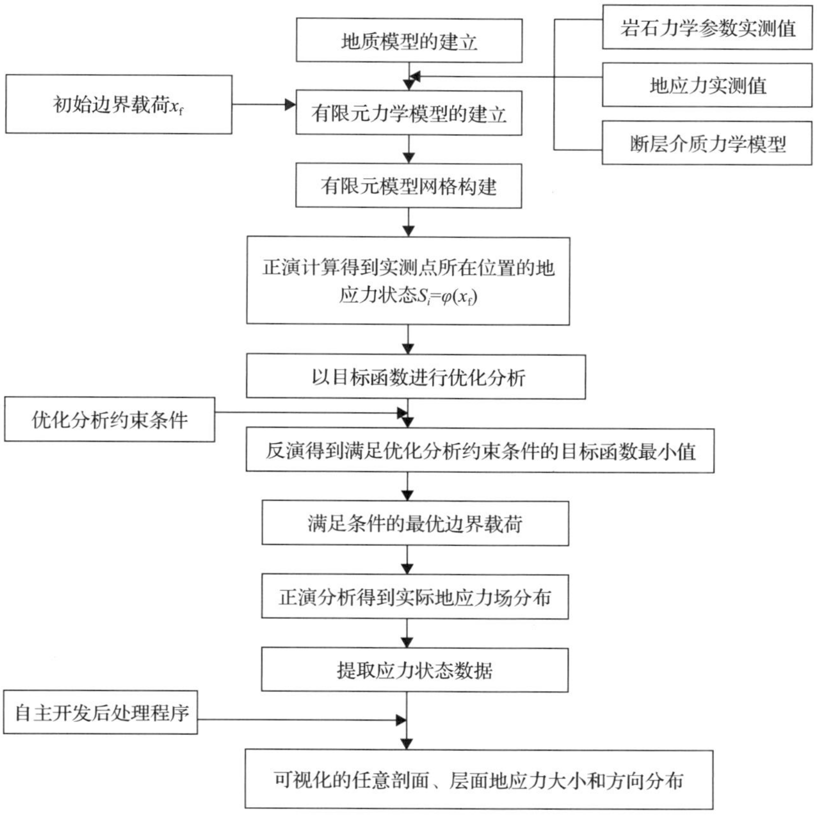

图 7.1　优化反演过程

Fig. 7.1　Optimizing the inversion process

第 8 章　页岩储层水力压裂力学机理

8.1　裂纹近场力学机理

页岩储层发育大量层理等天然裂缝，水力压裂时人工裂缝与天然裂缝相交形成复杂缝网，极大地提高了页岩储层的采收率。裂缝的存在改变了原有的地应力场格局，同时对人工裂缝端部应力场奇异性产生了巨大的影响。刘士光和张涛[206]及范天佑[207]都分析了克罗索夫–穆斯海里什维里(Kolosoff-Muskhelishvili)提出的力学问题复变函数研究理论，对无限域中含有任意形状裂纹近场的力学问题进行了研究，为后续的水力压裂力学机理研究提供了理论指导。

8.1.1　应力场的复变函数研究方法

1. 力学物理量的复变函数表示

1) 应力函数的复函数形式

平面力学问题的应力函数 $\Phi(x,y)$ 是双调和函数，根据复变函数理论，双调和函数 $\Phi(x,y)$ 可以用两个解析复变函数 $\varphi(z)$ 和 $\theta(z)$ 表示出来(其中 $z=x+\mathrm{i}y$ 是实变量 x 和 y 的复变函数，即函数的复变量)。

引入复变量 $z=x+\mathrm{i}y$ 及共轭变量 $\bar{z}=x-\mathrm{i}y$，因此有

$$\begin{cases}\dfrac{\partial}{\partial x}=\dfrac{\partial}{\partial z}+\dfrac{\partial}{\partial \bar{z}}\\[2ex]\dfrac{\partial}{\partial x}=\mathrm{i}\left(\dfrac{\partial}{\partial z}+\dfrac{\partial}{\partial \bar{z}}\right)\end{cases}\tag{8.1}$$

进而有

$$\begin{cases}\dfrac{\partial^2}{\partial x^2}=\dfrac{\partial^2}{\partial z^2}+2\dfrac{\partial^2}{\partial z\partial \bar{z}}+\dfrac{\partial^2}{\partial \bar{z}^2}\\[2ex]\dfrac{\partial^2}{\partial y^2}=-\dfrac{\partial^2}{\partial z^2}+2\dfrac{\partial^2}{\partial z\partial \bar{z}}-\dfrac{\partial^2}{\partial \bar{z}^2}\\[2ex]\dfrac{\partial^2}{\partial x^2}+\dfrac{\partial^2}{\partial y^2}=4\dfrac{\partial^2}{\partial z\partial \bar{z}}\end{cases}\tag{8.2}$$

则应力函数 Φ 满足

$$\frac{\partial^4\Phi}{\partial^2 z\partial^2 \bar{z}}=0$$

对上式中的 z 和 $\bar{z}$ 各积分两次，得

$$\Phi = f_1(z) + \bar{z} f_2(z) + f_3(\bar{z}) + z f_4(\bar{z}) \tag{8.3}$$

式中，$f_1(z)$、$f_2(z)$、$f_3(\bar{z})$、$f_4(\bar{z})$ 为复变量任意函数。

因为应力函数 $\Phi(x,y)$ 是实函数，所以 $f_3(\bar{z}) = f_1(z)$，$f_4(\bar{z}) = f_2(z)$，于是有

$$\Phi(x,y) = \mathrm{Re}(\bar{z}\varphi_1(z) + \theta_1(z)) \tag{8.4}$$

式中，$\varphi_1(z) = 2f_1(z)$；$\theta_1(z) = 2f_2(z)$。

2) 应力及位移的复函数形式

不计体力的平面问题，应力的复变函数形式为

$$\begin{cases} \sigma_x = \dfrac{\partial^2 \Phi}{\partial y^2} \\ \sigma_y = \dfrac{\partial^2 \Phi}{\partial x^2} \\ \tau_{xy} = -\dfrac{\partial^2 \Phi}{\partial x \partial y} \end{cases} \tag{8.5}$$

结合上述分析，引入函数 $\Psi_1(z) = \dot{\theta}_1(z)$，可知应力关系满足：

$$\begin{cases} \sigma_x + \sigma_y = 2(\dot{\varphi}_1(z) + \overline{\dot{\varphi}_1(z)}) = 4\mathrm{Re}\dot{\varphi}_1(z) \\ \sigma_y - \sigma_x + 2\mathrm{i}\tau_{xy} = 2(\bar{z}\ddot{\varphi}_1(z) + \dot{\Psi}_1(z)) \end{cases} \tag{8.6}$$

对于位移的复变函数形式的讨论，有以下几何方程及物理方程：

$$\begin{cases} \varepsilon_x = \dfrac{\partial u}{\partial x} = \dfrac{1}{E}(\sigma_x - \mu\sigma_y) = \dfrac{1}{E}(\sigma_x + \sigma_y) - \dfrac{1}{E}(1+\mu)\sigma_y \\ \varepsilon_y = \dfrac{\partial v}{\partial y} = \dfrac{1}{E}(\sigma_y - \mu\sigma_x) = \dfrac{1}{E}(\sigma_x + \sigma_y) - \dfrac{1}{E}(1+\mu)\sigma_x \\ \gamma_{xy} = \dfrac{\partial v}{\partial x} + \dfrac{\partial u}{\partial y} = \dfrac{2(1+\mu)}{E}\tau_{xy} \end{cases} \tag{8.7}$$

考虑式(8.5)中的第二式、式(8.6)中的第一式及式(8.7)中的第一式，则有

$$\frac{\partial u}{\partial x} = \frac{1}{E}\left(2(\dot{\varphi}_1(z) + \overline{\dot{\varphi}_1(z) - (1+\mu)\frac{\partial^2 \Phi}{\partial x^2}}\right) \tag{8.8}$$

式(8.8)对 x 积分得

$$u = \frac{1}{E}\left[-2\mathrm{i}(\varphi_1(z) + \overline{\varphi_1(z)}) - (1-\mu)\frac{\partial \Phi}{\partial x} + f_1(y)\right] \tag{8.9}$$

同理有

$$v=\frac{1}{E}\left[-2\mathrm{i}(\varphi_1(z)+\overline{\varphi_1(z)})-(1+\mu)\frac{\partial \Phi}{\partial y}+f_2(x)\right] \tag{8.10}$$

根据式(8.9)、式(8.10)及式(8.7)中的第三式，可得

$$-\frac{\mathrm{d}f_1(y)}{\mathrm{d}y}=\frac{\mathrm{d}f_2(x)}{\mathrm{d}x}=\omega$$

对上式积分得

$$f_1(y)=u_0-\omega y$$
$$f_2(x)=v_0-\omega x$$

式中，u_0、v_0为积分常数。

若不计刚体位移，则$f_1(y)=f_2(x)=0$，同时考虑式(8.1)有

$$\frac{E}{1+\mu}(u+\mathrm{i}v)=\frac{3-\mu}{3+\mu}\varphi_1(z)-z\overline{\dot{\varphi}_1(z)}-\overline{\Psi_1(z)} \tag{8.11}$$

式(8.11)即为位移分量的复函数表达式。若研究的力学问题为平面应变问题，则$u=\frac{E}{1-\mu^2}$，$v=\frac{\mu}{1-\mu}$。

3)边界条件的复函数形式

下面讨论边界条件的复函数解释。图8.1中曲线AB表示整体边界上的任一端边界，N为其外法线方向：

$$N=(l,m)=\left(\frac{\mathrm{d}y}{\mathrm{d}x},-\frac{\mathrm{d}x}{\mathrm{d}s}\right) \tag{8.12}$$

式中，l、m为方向向量。

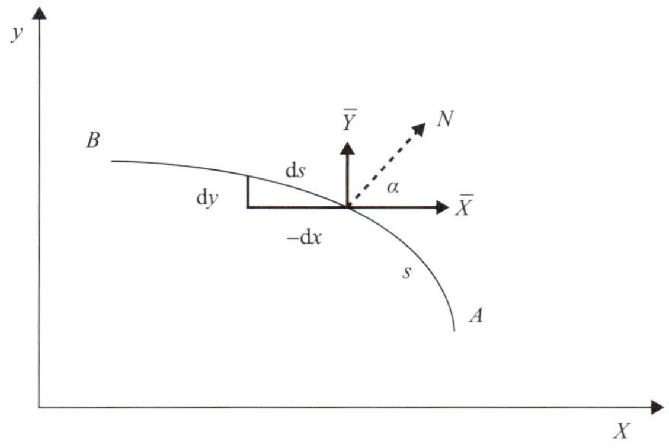

图8.1 物理边界示意图

Fig. 8.1 Schematic diagram of physical boundaries

$\mathrm{d}s$ 为边界的一个微元，作用在 $\mathrm{d}s$ 上的面力分量为 $\bar{X}$ 和 $\bar{Y}$，形式如下：

$$\begin{cases} \bar{X} = \dfrac{\mathrm{d}}{\mathrm{d}s}\left(\dfrac{\partial \Phi}{\partial y}\right) \\ \bar{Y} = -\dfrac{\mathrm{d}}{\mathrm{d}s}\left(\dfrac{\partial \Phi}{\partial x}\right) \end{cases}$$

改写为复数函数形式：

$$\bar{X} + \mathrm{i}\bar{Y} = -\mathrm{i}\frac{\mathrm{d}}{\mathrm{d}s}\left(\frac{\partial \Phi}{\partial x} + \mathrm{i}\frac{\partial \Phi}{\partial y}\right) \tag{8.13}$$

因为

$$\frac{\partial \Phi}{\partial x} + \mathrm{i}\frac{\partial \Phi}{\partial y} = \varphi_1(z) + z\overline{\dot{\varphi}_1(z)} + \overline{\dot{\Psi}_1(z)} \tag{8.14}$$

将式(8.12)代入式(8.13)，并将式(8.13)两边乘上 $\mathrm{i}\mathrm{d}s$，以点 A 为积分起始点、点 B 为边界动点，再沿边界从 A 到 B 积分，则有

$$\left[\varphi_1(z) + z\overline{\dot{\varphi}_1(z)} + \overline{\dot{\Psi}_1(z)}\right] - \left[\varphi_1(z_A) + z_A\overline{\dot{\varphi}_1(z_A)} + \overline{\dot{\Psi}_1(z_A)}\right] = \mathrm{i}\int_A^B (\bar{X} + \mathrm{i}\bar{Y})\mathrm{d}s$$

积分常数 $\varphi_1(z_A) + z_A\overline{\dot{\varphi}_1(z_A)} + \overline{\dot{\Psi}_1(z_A)}$ 可以通过调整函数 $\varphi_1(z)$ 及 $\Psi_1(z)$ 的常数值简化掉，则上式简化为

$$\left[\varphi_1(z) + z\overline{\dot{\varphi}_1(z)} + \overline{\dot{\Psi}_1(z)}\right]_A^B = \mathrm{i}\int_A^B (\bar{X} + \mathrm{i}\bar{Y})\mathrm{d}s \tag{8.15}$$

式(8.15)就是应力边界条件的复函数解释，其含义是复函数 $\varphi_1(z) + z\overline{\dot{\varphi}_1(z)} + \overline{\dot{\Psi}_1(z)}$ 在边界上任意一点的 z 值，等于起始点到该点之间的面力主矢量乘以 i 的值。

2. 复杂形态裂纹近场应力计算方法

工程中板上开孔问题是很常见的，弹性力学中给出了关于薄板上开圆孔的应力问题解法。但在实际工程问题中，孔的形状多数不是规则的，复变函数方法之所以成为 20 世纪经典弹性力学的重要成果之一，是因为借助了保角映射 $z = \omega(\zeta)$ 将物力平面（z 平面）上形状复杂的区域 Ω 映射到像平面（m 平面）上的规范区域 Ω' 的内部或外部，且该映射具有保角性，保角映射关系如图 8.2 所示。

该映射同时将 z 平面复势函数的边界条件变换到 ζ 平面在 Ω' 边界所满足的条件。这样通过求解区域 Ω' 内的复势函数 $\varphi(\zeta) = \varphi_1(z(\omega))$ 和 $\Psi(\zeta) = \Psi_1(z(\omega))$ 得到 ζ 平面上的解，从而扩大了平面应力问题的求解范围。为方便讨论，这里将 z 平面上的无限域 Ω 映射到 ζ 平面上的规范区域 Ω' 内部，$\zeta = 0$ 与 $z = \infty$ 相对应。

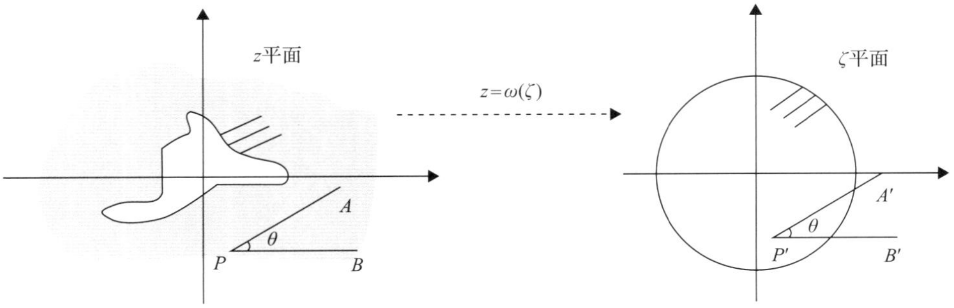

图 8.2 保角映射形式

Fig. 8.2 Conformal mapping form

对于复杂的边界形状，一般很难找到精确的变换函数，此时可以把 $\omega(\zeta)$ 按幂级数展开，通过调整其中的待定系数得到最适合的映射函数，其幂级数形式可选为

$$z=\omega(\zeta)=\mathbf{R}\left(\frac{1}{\zeta}+\sum_{k=0}^{\infty}C_k\zeta^k\right),\qquad |\zeta|\leqslant 1 \tag{8.16}$$

式中，**R** 为实数；C_k 为一般复数，$\sum\limits_{k=0}^{\infty}|C_k|<1$。该映射可以把 z 平面上的外域及无穷远点 z^{∞} 映射成 ζ 平面上的中心单位圆内域和坐标原点 $\zeta=0$。

z 平面上的复势函数 $\varphi_1(z)$ 和 $\Psi_1(z)$ 在映射 $z=\omega(\zeta)$ 作用下变为 $\varphi(\zeta)$ 和 $\Psi(\zeta)$。复势函数 $\varphi_1(z)$ 和 $\Psi_1(z)$ 在 z 平面上的基本形式为

$$\begin{cases}\varphi_1(z)=A_1\ln z+A_0z+\sum\limits_{k=1}^{\infty}a_kz^{-k}\\ \Psi_1(z)=B_1\ln z+B_0z+\sum\limits_{k=1}^{\infty}b_kz^{-k}\end{cases}$$

根据式(8.16)，得

$$\ln z=\ln\left[\frac{\mathbf{R}}{\zeta}\left(1+\sum_{k=0}^{\infty}C_k\zeta^{k+1}\right)\right]=-\ln\zeta+\ln\mathbf{R}+\ln\left(1+\sum_{k=0}^{\infty}C_k\zeta^{k+1}\right)=-\ln\zeta+\zeta$$

因此有

$$\begin{cases}\varphi(\zeta)=-A_1\ln\zeta+A_0\omega(\zeta)+\varphi_0(\zeta)\\ \Psi(\zeta)=-B_1\ln\zeta+B_0\omega(\zeta)+\Psi_0(\zeta)\end{cases}$$

式中

$$\begin{cases}A_1=-\dfrac{1+\mu}{8\pi}(\bar{X}+\mathrm{i}\bar{Y})\\ B_1=\dfrac{3-\mu}{8\pi}(\bar{X}-\mathrm{i}\bar{Y})\end{cases}$$

同时，因为

$$\begin{cases}\dot{\varphi}_1(z)=\dfrac{\dot{\varphi}(\zeta)}{\dot{\omega}(\zeta)}\\ \ddot{\varphi}_1(z)=\dfrac{1}{\dot{\omega}(\zeta)}\left[\dfrac{\dot{\varphi}(\zeta)}{\dot{\omega}(\zeta)}\right]\\ \dot{\Psi}_1(z)=\dfrac{\dot{\Psi}(\zeta)}{\dot{\omega}(\zeta)}\end{cases}$$

设 ζ 平面上孔边界是应力边界，则边界上的点可表示为 $\sigma=\mathrm{e}^{\mathrm{i}\theta}$，因此函数 $\varphi_0(\zeta)$ 及 $\Psi_0(\zeta)$ 的边界条件可写为

$$\left[\varphi_0(\sigma)+\frac{\omega(\sigma)}{\dot{\omega}(\sigma)}\overline{\dot{\Psi}_0(\sigma)}\right]=\mathrm{i}\int_A^B(\bar{X}+\bar{Y})\mathrm{d}s=f_0 \tag{8.17}$$

式中，$\omega(\sigma)$ 为应力边界函数；f_0 是 σ 的已知函数，即

$$f_0=\mathrm{i}\int\left(\bar{X}+\mathrm{i}\bar{Y}\right)\mathrm{d}s+A_1\ln\sigma-A_0\omega(\sigma)-\overline{B_1}\ln\sigma-B_0\overline{\omega(\sigma)}-\frac{\omega(\sigma)}{\overline{\dot{\omega}(\sigma)}}\left[-\overline{A_1}\sigma+\overline{A_0}\overline{\dot{\omega}(\sigma)}\right]$$

若已知无穷远处的主应力 σ_1 和 σ_2，α 为 σ_1 与 X 轴的夹角，则有

$$\begin{cases}A_0=\dfrac{1}{4}(\sigma_x^\infty+\sigma_y^\infty)=\dfrac{1}{4}(\sigma_1+\sigma_2)\\ B_0=\dfrac{1}{2}(\sigma_y^\infty-\sigma_x^\infty+2\mathrm{i}\tau_{xy}^\infty)=\dfrac{1}{2}(\sigma_2-\sigma_1)\mathrm{e}^{-2\mathrm{i}\alpha}\end{cases}$$

式中，σ_x^∞、σ_y^∞ 分别为无穷远处 x、y 方向主应力。

将式(8.17)两边乘以 $\dfrac{1}{2\pi\mathrm{i}}\dfrac{\mathrm{d}\sigma}{\sigma-\zeta}$，并且沿中心单位圆做回路积分，考虑 $\overline{\dot{\Psi}_0(\sigma)}$ 在圆的外域解析，得

$$\begin{cases}\varphi_0(\zeta)+\dfrac{1}{2\pi\mathrm{i}}\oint\dfrac{\omega(\sigma)}{\dot{\omega}(\sigma)}\overline{\dot{\varphi}_0(\sigma)}\dfrac{\mathrm{d}\sigma}{\sigma-\zeta}=\dfrac{1}{2\pi\mathrm{i}}\oint\dfrac{f_0\mathrm{d}\sigma}{\sigma-\zeta}\\ \Psi_0(\zeta)+\dfrac{1}{2\pi\mathrm{i}}\oint\dfrac{\overline{\omega(\sigma)}}{\overline{\dot{\omega}(\sigma)}}\dot{\varphi}_0(\sigma)\dfrac{\mathrm{d}\sigma}{\sigma-\zeta}=\dfrac{1}{2\pi\mathrm{i}}\oint\dfrac{\overline{f_0}\mathrm{d}\sigma}{\sigma-\zeta}\end{cases} \tag{8.18}$$

则应力组合可由 ζ 平面上的复势函数表示为

$$\begin{cases}\sigma_x+\sigma_y=4\mathrm{Re}\left[\dfrac{\dot{\varphi}(\zeta)}{\dot{\omega}(\xi)}\right]\\ \sigma_x-\sigma_y+2\mathrm{i}\tau_{xy}=\dfrac{2}{\dot{\omega}(\xi)}\left\{\overline{\omega(\xi)}\left[\dfrac{\ddot{\varphi}(\zeta)}{\dot{\omega}(\xi)}\right]'+\dfrac{\Psi(\xi)}{\dot{\omega}(\xi)}\right\}\end{cases} \tag{8.19}$$

极坐标中应力的复函数形式分析如下：在弹性体中取三角形微元体 A，如图 8.3 所示，其厚度为一个单位。该微元的 ab 边及 ac 边分别沿 r 和 θ 方向，bc 边沿 y 方向，边长为 dx。

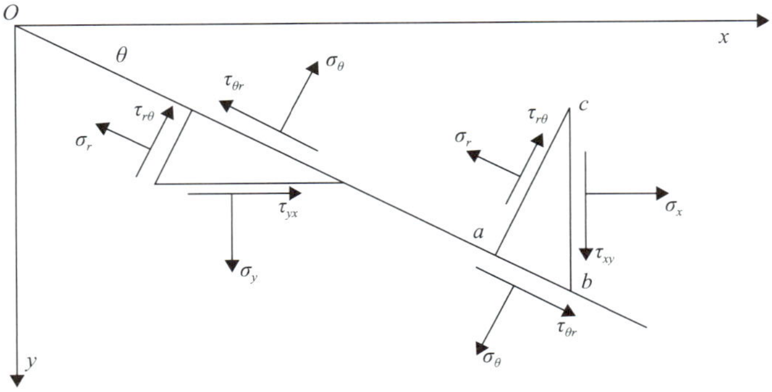

图 8.3 微元体应力分量关系

Fig. 8.3 Relationship between the stress components of the microelement

则由微元体 A 的平衡条件 $\sum F_x = 0$，得

$$\sigma_x \mathrm{d}s - \sigma_r \mathrm{d}s\cos^2\theta - \sigma_\theta \mathrm{d}s\sin^2\theta + \tau_{r\theta}\sin\theta\cos\theta + \tau_{\theta r}\sin\theta\cos\theta = 0$$

因为 $\tau_{r\theta} = \tau_{\theta r}$，所以有

$$\sigma_x = \sigma_r\cos^2\theta + \sigma_\theta\sin^2\theta - 2\tau_{r\theta}\sin\theta\cos\theta$$

同理，考虑微元体 A 在 y 方向的平衡条件 $\sum F_y = 0$ 及微元体 B 在 y 方向的平衡条件，有

$$\begin{cases} \sigma_x = \sigma_r\cos^2\theta + \sigma_\theta\sin^2\theta - 2\tau_{r\theta}\sin\theta\cos\theta \\ \sigma_y = \sigma_r\sin^2\theta + \sigma_\theta\cos^2\theta + 2\tau_{r\theta}\sin\theta\cos\theta \\ \tau_{r\theta} = (\sigma_r - \sigma_\theta)\sin\theta\cos\theta + \tau_{r\theta}(\cos^2\theta - \sin^2\theta) \end{cases}$$

因此，极坐标中应力的表示形式为

$$\begin{cases} \sigma_r = \dfrac{\sigma_x + \sigma_y}{2} + \dfrac{\sigma_x - \sigma_y}{2}\cos 2\theta + \tau_{xy}\sin 2\theta \\ \sigma_\theta = \dfrac{\sigma_x + \sigma_y}{2} - \dfrac{\sigma_x - \sigma_y}{2}\cos 2\theta - \tau_{xy}\sin 2\theta \\ \tau_{r\theta} = \dfrac{\sigma_y - \sigma_x}{2}\sin 2\theta + \tau_{xy}\cos 2\theta \end{cases} \tag{8.20}$$

根据式(8.20)，则有

$$
\begin{cases}\sigma_r+\sigma_\theta=\sigma_x+\sigma_y\\ \sigma_\theta-\sigma_r+2\mathrm{i}\,\tau_{r\theta}=(\sigma_y-\sigma_x+2\mathrm{i}\,\tau_{xy})\mathrm{e}^{2\mathrm{i}\theta}\end{cases} \tag{8.21}
$$

则应力 σ_θ、σ_r、$\tau_{r\theta}$ 的复函数形式为

$$
\begin{cases}\sigma_r+\sigma_\theta=4\mathrm{Re}\varphi'(z)\\ \sigma_\theta-\sigma_r+2\mathrm{i}\,\tau_{r\theta}=2\left[\bar{z}\varphi_1''(z)+\psi'(z)\right]\mathrm{e}^{z\mathrm{i}\theta}\end{cases} \tag{8.22}
$$

8.1.2 应力强度因子的复函数解法

鉴于裂纹的成因不同，一般可将其分为张开型（Ⅰ型）、滑移型（Ⅱ型）和撕开型（Ⅲ型）。经典的线性断裂力学理论给出了各类裂缝端部区域应力分量的全解表达式：

$$
\sigma_{ij}=\frac{K_J}{\sqrt{2\pi r}}f_{ij}^J(\theta)+o\left(r^{-\frac{1}{2}}\right),\qquad J=\mathrm{I},\mathrm{II},\mathrm{III};\ i,\ j=1,2,3 \tag{8.23}
$$

式中，K_J(J=Ⅰ,Ⅱ,Ⅲ）为应力强度因子；$o\left(r^{-\frac{1}{2}}\right)$ 为比 $r^{-\frac{1}{2}}$ 更高阶的小量；$f_{ij}^J(\theta)$ (J=Ⅰ,Ⅱ,Ⅲ）为张开型（Ⅰ型）、滑移型（Ⅱ型）和撕开型（Ⅲ型）的应力分布函数。

应力强度因子用来表征裂纹端部应力场的强弱程度。全解表达式说明每一类裂纹端部应力场分布规律是相同的，不同点在于 K_J。

图 8.4 为裂纹端部结构图。3 种基本类型的裂纹端部各个应力分量表达式分别为

$$
\begin{cases}\sigma_{xx}=\dfrac{K_\mathrm{I}}{\sqrt{2\pi r}}\cos\dfrac{\theta}{2}\left(1-\sin\dfrac{\theta}{2}\sin\dfrac{3\theta}{2}\right)\\ \sigma_{yy}=\dfrac{K_\mathrm{I}}{\sqrt{2\pi r}}\cos\dfrac{\theta}{2}\left(1+\sin\dfrac{\theta}{2}\sin\dfrac{3\theta}{2}\right)\\ \tau_{xy}=\dfrac{K_\mathrm{I}}{\sqrt{2\pi r}}\sin\dfrac{\theta}{2}\cos\dfrac{\theta}{2}\cos\dfrac{3\theta}{2}\end{cases} \tag{8.24}
$$

$$
\begin{cases}\sigma_{xx}=-\dfrac{K_\mathrm{II}}{\sqrt{2\pi r}}\sin\dfrac{\theta}{2}\left(2+\cos\dfrac{\theta}{2}\cos\dfrac{3\theta}{2}\right)\\ \sigma_{yy}=\dfrac{K_\mathrm{II}}{\sqrt{2\pi r}}\sin\dfrac{\theta}{2}\cos\dfrac{\theta}{2}\cos\dfrac{3\theta}{2}\\ \tau_{xy}=\dfrac{K_\mathrm{II}}{\sqrt{2\pi r}}\cos\dfrac{\theta}{2}\left(1-\cos\dfrac{\theta}{2}\cos\dfrac{3\theta}{2}\right)\end{cases} \tag{8.25}
$$

$$
\begin{cases}\tau_{xz}=-\dfrac{K_\mathrm{III}}{\sqrt{2\pi r}}\sin\dfrac{\theta}{2}\\ \tau_{yz}=\dfrac{K_\mathrm{III}}{\sqrt{2\pi r}}\cos\dfrac{\theta}{2}\end{cases} \tag{8.26}
$$

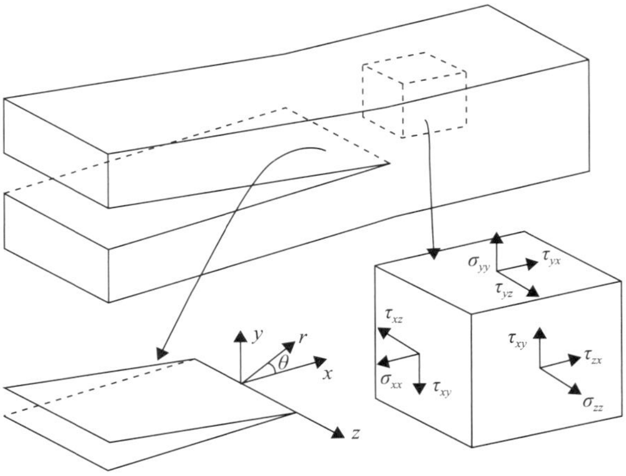

图 8.4　裂纹端部结构图

Fig. 8.4　Crack tip structure

其裂纹端部强度因子的一般定义为

$$\begin{bmatrix} K_{\mathrm{I}} \\ K_{\mathrm{II}} \\ K_{\mathrm{III}} \end{bmatrix} = \lim_{x \to a^+} \sqrt{2\pi(x-a)} \begin{bmatrix} \sigma_{yy}(x,0) \\ \tau_{xy}(x,0) \\ \tau_{yz}(x,0) \end{bmatrix}$$

或

$$\begin{bmatrix} K_{\mathrm{I}} \\ K_{\mathrm{II}} \\ K_{\mathrm{III}} \end{bmatrix} = \lim_{r \to 0} \sqrt{2\pi r} \begin{bmatrix} \sigma_{yy}(x,0) \\ \tau_{xy}(x,0) \\ \tau_{yz}(x,0) \end{bmatrix}$$

式中，K_{I}、K_{II}、K_{III}分别为Ⅰ、Ⅱ、Ⅲ型应力强度因子；a为裂缝长度。

结合式(8.24)及式(8.25)，在裂纹端部区域的应力场为

$$\sigma_{xx} + \sigma_{yy} = \sqrt{\frac{2}{\pi r}} K_{\mathrm{I}} \cos\frac{\theta}{2} - \sqrt{\frac{2}{\pi r}} K_{\mathrm{II}} \sin\frac{\theta}{2} \tag{8.27}$$

同时考虑在 z 平面上，裂纹端部任一点复数向量为$\boldsymbol{\eta} = \boldsymbol{z} - \boldsymbol{a} = r\mathrm{e}^{\mathrm{i}\theta}$，则有$\boldsymbol{\eta}^{-\frac{1}{2}} = \frac{1}{\sqrt{r}}\left(\cos\frac{\theta}{2} - \mathrm{i}\sin\frac{\theta}{2}\right)$。因此，式(8.26)可以表示为

$$\sigma_{xx} + \sigma_{yy} = \sqrt{\frac{2}{\pi}} \mathrm{Re}\left[\left(K_{\mathrm{I}} - \mathrm{i}K_{\mathrm{II}}\right)\boldsymbol{\eta}^{\frac{1}{2}}\right] \tag{8.28}$$

将克罗索夫公式关于$\sigma_{xx} + \sigma_{yy}$的复函数表达形式代入式(8.28)，则有

$$K_{\mathrm{I}}-\mathrm{i}K_{\mathrm{II}}=2\sqrt{2\pi}\lim_{\eta\to 0}\sqrt{\eta}\dot{\varphi}(z)=2\sqrt{2\pi}\lim_{z\to\alpha}\sqrt{z-a}\dot{\varphi}(z)$$

一般来讲，映射平面 ζ 上的复势函数 $\varphi(\zeta)$ 更容易确定。引入复应力强度因子 $K=K_{\mathrm{I}}-\mathrm{i}K_{\mathrm{II}}$，因此上式可用复势函数 $\varphi(\zeta)$ 表示为

$$K=K_{\mathrm{I}}-\mathrm{i}K_{\mathrm{II}}=2\sqrt{2\pi}\lim_{\zeta\to\zeta_1}\left(\sqrt{\omega(\zeta)}-\omega(\zeta_1)\frac{\dot{\varphi}(\zeta)}{\dot{\omega}(\zeta)}\right)$$

式中，$\omega(\zeta_1)\to a$。当 $\zeta\to\zeta_1$ 时，$\lim\limits_{\zeta\to\zeta_1}\dot{\omega}(\zeta)=0$，那么

$$\lim_{\zeta\to\zeta_1}\frac{\omega(\zeta)-\omega(\zeta_1)}{(\dot{\omega}(\zeta))^2}=\lim_{\zeta\to\zeta_1}\frac{\dot{\omega}(\zeta)}{2\dot{\omega}(\zeta)\ddot{\omega}(\zeta)}=\lim_{\zeta\to\zeta_1}\frac{1}{2\ddot{\omega}(\zeta)}$$

则复应力强度因子 K 为

$$K=2\sqrt{\pi}\lim_{\zeta\to\zeta_1}\frac{\dot{\varphi}(\zeta)}{\sqrt{\ddot{\omega}(\zeta)}} \tag{8.29}$$

在范天佑[207]的《断裂力学基础》一书中，通过映射平面 ζ 上的复势函数 $\varphi(\zeta)$，确定了应力强度因子 K_{I} 及 K_{II}。关于Ⅲ型的问题，由应力分量表达式得

$$\tau_{xz}-\mathrm{i}\tau_{yz}=-\mathrm{i}\frac{K_{\mathrm{III}}}{\sqrt{2\pi\eta}}$$

$\tau_{xz}-\mathrm{i}\tau_{yz}$ 的复势为 $\mu\dot{\varphi}(\zeta)$，同时考虑保角映射 $z=\omega(\zeta)$，则Ⅲ型裂纹强度因子为

$$K_{\mathrm{III}}=\mathrm{i}\sqrt{\pi\mu}\lim_{\zeta\to 1}\frac{\dot{\varphi}(\zeta)}{\sqrt{\ddot{\omega}(\zeta)}} \tag{8.30}$$

通过式(8.30)分析，得到复杂形态裂纹的复变函数精确解法。从理论上讲，只要能够找到复杂裂纹从 z 平面到 ζ 平面的保角映射，裂纹的应力强度因子便可求得。

8.1.3 裂纹扩展判据

裂纹扩展判据是判断裂纹临界失稳点的核心准则，范天佑[207]在《断裂力学基础》一书中描述了判断材料产生裂纹的判据主要有：Irwin 提出的断裂韧性判据(K 判据)；Erdogan 和薛昌明提出的最大周向应力理论；发展 Griffith 理论得到的能量释放效率理论(G 判据)；应变能密度因子断裂判据(S 判据)；Palaniswamy 和 Knauss 提出的最大张应力理论等。通过上述复势理论研究，给出了较为完整的裂纹近场应力及裂纹端部强度因子的计算方法，考虑本节研究复杂裂纹的扩展机理的需要，主要讨论断裂韧性判据(K 判据)、最大张应力理论及最大周向应力理论。

1. 断裂韧性判据(K 判据)

应力强度因子可以用下式表示：

$$K_J=\gamma P\sqrt{\pi a}\,,\qquad J=\text{Ⅰ},\text{Ⅱ},\text{Ⅲ} \tag{8.31}$$

式中，a 为裂缝半长；γ 为裂纹的形状因子；P 为裂纹端部外场力。应力强度因子 K_J 对裂纹的扩展具有驱动作用：Irwin 通过大量实验给出了 K_J 的临界值，在平面应变条件下该临界值记为断裂韧性 K_{Ic}，它代表材料阻滞裂纹扩展的能力。有了上述的理论基础，K 判据就被建立起来：

$$K_J=K_{\text{Ic}} \tag{8.32}$$

K 判据的含义是当应力强度因子达到端部临界值 K_{Ic} 时，裂纹开始失稳扩展。

目前，只有Ⅰ型断裂下的断裂韧性 K_{Ic} 的标准测试规范，对于其他断裂形式的断裂韧性实验的测定是极为困难的。

2. 最大张应力理论

该理论认为当作用在材料的应力过大时，材料会沿着最大张应力的界面产生破裂，总结该理论的要点为：①裂纹扩展方向与该处主应力轴相垂直；②裂纹端部张应力达到材料能承受的应力临界值时，裂纹开始扩展。

该理论只局限于裂缝尖端张应力存在的情况。

3. 最大周向应力理论

最大周向应力理论需要解决两个主要问题：①材料破裂的起始条件与继续扩展条件；②材料破裂的扩展方向。

对于Ⅰ-Ⅱ型复合裂纹，裂纹端部应力分量的极坐标表达式为

$$\begin{cases}\sigma_{rr}=\dfrac{1}{2\sqrt{2\pi r}}\left[K_{\text{I}}(3-\cos\theta)\cos\dfrac{\theta}{2}+K_{\text{II}}(3\cos\theta-1)\sin\dfrac{\theta}{2}\right]+o\left(r^{\frac{1}{2}}\right)\\ \sigma_{\theta\theta}=\dfrac{1}{2\sqrt{2\pi r}}\cos\dfrac{\theta}{2}\left[K_{\text{I}}(1+\cos\theta)-3K_{\text{II}}\sin\theta\right]+o\left(r^{\frac{1}{2}}\right)\\ \tau_{r\theta}=\dfrac{1}{2\sqrt{2\pi r}}\cos\dfrac{\theta}{2}\left[K_{\text{I}}\sin\theta-K_{\text{II}}(3\cos\theta-1)\right]+o\left(r^{\frac{1}{2}}\right)\end{cases} \tag{8.33}$$

最大周向应力理论认为：裂纹沿 $\sigma_{\theta\theta\max}$ 的位置进行展开，扩展方向为 $\sigma_{\theta\theta\max}$ 所对应的 θ 角，$\sigma_{\theta\theta}(\theta)$ 取得最大值的条件为

$$\begin{gathered}\frac{\partial\sigma_{\theta\theta}}{\partial\theta}=0\\ \frac{\partial^2\sigma_{\theta\theta}}{\partial\theta^2}<0\end{gathered} \tag{8.34}$$

式(8.33)对 θ 进行微分有

$$\frac{\partial^2\sigma_{\theta\theta}}{\partial\theta^2}=\frac{3}{2\sqrt{2\pi r}}\cos\frac{\theta}{2}\left[K_{\mathrm{I}}\sin\theta+K_{\mathrm{II}}(3\cos\theta-1)\right]$$

$$\frac{\partial^2\sigma_{\theta\theta}}{\partial\theta^2}=\frac{3}{4\sqrt{2\pi r}}\left\{\frac{1}{2}\sin\frac{\theta}{2}\left[K_{\mathrm{I}}\sin\theta+K_{\mathrm{II}}(3\cos\theta-1)\right]-\cos\frac{\theta}{2}(K_{\mathrm{I}}\cos\theta-3K_{\mathrm{II}}\sin\theta)\right\}$$

根据 $\partial\sigma_{\theta\theta}/\partial\theta=0$ 有

$$\cos\frac{\theta}{2}\left[K_{\mathrm{I}}\sin\theta+K_{\mathrm{II}}(3\cos\theta-1)\right]=0 \tag{8.35}$$

若 $\cos\frac{\theta}{2}=0$，有 $\theta=\pm\pi$，$\sigma_{\theta\theta}=0$，显然此解不能满足 $\partial^2\sigma_{\theta\theta}/\partial\theta^2<0$ 的条件。因此决定断裂角 θ_0 的方程是

$$K_{\mathrm{I}}\sin\theta+K_{\mathrm{II}}(3\cos\theta-1)=0 \tag{8.36}$$

当裂纹发生张剪型破裂时（K_{I} 及 K_{II} 都不为零），计算得到

$$\theta_0=2\arctan\frac{1\pm\sqrt{1+8\left(K_{\mathrm{II}}/K_{\mathrm{I}}\right)^2}}{4K_{\mathrm{II}}/K_{\mathrm{I}}} \tag{8.37}$$

对Ⅰ型和Ⅱ型裂纹端部的应力方程进行极坐标转换，得到周向应力 $\sigma_{\theta\theta}$ 的方程分别为

$$\begin{cases}\sigma_{\theta\theta}^{\mathrm{I}}=\dfrac{K_{\mathrm{I}}}{2\sqrt{2\pi r}}\cos^3\dfrac{\theta}{2}\\[2ex]\sigma_{\theta\theta}^{\mathrm{II}}=\dfrac{K_{\mathrm{II}}}{2\sqrt{2\pi r}}\left(-3\sin\dfrac{\theta}{2}\cos^2\dfrac{\theta}{2}\right)\end{cases} \tag{8.38}$$

根据式(8.38)绘制同向应力 $\sigma_{\theta\theta}$ 随 θ 变化曲线，如图 8.5 所示。

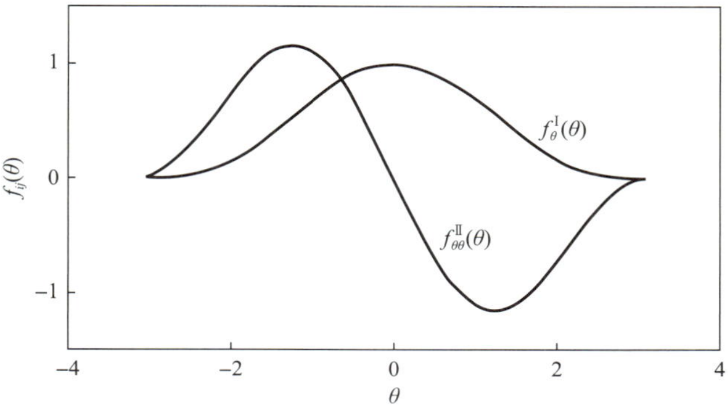

图 8.5　$f_{ij}(\theta)$ 函数变化曲线

Fig. 8.5　Function curve

使Ⅰ-Ⅱ型复合裂纹的周向应力 $\sigma_{\theta\theta}$ 取得极大值的条件为断裂角 $\theta_0<0$，θ_0 的函数曲

线如图 8.6 所示。

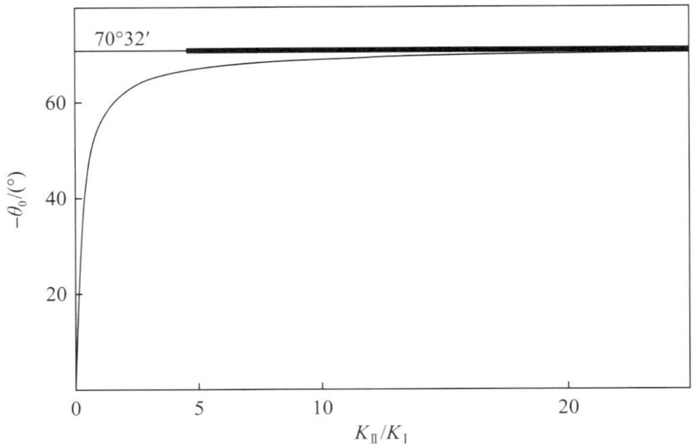

图 8.6　断裂角与 K_{II}/K_I 的关系

Fig. 8.6　Relationship between the angle of the break and

根据上述分析，有

$$\frac{K_{II}}{K_I}=-\frac{\sin\theta_0}{3\cos\theta_0-1} \tag{8.39}$$

因为 $K_{II}/K_I>0$，$\sin\theta_0<0$，所以 $3\cos\theta_0-1>0$，这就要求 $|\theta_0|<70°32'$，同时 θ_0 满足 $\partial^2\sigma_{\theta\theta}/\partial\theta^2<0$。当 $K_{II}=0$ 且 $K_I\neq0$ 时，为纯 I 型裂纹，$\theta_0=0$，说明裂纹沿原半面扩展。当 $K_I=0$ 且 $K_{II}\neq0$ 时，为纯 II 型裂纹，$\theta_0=70°32'$。

上面对 I - II 型复合裂纹的扩展方向进行了分析，下面讨论材料产生破裂的应力条件。

对于 I 型裂纹，其端部破裂所需的应力值为 $\sigma_{\theta\theta}=K_{Ic}/\sqrt{2\pi r}$，依据 K 判据，复合裂纹失稳的条件为

$$\frac{1}{2}\cos\frac{\theta}{2}\left[K_I(1+\cos\theta)-3K_{II}\sin\theta\right]=K_{I\text{-}IIc} \tag{8.40}$$

可以把方程式(8.40)的左端看成 I - II 型复合裂纹的等效应力强度因子，记为 K_C。由于该复合裂纹发生断裂的应力条件为 $\sigma_{\theta\theta}=K_{I\text{-}IIc}/\sqrt{2\pi r}$，$K_{I\text{-}IIc}$ 的实验测量是极为困难的，这种定性的判别方法会更适用，对于一个复杂形态的裂纹，我们通过实验及理论方法计算具体材料的 $\sigma_{\theta\theta}^{I}$ 和 $\sigma_{\theta\theta}^{II}$ 的值，通过比较进而判断裂纹端部发生破裂的方式。

8.2　天然裂缝与人工裂缝相互作用机理研究

8.2.1　天然裂缝对裂缝起裂方式的影响

由于受到天然裂缝走向及倾角的影响，人工裂缝在井壁附近可能会出现 3 种起裂方

式：从井壁岩石本体起裂、沿天然裂缝面剪切起裂及沿天然裂缝面张开起裂。这3种起裂方式的计算模型有所区别，各自所需的起裂压力值显著变化。因此，在天然裂缝较为发育的储层，用一个起裂压力计算模型不能得出真实的人工裂缝起裂方式，天然裂缝的存在无疑影响了裂缝真实的起裂方式。

1. 从井壁岩石本体起裂

发生破裂时，井底压裂液注入压力即为地层的破裂压力。从井壁岩石本体起裂的破裂压力的表达式：

$$P_{\mathrm{f1}} = P_{\mathrm{w}} = \frac{3\sigma_h - \sigma_H - 2\eta P_{\mathrm{p}} + \sigma_{\mathrm{T}}}{1 + \phi_{\mathrm{c}} - 2\eta} \tag{8.41}$$

式中，η 为常量，是由岩石的物性参数孔隙度 ϕ 和机械力学参数泊松比 μ 组成，它们共同描述了应力作用下岩石的响应情况，$\eta = \dfrac{\phi}{2(1-\phi)} \cdot \dfrac{1-2\mu}{1-\mu}$；$\phi_{\mathrm{c}}$ 为触定孔隙度，其取值范围为 $\phi < \phi_{\mathrm{c}} < 1$；$\sigma_{\mathrm{T}}$ 为岩石抗张强度。

对于非渗透储层，$\phi \to 0$，$\phi_{\mathrm{c}} \to 0$，$\eta \to 0$，式(8.41)可简化为

$$P_{\mathrm{f1}} = P_{\mathrm{w}} = 3\sigma_h - \sigma_H + \sigma_{\mathrm{T}} \tag{8.42}$$

对于渗透性极高的储层，$\phi_{\mathrm{c}} \to 1$，式(8.41)可简化为

$$P_{\mathrm{f1}} = P_{\mathrm{w}} = \frac{3\sigma_h - \sigma_H - 2\eta P_{\mathrm{p}} + \sigma_{\mathrm{T}}}{2(1-\eta)} \tag{8.43}$$

式(8.43)即水力压裂过程中经典的人工裂缝起裂模型表达式。

2. 沿天然裂缝面剪切起裂

基于岩石力学中的结构面强度理论，讨论人工裂缝沿天然裂缝面剪切起裂的判断准则。天然裂缝发生剪切起裂的应力条件是 $\sigma_{z1}^{S} > \sigma_{r1}^{S} > \sigma_{\theta 1}^{S}$（$\sigma_{z1}^{S}$、$\sigma_{r1}^{S}$、$\sigma_{\theta 1}^{S}$ 分别为垂向、径向和周向应力）。

假定天然裂缝内无充填物质，天然裂缝发生剪切起裂的力学条件为

$$\sigma_{z1}^{S} - \sigma_{\theta 1}^{S} = \frac{2\mu_{\mathrm{w}}\sigma_{\theta 1}^{S}}{(1-\mu_{\mathrm{w}}\cot\beta)\sin 2\beta} \tag{8.44}$$

式中，μ_{w} 为面内摩擦系数。

天然裂缝地层的倾角为 θ_{q}，有裂缝面与最大主应力间的夹角 $\beta = \theta_{\mathrm{q}}$。可得沿天然裂缝面剪切起裂所需的破裂压力 P_{f2} 为

$$P_{\mathrm{f2}} = \frac{k_1 m_1 - m_2}{1 + k_1 k_2} \tag{8.45}$$

式中

$$m_1 = \sigma_H + \sigma_h - 2(\sigma_H - \sigma_h)\cos 2\theta - 2\eta P_p$$

$$m_2 = \sigma_v + \sigma_H + \sigma_h - 2(\sigma_H - \sigma_h)\cos 2\theta$$

$$k_1 = \frac{2\mu_w}{(1-\mu_w \cot\beta)\sin 2\beta}$$

$$k_2 = 1 - 2\eta + \phi_c$$

3. 沿天然裂缝面张开起裂

天然裂缝性储层在水力压裂施工时，人工裂缝的另外一种起裂方式就是井周天然裂缝优先张开起裂，考虑孔隙流体的压力作用，此情况下发生张开起裂的条件是

$$P_{f3} = \sigma_N - \alpha P_p \tag{8.46}$$

式中，σ_N 为天然裂缝面法向应力；α 为有效应力系数。

4. 裂缝起裂准则的判别方法

在天然裂缝较为发育的地层中，人工裂缝可能有 3 种起裂方式：人工裂缝沿天然裂缝面张开起裂，破裂压力为 P_{f3}；人工裂缝沿天然裂缝面剪切起裂，破裂压力为 P_{f2}；人工裂缝从井壁岩石本体起裂，破裂压力为 P_{f1}。综上，人工裂缝的起裂方式和起裂压力 P_f 的判别方法为

$$P_f = \min\left[P_{f1}, P_{f2}, P_{f3}\right] \tag{8.47}$$

5. 实例计算

根据前面建立的破裂压力计算模型，对目的区块进行破裂压力预测和起裂方式分析。地层的上覆岩层压力、最大水平主应力、最小水平主应力可由第 1 章测得的地应力梯度计算得出，地层的孔隙压力可由第 1 章给出的压力与深度关系式求出，岩石的抗张强度可由第 1 章岩石力学实验结果得到。

区块破裂压力理论值预测计算如下所述。

1) 储层基本参数

地层深度为 2190m，最大水平主应力 $\sigma_H = 38\text{MPa}$，方向为北偏东 110°，最小水平主应力 $\sigma_h = 31\text{MPa}$；垂向应力为 $\sigma_v = 44\text{MPa}$；泊松比为 $\mu = 0.18$；地层压力为 $P_p = 17.6\text{MPa}$；孔隙度 ϕ 为 0.12；抗张强度为 $S_T = 4.5\text{MPa}$；有效应力系数为 $\alpha = 0.6$。

2) 天然裂缝基本情况

研究区域天然裂缝主发育带的走向及倾角大致相同，各组裂缝间距不均匀的平行发

育。天然裂缝走向沿最大水平主应力方向（$\gamma=0$），倾角为 $\beta=70°$；天然裂缝面内摩擦系数 $\mu_w=0.23$，假设张开型天然裂缝黏聚力为零。

3）起裂压力的计算

触点孔隙度：

$$\phi_c=\phi+\alpha(1-\phi)=0.12+0.6\times(1-0.12)=0.648$$

应力系数：

$$\eta=\frac{\phi}{2(1-\phi)}\frac{1-2\mu}{1-\mu}=\frac{0.12}{2\times(1-0.12)}\times\frac{1-2\times0.12}{1-0.12}\approx0.05$$

当起裂方式为从井壁岩石本体起裂时，破裂压力计算公式为

$$P_{f1}=P_w=\frac{3\sigma_h-\sigma_H-2\eta P_p+S_T}{1+\phi_c-2\eta}\approx37.30(\text{MPa})$$

当起裂方式为沿天然裂缝面剪切起裂时，其余参数为

$$m_1=\sigma_H+\sigma_h-2(\sigma_H-\sigma_h)\cos2\gamma-2\eta P_p\approx53.24(\text{MPa})$$

$$m_2=\sigma_v-\sigma_H-\sigma_h+2(\sigma_H-\sigma_h)\cos2\gamma=-11(\text{MPa})$$

$$k_1=\frac{2\mu_w}{(1-\mu_w\cot\beta)\sin2\beta}=0.781$$

$$k_2=1-2\eta=0.9$$

代入破裂压力计算公式：

$$P_{f2}=\frac{k_1m_1-m_2}{1+k_1k_2}=30.88(\text{MPa})$$

当沿天然裂缝面张开起裂时，破裂压力为

$$P_{f3}=\sigma_N-\alpha P_p$$

根据井周应力状态方程式计算沿最大水平主应力方向的围岩应力如下：

$$\sigma_r=P_w$$

$$\sigma_\theta=\sigma_H+\sigma_h-2(\sigma_H-\sigma_h)\cos2\theta+2\eta(P_w-P_p)-P_w$$

$$\sigma_z=\sigma_v+2\eta(P_w-P_p)$$

$$\sigma_N=\cos^2\left(\frac{\pi}{2}-\beta\right)\sigma_\theta+\cos^2\beta\sigma_z$$

则有

$$P_{f3} = 34.01(\text{MPa})$$

人工裂缝真实起裂压力判定准则为

$$P_f = \min\left[P_{f1}, P_{f2}, P_{f3}\right] = 30.88(\text{MPa})$$

由上述准则可得，人工裂缝沿天然裂缝面张开起裂所需的破裂压力优先可以得到满足，因此人工裂缝的真实起裂方式为沿天然裂缝面张开起裂。查询储层实际压裂资料，得知目的储层水力压裂实测起裂压力大小为 32.2MPa，与理论预测的破裂压力大小十分接近，这一结果恰好解释了现场压裂施工时破裂压力值小于 P_{f1} 的原因。

这一结果与实际压裂施工情况相吻合，当裸眼井壁上发育有天然裂缝时，原有的井周应力状态发生变化，人工裂缝的破裂压力大大降低。破裂压力降低的另一个原因是，进入天然裂缝内的压裂液会形成水楔作用，当天然裂缝面被压裂液填充后，压裂液将对天然裂缝的两面产生向外扩展的张力。

8.2.2 天然裂缝对人工裂缝延伸趋势的影响

统计数据表明，最大水平主应力方向为储层中天然裂缝主发育带的优势走向，因此人工裂缝必然会遭遇天然裂缝。本节重点研究裂缝相交情形，分析产生交汇行为后人工裂缝继续延伸的两种趋势的应力条件：针对天然裂缝面延伸和突破天然裂缝阻滞向前延伸的两种情况，建立人工裂缝穿过天然裂缝的交叉判断准则，可实现具体地应力条件及给定天然裂缝产状的人工裂缝再延伸情况分析。

1. 人工裂缝与天然裂缝交叉准则

裂缝性储层中的水力压裂人工裂缝在延伸过程中，天然裂缝的产状会对其走向产生重要的影响。原本由地应力单因素控制的压裂裂缝走向，此时转变为由地应力及天然裂缝方位共同控制，影响因素的增多使得人工裂缝延伸的复杂程度增加。裂缝交汇时，若满足以下两个条件，则人工裂缝将穿过天然裂缝：应力条件一是作用于天然裂缝壁面上的应力大于等于岩石抗张强度；应力条件二是天然裂缝不发生剪切滑移破坏。

为便于分析，假定人工裂缝延伸沿程仅遭遇一条发育程度中等的天然裂缝，如图 8.7 所示。逼近角为 θ，天然裂缝与 σ_H 的夹角为 β，人工裂缝穿出角度为 ω，在地应力与人工裂缝综合作用下，作用于天然裂缝面上的应力表达式为

$$\sigma_r = \frac{K_{\mathrm{I}}}{2\sqrt{2\pi r}}\cos\frac{\theta}{2}\left(3-\cos\theta\right)+\sigma_H\cos^2\beta+\sigma_h\sin^2\beta \tag{8.48}$$

$$\sigma_\theta = \frac{K_{\mathrm{I}}}{2\sqrt{2\pi r}}\cos\frac{\theta}{2}\left(1+\cos\theta\right)+\sigma_H\sin^2\beta+\sigma_h\cos^2\beta \tag{8.49}$$

$$\tau_{r\theta} = \frac{K_{\mathrm{I}}}{2\sqrt{2\pi r}}\cos\frac{\theta}{2}\sin\theta-\frac{\sigma_H-\sigma_h}{2}\sin 2\beta \tag{8.50}$$

令式(8.48)～式(8.50)中：

$$X=\frac{K_{\mathrm{I}}}{2\sqrt{2\pi r}}\cos\frac{\theta}{2} \tag{8.51}$$

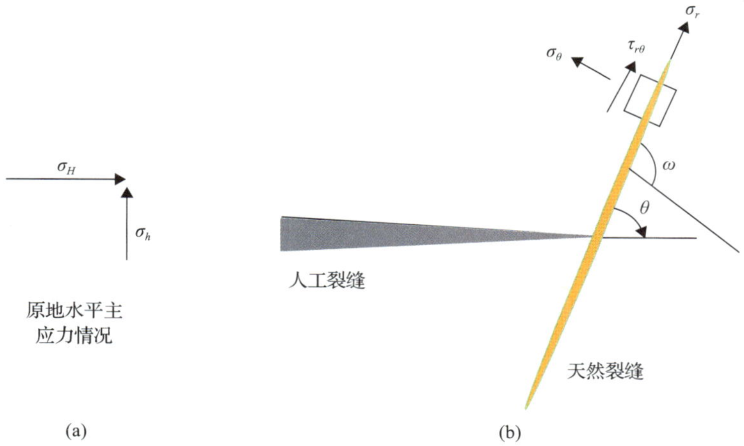

图 8.7　人工裂缝穿出天然裂缝示意图

Fig. 8.7　Schematic diagram of artificial cracks penetrating natural cracks

天然裂缝面上的主应力大小为

$$\left.\begin{matrix}\sigma_{z1}\\ \sigma_{z2}\end{matrix}\right|=\frac{\sigma_r+\sigma_\theta}{2}\pm\sqrt{\left(\frac{\sigma_r-\sigma_\theta}{2}\right)^2+\tau_{r\theta}^2} \tag{8.52}$$

式中，σ_{z1}为天然裂缝面上的最大主应力；σ_{z2}为天然裂缝面上的最小主应力。

结合前面所述，得出只需天然裂缝面上的最大主应力达到岩石的抗张强度，即满足剪切起裂应力条件一：

$$\sigma_{z1}=S_{\mathrm{T}} \tag{8.53}$$

化简得到关于 X 的方程：

$$aX^2+bX+c=0 \tag{8.54}$$

式中

$$\begin{cases}a=2-2\cos\theta\\ b=(\sigma_H-\sigma_h)\sin2\beta(1-\cos\theta)-(\sigma_H-\sigma_h)\cos2\beta\sin\theta+4\left(S_{\mathrm{T}}-\dfrac{\sigma_H+\sigma_h}{2}\right)\\ c=\left(\dfrac{\sigma_H-\sigma_h}{2}\sin2\beta\right)^2+\left(\dfrac{\sigma_H-\sigma_h}{2}\cos2\beta\right)^2-\left(S_{\mathrm{T}}-\dfrac{\sigma_H+\sigma_h}{2}\right)^2\end{cases} \tag{8.55}$$

由式(8.55)可看出此方程组有两个根，一个根满足天然裂缝面上最小主应力等于岩石抗张强度；另一个根能满足剪切起裂应力条件一，是所需要的根。

还需满足不发生剪切起裂的应力条件二：

$$|\tau_{r\theta}| < \tau_0 + \mu_w \sigma_\theta \tag{8.56}$$

式中，τ_0 为岩石黏聚力，MPa，裂缝闭合时黏聚力为 0；μ_w 为天然裂缝面内摩擦系数。当同时满足这两个条件时，可确定人工裂缝将穿过天然裂缝。

人工裂缝穿出走向为天然裂缝面上最小主应力方向时，最小主应力方向计算方法为

$$\tan 2\psi = \frac{2\tau_{r\theta}}{\sigma_r - \sigma_\theta} \tag{8.57}$$

由式(8.57)可知，主方向 ψ 也存在两个根，这两个根对应的主方向相互垂直，相差90°。

若应力条件相反，人工裂缝将被捕获，沿天然裂缝延伸：

$$|\tau_{r\theta}| > \tau_0 + \mu_w \sigma_\theta \tag{8.58}$$

2. 交叉准则参数响应分析

研究表明，人工裂缝与天然裂缝间的干扰角度和水平主应力比值(σ_H/σ_h)是影响人工裂缝走向的主要因素，逼近角和水平主应力比值共同影响人工裂缝的延伸趋势。给定逼近角分别为 30°、60°及 90°，运用交叉判断准则计算相应的人工裂缝穿过天然裂缝时水平主应力比值的范围，并计算出各自的穿出角度，储层的基础数据与前面一致。

1) 逼近角为 90°时

图 8.8 为当逼近角为 90°时人工裂缝穿出角度示意图，其计算结果见表 8.1。逼近角为 90°条件下的计算结果表明，水平主应力比值等于 0.5 是人工裂缝穿过天然裂缝的临界状况，水平主应力比值小于 0.5 时，人工裂缝不能穿过天然裂缝。从计算数据可以看出，水平主应力比值越大，穿出角度越接近逼近角，即人工裂缝趋于沿初始延伸方向继续延

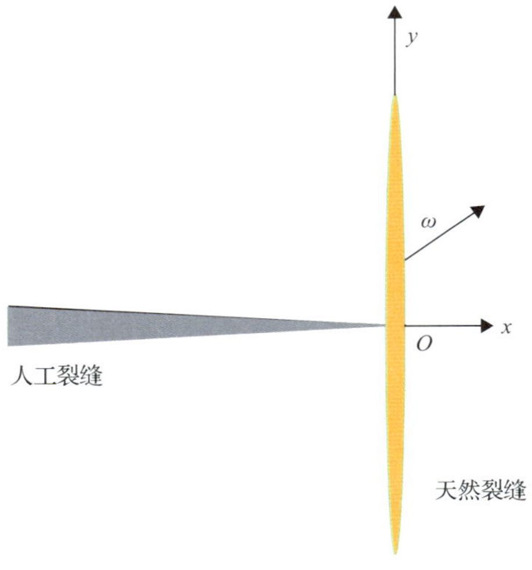

图 8.8 逼近角为 90°时人工裂缝穿出角度

Fig. 8.8 Artificial crack penetration angle when approaching angle 90°

表 8.1 逼近角为 90°时人工裂缝穿出角度

Table 8.1 Artificial crack penetration angle when approaching angle 90°

σ_H/σ_h	0.5	0.6	0.7	0.8	0.9	1	2
ω	57.03	62.33	66.85	68.00	70.42	72.48	82.42
σ_H/σ_h	3	4	5	6	7	8	9
ω	85.38	86.13	87.42	87.85	88.07	88.26	88.77

伸。但天然裂缝在人工裂缝的作用下壁面应力不再为原地应力，所以即使水平主应力比值足够大，人工裂缝穿出后也不会完全沿初始延伸方向继续延伸。

2) 逼近角为 60°时

图 8.9 为当逼近角为 60°时人工裂缝穿出角度示意图，其计算结果见表 8.2。逼近角为 60°条件下的计算结果表明，当水平主应力比值低于 0.4 时，人工裂缝不能穿过天然裂缝。因此，当 $\sigma_H \geqslant \sigma_h$ 时，人工裂缝会穿过天然裂缝。水平主应力比值越大，人工裂缝穿出角度越接近初始延伸方向。

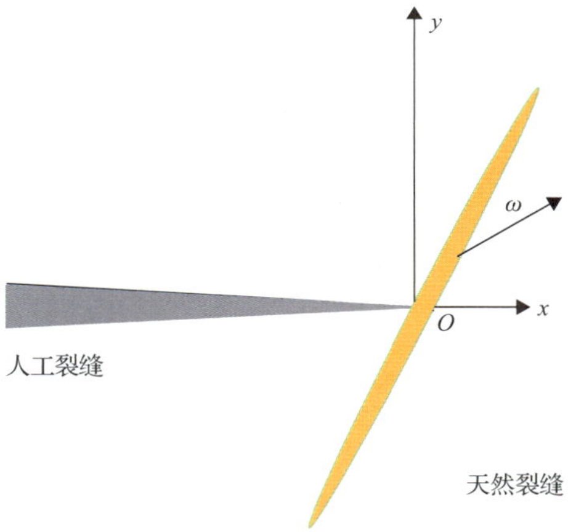

图 8.9 逼近角为 60°时人工裂缝穿出角度

Fig. 8.9 Artificial crack penetration angle when approaching angle 60°

表 8.2 逼近角为 60°时人工裂缝穿出角度

Table 8.2 Artificial crack penetration angle when approaching angle 60°

σ_H/σ_h	0.4	0.5	0.6	0.7	0.8	0.9	1	2
ω	96.40	67.96	66.28	65.81	64.84	64.18	63.30	62.68
σ_H/σ_h	3	4	5	6	7	8	9	
ω	61.96	61.26	60.87	60.34	60.12	60.03	61.96	

3) 逼近角为 30°时

图 8.10 为当逼近角为 30°时人工裂缝穿出角度示意图，其计算结果见表 8.3。逼近角为 30°条件下的计算结果表明，水平主应力比值等于 1.0 是人工裂缝穿过天然裂缝的临界

状况。水平主应力比值大于 1.0 时，人工裂缝将受到天然裂缝的阻滞而不能穿过天然裂缝。水平主应力比值小于等于 1 时，人工裂缝能够穿过天然裂缝继续向前延伸。

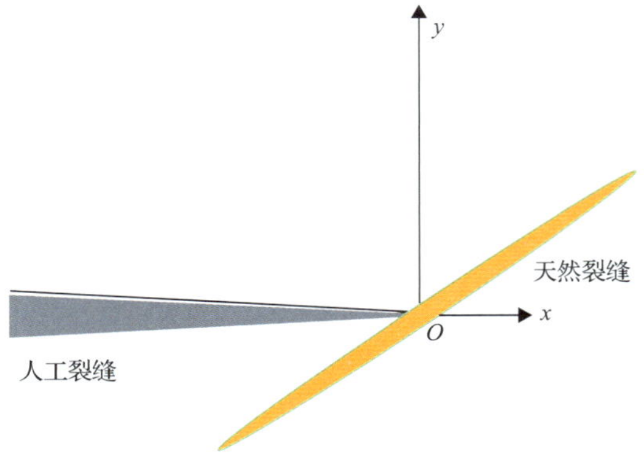

图 8.10　逼近角为 30°时人工裂缝穿出角度

Fig. 8.10　Artificial crack penetration angle when approaching angle 30°

表 8.3　逼近角为 30°时人工裂缝穿出角度

Table 8.3　Artificial crack penetration angle when approaching angle 30°

σ_H / σ_h	0.1	0.2	0.3	0.4	0.5
ω	117.19	103.50	99.62	82.33	70.24
σ_H / σ_h	0.6	0.7	0.8	0.9	1.0
ω	63.77	60.90	54.35	50.32	48.63

分析可知，给定逼近角时，通过计算可以得出人工裂缝穿过天然裂缝的水平主应力比值范围，此范围内人工裂缝能突破天然裂缝阻滞，超出此范围则人工裂缝将被捕获而不能穿过天然裂缝。详细计算结果见表 8.4。

表 8.4　给定不同逼近角时人工裂缝能够穿过天然裂缝时水平主应力比值范围及穿出角度

Table 8.4　Gives the range of horizontal principal stress ratio and the angle of penetration when passing through different approximation angles

逼近角/(°)	σ_H / σ_h	ω /(°)
15	0.003～0.98	53.94～105.05
30	0.03～1	48.63～119.80
45	0.29～1.7	47.52～129.27
60	大于 0.38	60.03~106.96
90	大于 0.48	47.03～88.77

综上，逼近角和水平主应力比值越大，人工裂缝越容易穿过天然裂缝。给定逼近角时，存在人工裂缝能够穿出天然裂缝的水平主应力比值范围，仅在此范围内时人工裂缝能够穿出天然裂缝。随着水平主应力比值的增大，人工裂缝穿出天然裂缝后越靠近水平主应力增大的方向。当逼近角小于 30°时，在 $\sigma_H \geqslant \sigma_h$ 的前提下人工裂缝不会穿过天然裂

缝；当逼近角超过 60°时，在 $\sigma_H \geqslant \sigma_h$ 的情况下，人工裂缝一定会穿出天然裂缝。

相应可以得出，逼近角越小、水平主应力比值越大，复杂裂缝网络形成难度越大；逼近角越大、水平主应力比值越小，越容易形成复杂裂缝网络。

3. 实验验证

实验采用大尺寸真三轴水力压裂模拟系统进行模拟，设计不同的逼近角及水平主应力比值的组合，验证受预制裂缝干扰后人工裂缝的走向问题。实验结果表明，在低逼近角情况下，预制裂缝易发生剪切破坏，人工裂缝易沿着预制裂缝延伸。而在高逼近角情况下，人工裂缝易直接穿出预制裂缝继续向前延伸，且随着水平主应力比值的增加，穿出角度越接近裂缝初始延伸方向。

1) 实验目的

实验主要模拟裂缝性储层中人工裂缝与天然裂缝交汇后的延伸过程。目的在于验证人工裂缝与天然裂缝交叉准则的准确性，并分析不同天然裂缝逼近角及水平主应力比值对人工裂缝延伸过程的干扰。

2) 实验设计

压裂液选用不添加支撑剂的胍胶溶液，采用水泥混合细河砂浇铸尺寸为 30cm×30cm×30cm 的立方体试样，浇铸过程中在试样内部设置 A4 打印纸作为预制裂缝，逼近角分别为 30°、45°、60°(图 8.11)。

(a)

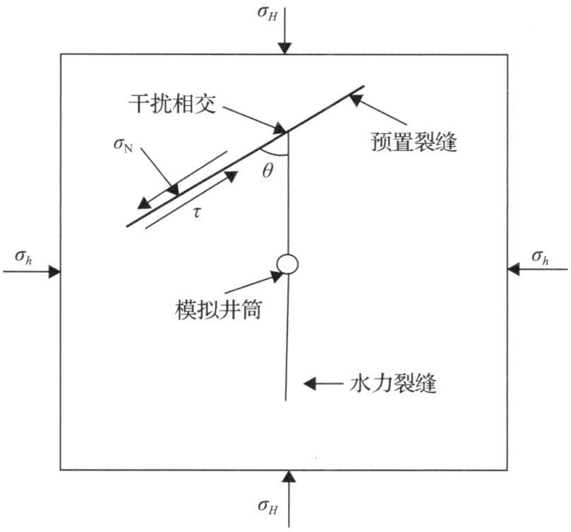

(b)

图 8.11 水泥试样布置图

Fig. 8.11 Cement sample layout

该实验参数设计以相似准则为基准，见表 8.5。模拟预制的不同逼近角的天然裂缝对人工裂缝延伸的干扰影响规律，提供直观的交叉准则验证资料。泵注排量为 3.5cm^3/min，直井裸眼完井，预制裂缝形态平行于注入管。

3) 实验结果及分析

图 8.12 给出了 1#岩样人工裂缝的扩展形态。预制裂缝对人工裂缝产生了局部应力集中，阻挡了人工裂缝的继续延伸，改变了裂缝的延伸方向。人工裂缝延伸至预制裂缝处后，改为沿天然裂缝面延伸，直至出现漏液。从 1#岩样的实验中可以得出：当人工裂缝遭遇天然裂缝面且天然裂缝面比人工裂缝扩展边缘大时，人工裂缝将会和天然裂缝面融合，人工裂缝的原延伸形态将被打破。实验结果与理论预测是相互吻合的。

表 8.5 实验设计具体参数

Table 8.5 Specific parameters of the experimental design

参数	试样序号			
	1#	2#	3#	4#
试样材料抗张强度/MPa	2.7	2.7	2.7	2.7
垂向应力/MPa	12	12	12	12
最大水平主应力 1 σ_H /MPa	15	15	10	10
最小水平主应力 2 σ_h /MPa	10	10	4	4
σ_H / σ_h	1.5	1.5	2.5	2.5
逼近角 θ/(°)	30	45	45	60
交叉准则预测结果	人工裂缝沿天然裂缝面延伸	人工裂缝穿出天然裂缝	人工裂缝沿天然裂缝面延伸	人工裂缝穿出天然裂缝

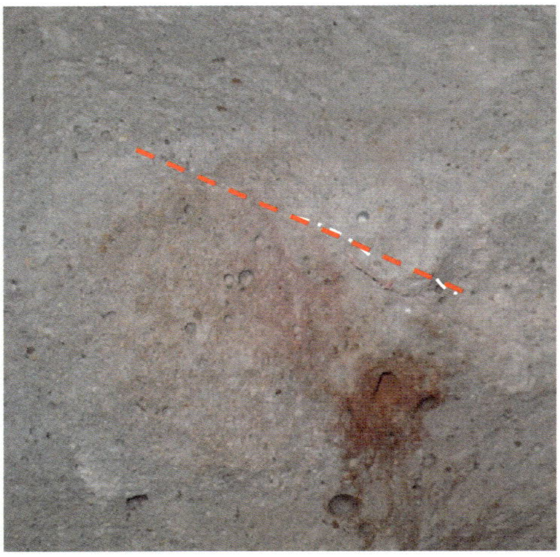

图 8.12 1#岩样人工裂缝扩展情况

Fig. 8.12 Expansion of artificial cracks in the first group of experiments

图 8.13 给出了 2#岩样人工裂缝的扩展形态。在注液后人工裂缝首先沿着垂直最小主应力方向起裂延伸，最初裂缝的产生是因为注液口的压力大于岩样的抗拉强度。随着注入压力的逐渐增大，人工裂缝继续延伸，直至延伸至预制裂缝。最终实验结果与理论预测相吻合，人工裂缝直接突破天然裂缝阻滞继续向前延伸，由于在预制裂缝处产生了部分应力集中，人工裂缝继续向前延伸时延伸方向发生了偏移，即人工裂缝穿出预制裂缝，

穿出角度偏离原有延伸方向。

图 8.14 给出了 3#岩样人工裂缝的扩展形态。从实验现象可以看出井筒左右两侧的压裂裂缝最终呈现的延伸趋势差别很大，预制天然裂缝这侧人工裂缝没有穿过天然裂缝，延伸形态为沿预制裂缝面延伸，人工裂缝的实际扩展形态与理论预测吻合较好；而无天然裂缝的一侧，人工裂缝沿着垂直于最小主应力方向延伸至试样边缘，有压裂液渗出。

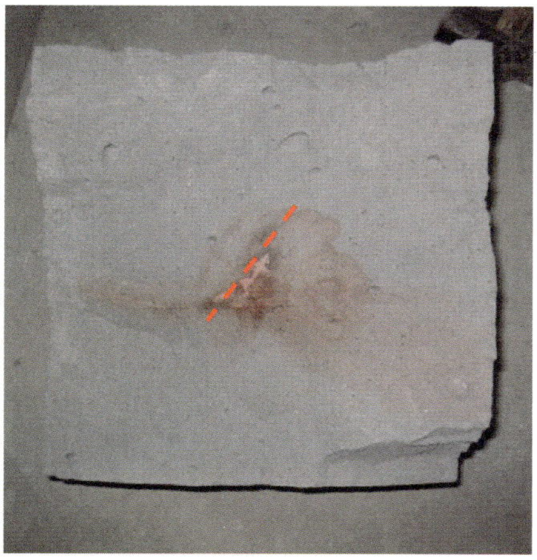

图 8.13 2#岩样人工裂缝扩展情况

Fig. 8.13 Expansion of artificial cracks in the second group of experiments

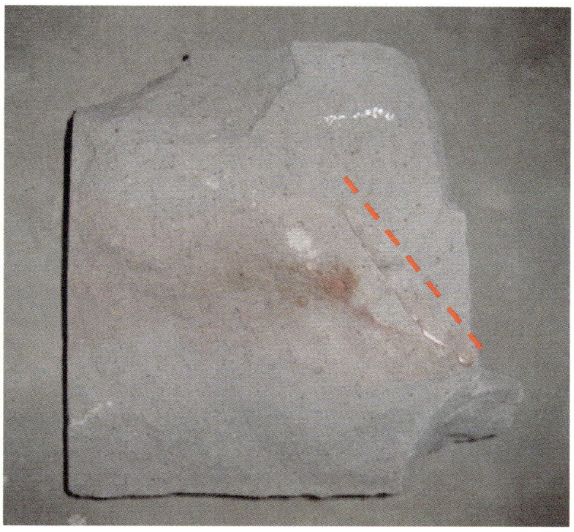

图 8.14 3#岩样人工裂缝扩展情况

Fig. 8.14 Expansion of artificial cracks in the third group of experiments

图 8.15 给出了 4#岩样人工裂缝的扩展形态，可清晰看出人工裂缝突破了预制裂缝的阻滞继续向前延伸。该实验结果与交叉准则预测结果极为吻合。注入压裂液后人工裂缝首先沿垂直最小主应力方向起裂延伸，当延伸至与预置天然裂缝交汇后，在预制裂缝处产生了小部分应力集中，但人工裂缝仍继续延伸，仅穿出方向有所偏移。

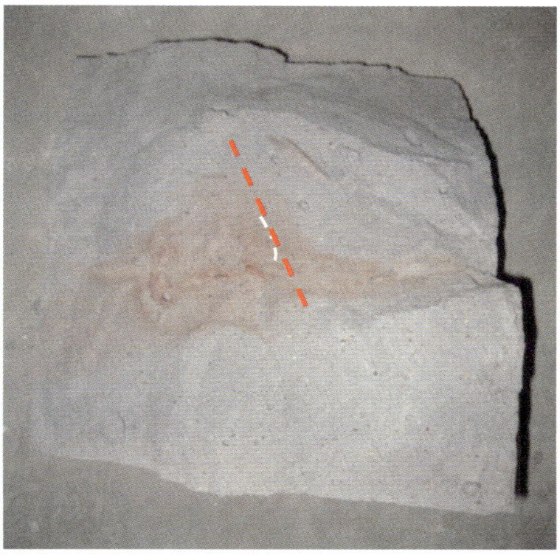

图 8.15 4#岩样人工裂缝扩展情况

Fig. 8.15 Expansion of artificial cracks in the fourth group of experiments

8.2.3 天然裂缝对人工裂缝几何形态的影响

本节着重考虑天然裂缝介质的存在对人工裂缝尺寸特征的影响。通过分析统计数据，裂缝性储层中充分发育的天然裂缝会显著影响储层渗透率，进而使与渗透率密切相关的压裂液综合滤失系数的大小发生变化，最终会影响人工裂缝尺寸特征。目的区块天然裂缝垂向分布统计见表 8.6。

表 8.6 目的区块天然裂缝垂向分布统计

Table 8.6 Statistics on the vertical distribution of natural cracks in the target block

层号	取心深度/m	天然裂缝条数	渗透率/mD
1	1630.0～1631.5	36	0.33
2	1636.3～1637.0	194	16
3	1640.0～1641.3	135	8.6
4	1790.0～1792.1	87	1.4
5	1794.8～1795.1	92	1.45
6	1798.2～1799.1	116	3.86
7	1801.0～1802.5	80	1.2
8	1922.5～1923.7	102	1.82
9	1926～1928.6	33	0.37
10	1932.7～1935.9	33	0.37
11	1943.3～1947	97	1.75

研究给定不同滤失系数时天然裂缝对人工裂缝几何形态及尺寸特征的影响，参数的选取依照目的区块岩石力学参数和现场施工参数选择。综合滤失系数换算关系见表 8.7。

表 8.7 综合滤失系数换算关系表

Table 8.7 Comprehensive fluid loss coefficient conversion relationship table

储层渗透率/mD	综合滤失系数/ $(m/min^{1/2})$
0.251～0.5	0.0031
0.51～1.0	0.0044
1.1～2.0	0.0063
16～32	0.0251

石油领域现有的计算人工裂缝的宽度及长度的方法可以分为两类：一类是基于垂直平面应变理论的 PKN(Perkins-Kern-Nordgren)模型；另一类是基于水平平面应变理论的 KGD(Khristianovich-Zheltov-Geertsma-Deklert)模式。PKN 模型与 KGD 模型互相矛盾，

综合考虑两个模型可使结果更加完善和可信。PKN 模型针对裂缝长度远大于裂缝宽度的情况，KGD 模型针对裂缝长度比裂缝宽度小得多的情况。

1. PKN 模型分析

PKN 模型假定人工裂缝关于井轴对称，同时向相反的方向对等生长。假定裂缝高度为常数，仅裂缝长度及宽度为变量，即裂缝的生长是二维的。

水平方向及竖直方向上都为椭圆形的人工裂缝。水平方向上，裂缝宽度远小于裂缝长度；竖直方向上，裂缝宽度远小于裂缝高度。此模型适用于裂缝长度大于裂缝高度的人工裂缝。

平均裂缝宽度方程为

$$\overline{w}=2.24\left(\frac{\mu Q x_{\mathrm{f}}}{E'}\right)^{\frac{1}{4}} \tag{8.59}$$

裂缝半长方程为

$$x_{\mathrm{f}}=0.524\left(\frac{Q^{3}E'}{\nu h_{\mathrm{f}}^{4}}\right)^{\frac{1}{5}}t^{\frac{4}{5}} \tag{8.60}$$

式中，$\overline{w}$ 为平均裂缝宽度；ν 为压裂液黏滞系数；Q 为流量，初始值为 100；x_{f} 为裂缝半长；E' 为平面变形模量；h_{f} 为裂缝高度；t 为水力压裂时间。

根据表 8.8 中的数据绘图，如图 8.16 和图 8.17 所示。

表 8.8 不同综合滤失系数下 PKN 模型的裂缝形态计算

Table 8.8 Calculation of crack morphology of PKN model under different comprehensive fluid loss coefficients

水力压裂时间/min	综合滤失系数	裂缝长度/m	平均裂缝宽度/mm
1	无滤失	2.03	4.95
	K_{w}=0.0031	2.02	4.92
	K_{w}=0.0044	2.01	4.92
	K_{w}=0.0063	2.00	4.91
2	无滤失	3.53	5.68
	K_{w}=0.0031	3.49	5.64
	K_{w}=0.0044	3.47	5.62
	K_{w}=0.0063	3.43	5.59
3	无滤失	4.87	6.16
	K_{w}=0.0031	4.79	6.09
	K_{w}=0.0044	4.75	6.06
	K_{w}=0.0063	4.68	6.00

续表

水力压裂时间/min	综合滤失系数	裂缝长度/m	平均裂缝宽度/mm
4	无滤失	6.14	6.53
	K_w=0.0031	5.99	6.43
	K_w=0.0044	5.92	6.38
	K_w=0.0063	5.81	6.29
5	无滤失	7.33	6.83
	K_w=0.0031	7.12	6.70
	K_w=0.0044	7.01	6.63
	K_w=0.0063	6.84	6.52
6	无滤失	8.48	7.08
	K_w=0.0031	8.19	6.92
	K_w=0.0044	8.03	6.83
	K_w=0.0063	7.79	6.69
7	无滤失	9.60	7.30
	K_w=0.0031	9.20	7.10
	K_w=0.0044	9.00	7.00
	K_w=0.0063	8.68	6.83
8	无滤失	10.68	7.50
	K_w=0.0031	10.18	7.26
	K_w=0.0044	9.92	7.14
	K_w=0.0063	9.51	6.94

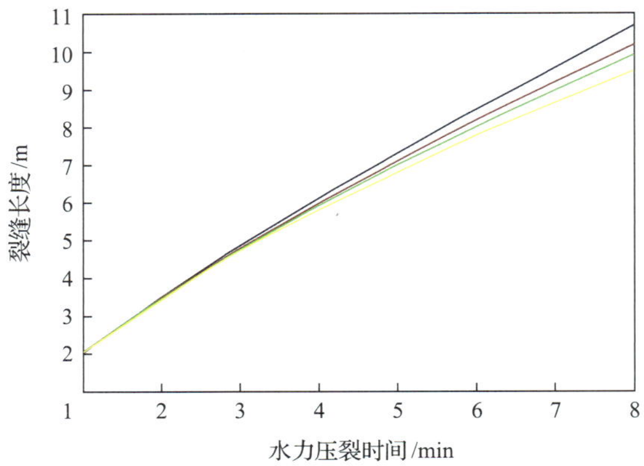

图 8.16 不同综合滤失系数下 PKN 模型计算裂缝长度随水力压裂时间的变化曲线

Fig. 8.16 Curve of the calculation of the slit length with time in the PKN model under different comprehensive fluid loss coefficients

曲线从上到下依次对应无裂缝干扰、K_w=0.0031、K_w=0.0044、K_w=0.0063 四种情况

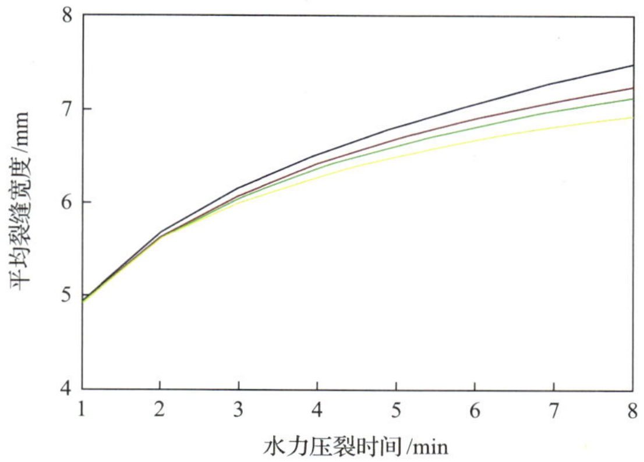

图 8.17　不同综合滤失系数下 PKN 模型计算平均裂缝宽度随水力压裂时间的变化曲线

Fig. 8.17　Calculating the variation of slit width with time in PKN model under different comprehensive filtration factor

曲线从上到下依次对应无裂缝干扰、K_w=0.0031、K_w=0.0044、K_w=0.0063 四种情况

2. KGD 模型分析

KGD 模型假定在裂缝高度的水平面内满足平面应变条件，认为在整个裂缝高度上的水平面之间可发生相互滑动，裂缝在竖向断面上为一矩形。此模型适用于裂缝高度大于裂缝长度的情况。此外，模型假设在整个裂缝高度上裂缝宽度不随竖向坐标变化，在垂向上裂缝宽度均一致。

平均裂缝宽度方程为

$$\bar{w} = 2.53\left(\frac{\nu Q x_f^2}{h_f E'}\right)^{\frac{1}{4}} \tag{8.61}$$

裂缝半长方程为

$$x_f = 0.539\left(\frac{Q^3 E'}{\nu h_f^3}\right)^{\frac{1}{6}} t^{\frac{2}{3}} \tag{8.62}$$

根据表 8.9 中的数据进行绘图，如图 8.18 和图 8.19 所示。

分析图 8.16～图 8.19 可以得出水力压裂过程中裂缝特征参数随综合滤失系数的变化关系：

(1) 对于裂缝长度而言，PKN 模型和 KGD 模型计算的裂缝长度均随水力压裂时间的增加而增大，随裂缝综合滤失系数的增大而减小。同时发现，由于模型自身特点的不同，KGD 模型计算的初始裂缝长度要大于 PKN 模型计算的初始裂缝长度，然而随着水力压裂时间的推移，PKN 模型的计算结果大于 KGD 模型的计算结果。

(2) 对于平均裂缝宽度而言，PKN 模型和 KGD 模型计算的平均裂缝宽度均随时间的增加而增大，随裂缝综合滤失系数的增大而减小。但 KGD 模型计算的平均裂缝宽度明显要大于 PKN 模型计算的平均裂缝宽度。

表 8.9　不同综合滤失系数下 KGD 模型的裂缝形态计算

Table 8.9　Calculation of crack morphology of KGD model under different comprehensive fluid loss coefficients

水力压裂时间/min	综合滤失系数	裂缝长度/m	平均裂缝宽度/mm
1	无滤失	2.51	7.42
	K_w=0.0031	2.50	7.38
	K_w=0.0044	2.49	7.36
	K_w=0.0063	2.48	7.34
2	无滤失	4.00	9.36
	K_w=0.0031	3.96	9.27
	K_w=0.0044	3.94	9.22
	K_w=0.0063	3.90	9.15
3	无滤失	5.24	10.72
	K_w=0.0031	5.17	10.56
	K_w=0.0044	5.13	10.48
	K_w=0.0063	5.06	10.35
4	无滤失	6.36	11.80
	K_w=0.0031	6.23	11.57
	K_w=0.0044	6.17	11.45
	K_w=0.0063	6.07	11.27
5	无滤失	7.38	12.72
	K_w=0.0031	7.20	12.41
	K_w=0.0044	7.10	12.24
	K_w=0.0063	6.96	11.99
6	无滤失	8.34	13.52
	K_w=0.0031	8.09	13.12
	K_w=0.0044	7.96	12.91
	K_w=0.0063	7.76	12.59
7	无滤失	9.25	14.24
	K_w=0.0031	8.93	13.74
	K_w=0.0044	8.76	13.49
	K_w=0.0063	8.49	13.08
8	无滤失	10.11	14.89
	K_w=0.0031	9.71	14.30
	K_w=0.0044	9.50	13.99
	K_w=0.0063	9.16	13.50

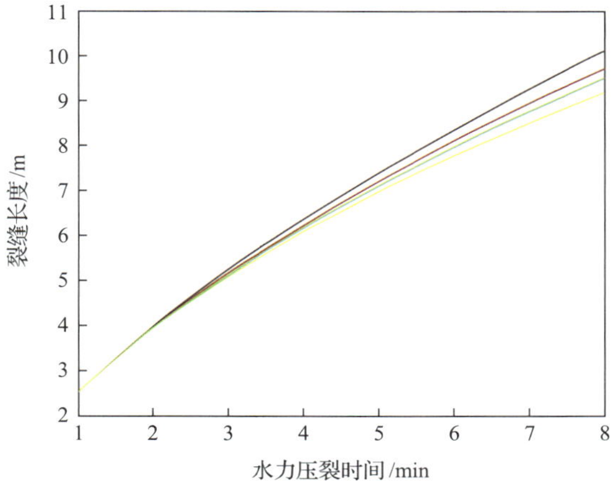

图 8.18　不同综合滤失系数下 KGD 模型计算裂缝长度随水力压裂时间的变化曲线

Fig. 8.18　Curve of the calculation of the slit length with time for the KGD model under different comprehensive fluid loss coefficients

曲线从上到下依次对应无裂缝干扰、K_w=0.0031、K_w=0.0044、K_w=0.0063 四种情况

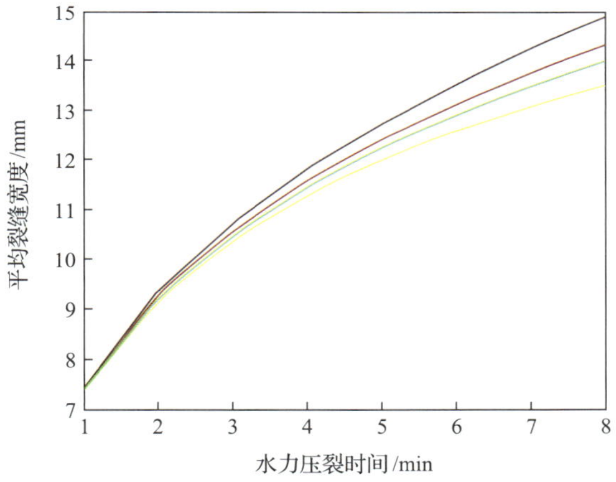

图 8.19　不同综合滤失系数下 KGD 模型计算平均裂缝宽度随水力压裂时间的变化曲线

Fig. 8.19　Curve of variation of slit width with time in KGD model under different comprehensive fluid loss coefficients

曲线从上到下依次对应无裂缝干扰、K_w=0.0031、K_w=0.0044、K_w=0.0063 四种情况

综上所述，人工裂缝的最终形态受天然裂缝特征参数的影响。天然裂缝的分布特征在很大程度上影响了综合滤失系数的大小，随着天然裂缝分布特征的变化，人工裂缝的几何特征必将受其影响。从水力压裂的角度来看，人工裂缝的几何特征参数主要受天然裂缝渗漏量的影响。当渗漏量不确定时，随着综合滤失系数的增加，人工裂缝长度和宽度都减小。天然裂缝的滤失会引起人工裂缝长度和宽度突减，无疑给压裂改造带来了极大风险。

分析可知，天然裂缝介质的存在，改变了裂缝性储层的渗透率及压裂液综合滤失系数。天然裂缝发育程度越高，压裂液滤失量越大，压裂液的效率大幅降低，进而明显影响人工裂缝的长度和宽度。

8.3 页岩气藏水平井多级压裂裂缝扩展模型研究

由于页岩气藏具有超低渗透率和低孔隙度的特点，Branagan 等[208]和 Warpinski 等[209]均认为水平井配合多级大规模水力压裂措施是页岩气藏开发的主要技术措施。从 20 世纪 90 年代起，国内外学者对油气藏中水力压裂的起裂和延伸形态进行了广泛的研究。普遍的结论认为，压裂裂缝的结构形态通常为多分支、波形和交叉形。岩石的非均质性(天然裂缝、孔隙、隔层等)、局部地应力和施工参数等共同影响着主干缝和分支裂缝的起裂和延伸。在页岩中，岩石的脆性指数和微裂缝对水力压裂缝也有着十分重要的影响。

在采用水平井多级压裂时，页岩地层压裂裂缝从水平段的射孔簇通道开始起裂，具体裂缝形态可以分为裂缝簇不交叉[图 8.20(a)]和裂缝簇交叉[图 8.20(b)]。

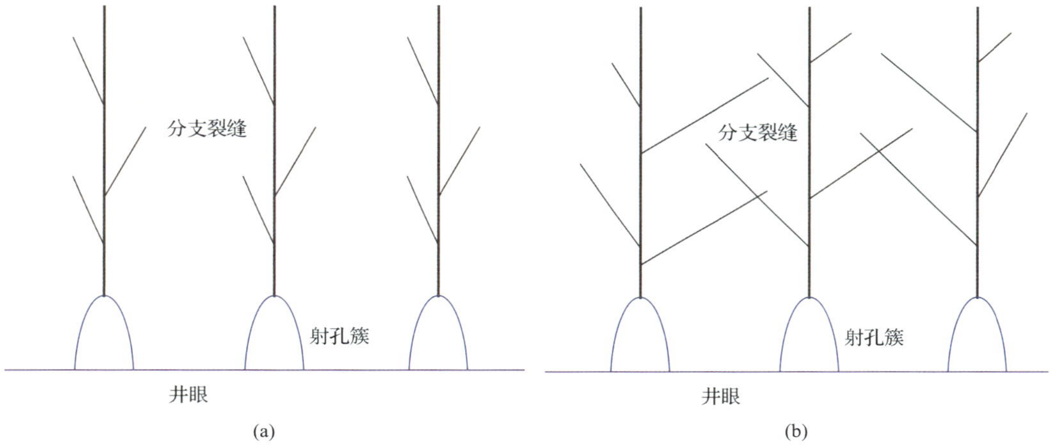

图 8.20 页岩气复杂裂缝的开发

Fig. 8.20 Development of complex cracks in rock gas

对于水平井多级压裂形成的复杂裂缝网络，无论如何假设裂缝的扩展形态，都会与油层实际的裂缝形态有所偏差。这就给后续油藏改造效果的产能预测分析和计算带来了困难。这也是本书研究的重点和现实意义所在。

8.3.1 水力压裂裂缝扩展模型

不管压裂裂缝在地下如何扩展，其扩展的能量都是由地面注入的流体能，即地层中裂缝扩展需要的能量和地面注入能量遵循能量守恒原理。由于压裂形成的裂缝分支具有不同的长度，且不能精确预测，以裂缝分支平均长度为基础的裂缝复杂性表征就变得很有意义。将裂缝分支平均长度定义为裂缝虚拟长度，裂缝分支个数定义为裂缝虚拟个数。那么裂缝虚拟个数和裂缝虚拟长度的乘积等于裂缝分支的总长度。裂缝虚拟个数越多，裂缝系统的复杂性越强，所以裂缝虚拟个数也是评价裂缝系统复杂性的指标。

由于水力压裂和多分支裂缝形成的复杂性，为简化问题需要假设：①地层岩石为各向同性的连续弹性体；②地层岩石和流体均微可压缩，且压缩系数保持不变；③多分支压裂缝的裂缝高度和裂缝宽度相等，且裂缝断面形态为矩形裂缝；④忽略压裂液受重力的影响，缝内各点压裂液的压力相等；⑤在多分支裂缝形成过程中的压裂液不存在滤失现象。

基于多级压裂过程中的能量守恒原理，Guo 和 Jiang[210]为了实现对裂缝虚拟个数和裂缝虚拟长度的定量分析，将任何时间内泵入射孔簇的流体能转化为裂缝内部流体的压力能、流动流体的动能、岩石的弹性能、岩石的表面能和流动摩擦产生的热能 5 种形式。

1) 裂缝内部流体的压力能

裂缝内部流体的压力能是压裂液具有的潜在能量，是水力压裂裂缝形成的根本能量，具体公式如下：

$$E_{\mathrm{p}} = nhxwP \tag{8.63}$$

式中，h 为裂缝分支的平均高度，m；n 为射孔簇裂缝分支的数目，无量纲；w 为裂缝分支的平均宽度，m；x 为裂缝的平均长度，m；P 为裂缝分支的平均压力，MPa；E_{p} 为裂缝内部流体的压力能。

2) 流动流体的动能

流动流体的动能是流动压裂液具有的能量，具体公式如下：

$$E_{\mathrm{k}} = \frac{1}{2}nhxw\rho\left(\frac{\mathrm{d}x}{\mathrm{d}t}\right)^2 \tag{8.64}$$

式中，ρ 为带有支撑剂的液压流体密度，$\mathrm{kg/m^3}$；t 为泵入时间，s；E_{k} 为流动流体的动能。

由于式(8.63)和式(8.64)中裂缝分支的平均高度 h、射孔簇裂缝分支的数目 n、裂缝分支的平均宽度 w、裂缝的平均长度 x 等参数都虚拟平均化，流动流体的动能采用了式(8.64)中的形式；另外，在裂缝生长过程中，平均高度和平均宽度是固定的，裂缝扩展速度的变化在平均裂缝长度中得到反映。

3) 岩石的弹性能

岩石的弹性能是指岩石裂缝在压裂液能量作用下发生变形时具有的能量，具体公式如下：

$$E_{\mathrm{s}} = \frac{1}{2}nhxw(P-\sigma_h) \tag{8.65}$$

式中，E_{s} 为岩石的弹性能。

需要注意的是，岩石弹性势能不能退化到稳态问题，建模时确实未考虑此问题。

4) 岩石的表面能

岩石的表面能 E_{e} 是岩石裂缝扩展时产生的能量，具体公式如下：

$$E_e = nhx2e_s \tag{8.66}$$

为了后续求解方便，将式(8.66)变换为

$$E_e = nhxw\frac{2e_s}{w} \tag{8.67}$$

式中，e_s为岩石的比表面能，J/m^2。

5)流动摩擦产生的热能

$$E_f = 2fnhx^2\left(\frac{dx}{dt}\right)^2 \tag{8.68}$$

式中，f为范宁摩擦系数；E_f为流动摩擦产生的热能。

基于能量守恒原理，裂缝内部流体的压力能、流动流体的动能、岩石的表面能、岩石的弹性能、流动摩擦产生的热能的和等于注入液体的能量，可以得出以下方程：

$$p_{inj}q_{inj}t = E_p + E_k + E_s + E_e + E_f \tag{8.69}$$

式中，p_{inj}为裂缝入口的注入压力，MPa；q_{inj}为流体注入率，m^3/s。

利用最小作用量原理可以计算出裂缝虚拟个数和裂缝虚拟分支的解。用符号$K(t)$表示动能、$P(t)$表示势能、$F(t)$表示耗散能。定义拉格朗日函数L、动作积分函数I_σ为

$$\begin{aligned} L &= K(t) - P(t) \\ I_\sigma &= \int L\mathrm{d}t \end{aligned} \tag{8.70}$$

引入瑞利耗散函数，根据哈密顿原理，研究对象将按I_σ最小的轨迹移动，则I_σ达到最低时的拉格朗日函数F为

$$\frac{d}{dt}\left(\frac{\partial L}{\partial \dot{x}}\right) - \frac{\partial L}{\partial x} = -\frac{\partial F}{\partial \dot{x}} \tag{8.71}$$

将式(8.69)和式(8.70)变形、整理、简化代入式(8.71)中，整理、化简求解高阶微分方程，可得裂缝虚拟长度和裂缝虚拟个数的解如下：

$$x = \frac{3}{4}t^{\frac{2}{3}}\left[\frac{w}{4f\rho}\left(3P - \sigma_h + \frac{4e_s}{w}\right)\right]^{\frac{1}{3}} \tag{8.72}$$

$$n = \frac{p_{inj}q_{inj}t}{hx\left\{w\left[P + \frac{1}{2}(P - \sigma_h) + \frac{2e_s}{w}\right] + \rho\left(\frac{1}{2}w + 2fx\right)\left(\frac{dx}{dt}\right)^2\right\}} \tag{8.73}$$

裂缝生长率公式如下：

$$\frac{\mathrm{d}x}{\mathrm{d}t}=\frac{1}{2}t^{-\frac{1}{3}}\left[\frac{w}{4f\rho}\left(3P-\sigma_h+\frac{4e_\mathrm{s}}{w}\right)\right]^{\frac{1}{3}} \tag{8.74}$$

式(8.72)～式(8.74)中的裂缝宽度的求解可以使用下式：

$$w=\frac{\pi h(P-\sigma_h)}{4}\frac{1-\mu^2}{E} \tag{8.75}$$

式中，E 为弹性模量；μ 为泊松比。

在流体注入的任何给定时间内，根据式(8.72)和式(8.73)即可分析裂缝虚拟长度和裂缝虚拟个数。本节中裂缝虚拟个数是表示裂缝系统复杂性的指标。

8.3.2 多级压裂储层体积改造程度的预测

2010 年，Mayerhofer 等[211]提出的储层体积改造可以被定义为已经受到增产影响的储层体积。在上述公式计算得到的裂缝虚拟长度和裂缝虚拟个数的基础上，可以描述增产措施的储层体积改造情况。

本书建立的模型给出了裂缝虚拟长度和裂缝虚拟个数，但没有考虑裂缝分支在油藏中的生长方向。在存在水平应力各向异性的油藏中，裂缝生长方向受水平应力差异的影响，假设储层体积改造的范围是椭圆形，其中长轴线与最大水平应力方向相同，而短轴线与最小水平应力方向相同。裂缝模型的复杂性可以用式(8.71)～式(8.73)来分析说明。另外，基于储层改造地区是一个带有射孔簇的椭圆形中心的假设，对于每个射孔簇来说，储层体积改造可描述为储层改造地区和裂缝平均长度的产物。定义 L_x 和 L_y 分别为半短轴和半长轴，其中 L_x/L_y 是通过原位水平应力各向异性确定的。如果我们假设裂缝分支的平均长度等于 L_x+L_y 的一半，L_x/L_y 等于最小水平地应力和最大水平地应力(σ_h/σ_H)的比值，那么储层体积改造就可以写成如下形式：

$$(\mathrm{SAR})_i=\pi L_xL_y=4\pi x_i^2\frac{\dfrac{\sigma_H}{\sigma_h}}{\left(1+\dfrac{\sigma_H}{\sigma_h}\right)^2} \tag{8.76}$$

$$\mathrm{SRV}=\sum_1^{n_\mathrm{c}}4\pi x_i^2h_i\frac{\dfrac{\sigma_H}{\sigma_h}}{\left(1+\dfrac{\sigma_H}{\sigma_h}\right)^2} \tag{8.77}$$

式中，x_i 为第 i 射孔簇中裂缝的平均长度，m；h_i 为第 i 射孔簇中裂缝的平均高度，m；n_c 为射孔簇的数目。

在推导式(8.77)时，假设储层改造区域的相邻射孔簇之间没有重叠区域。现实中，在考虑射孔簇间距时，应避免储层改造区域的重叠，其间距大小由最佳注入时间的裂缝分支平均长度决定。

8.3.3 模型的影响因素分析

为了优化多级压裂设计和使油井产能最大化，探讨影响裂缝复杂性指标的因素是有必要的。通过式(8.72)～式(8.74)得出裂缝延伸的变化趋势与裂缝虚拟个数是注入时间的函数。

为了了解裂缝净压力、杨氏模量、范宁摩擦系数、页岩表面能等对裂缝生长率和虚拟个数的影响，绘制图8.21～图8.28。

图 8.21～图 8.28 中给出了裂缝生长率和裂缝虚拟个数的分布曲线。由图 8.21～图 8.28 可知，在流体注入前期，裂缝分支的生长速度很快，随着泵液时间的增加，裂缝分

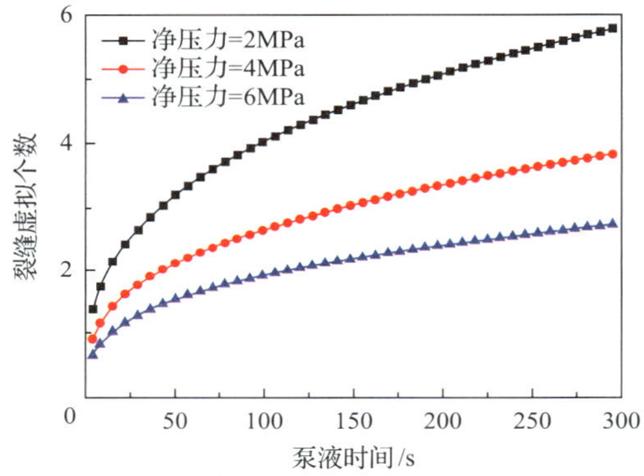

图 8.21 净压力对裂缝虚拟个数的影响
Fig. 8.21 Effect of net pressure on the number of virtual cracks

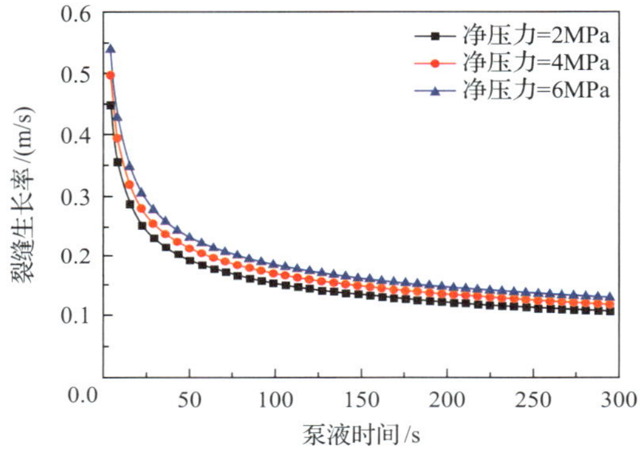

图 8.22 净压力对裂缝生长率的影响
Fig. 8.22 Effect of net pressure on crack growth rate

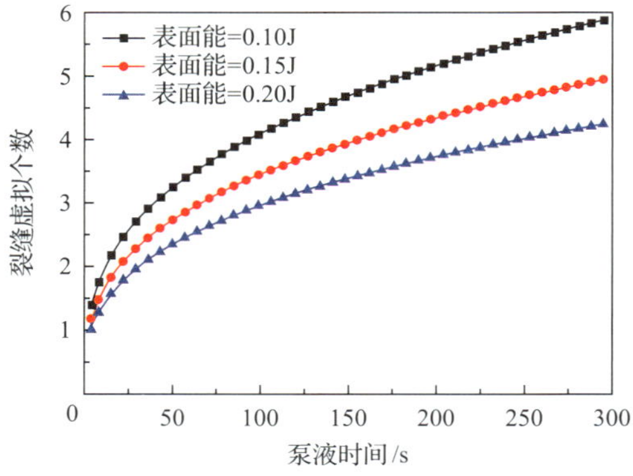

图 8.23 表面能对裂缝虚拟个数的影响
Fig. 8.23 Effect of surface energy on the number of virtual cracks

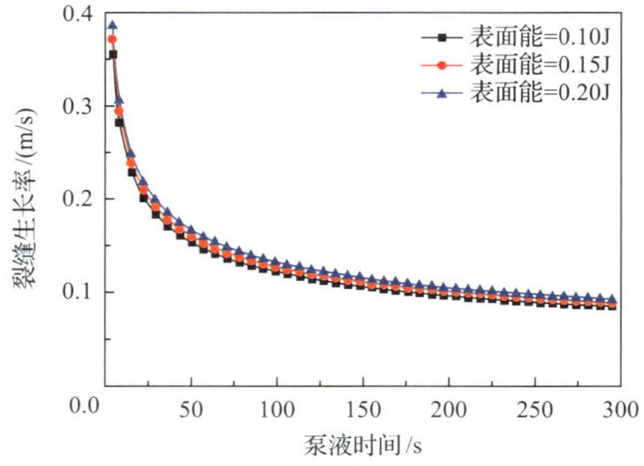

图 8.24 表面能对裂缝生长率的影响
Fig. 8.24 Effect of surface energy on crack growth rate

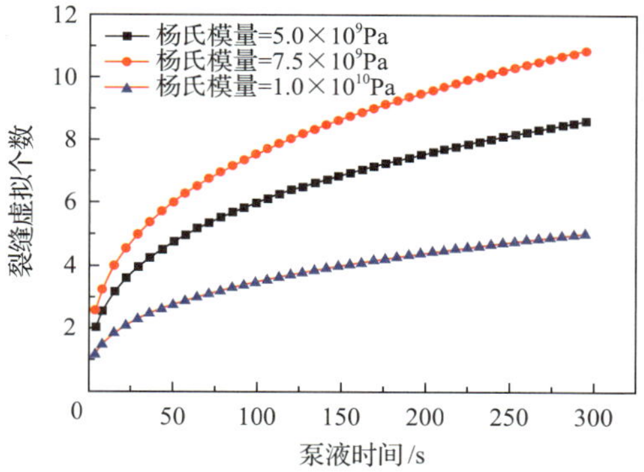

图 8.25 杨氏模量对裂缝虚拟个数的影响

Fig. 8.25 Effect of Young's Modulus on the Number of Cracks

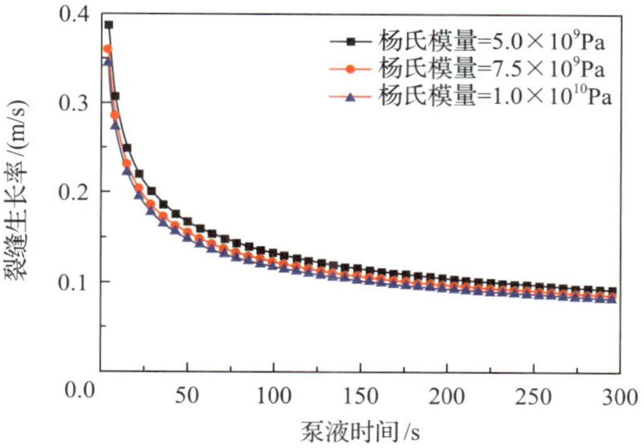

图 8.26 杨氏模量对裂缝生长率的影响

Fig. 8.26 Effect of Young's Modulus on Crack Growth Rate

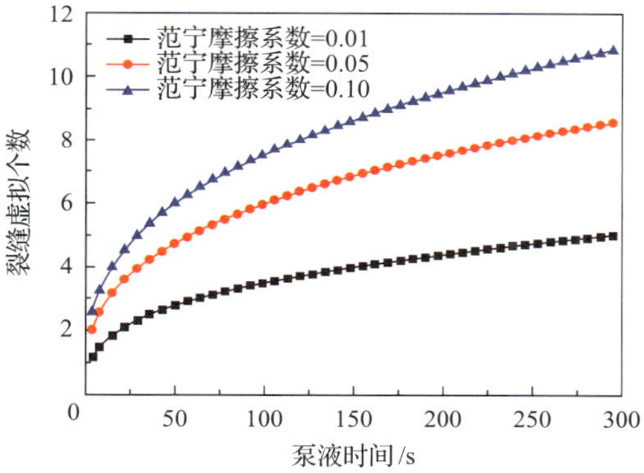

图 8.27 范宁摩擦系数对裂缝虚拟个数的影响

Fig. 8.27 Fanning coefficient of friction on the number of virtual cracks

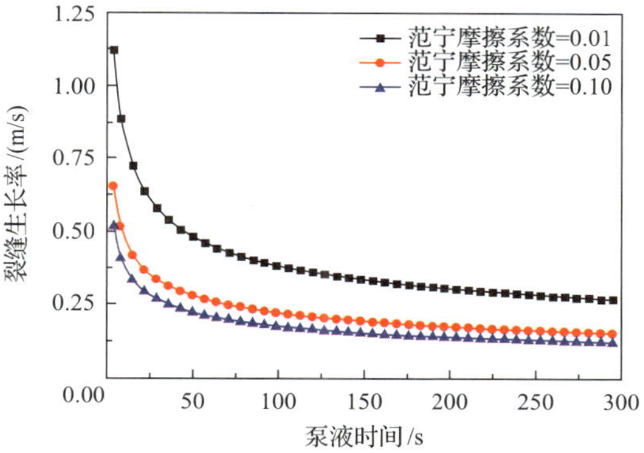

图 8.28 范宁摩擦系数对裂缝生长率的影响

Fig. 8.28 Effect of Fanning friction coefficient on crack growth rate

支生长变缓。裂缝虚拟个数随泵液时间呈幂律函数增加。这就为射孔簇增长率与压裂液注入体积不成正比的事实提供了一个理论解释。

从图 8.21～图 8.28 中可知，随着泵液时间的增长，裂缝生长率呈负幂律分布，裂缝虚拟个数呈幂律分布。杨氏模量、范宁摩擦系数等对裂缝虚拟个数的影响显著。裂缝净压力、页岩表面能对裂缝虚拟个数的影响不显著。裂缝净压力、范宁摩擦系数对裂缝生长率的影响显著。杨氏模量、页岩表面能对裂缝生长率的影响不显著。其主要原因是地面泵注的流体是水力压裂裂缝形成的根本，压裂裂缝生长率变化主要受注入流体速率的影响。而页岩的杨氏模量是岩石的自身参数，不能自主形成压裂裂缝，但会影响压裂裂缝的形态，即它们对裂缝虚拟个数影响显著，对裂缝生长率影响不显著。

根据储层体积改造的计算模型绘制图 8.29。该图表明在压裂开始时，储层体积改造迅速增加，随着泵液时间的增加，储层体积改造逐渐变慢。最大水平主应力和最小水平主应力的比值对储层体积改造有影响，其分布规律为水平主应力比值越大，储层体积改造越大。

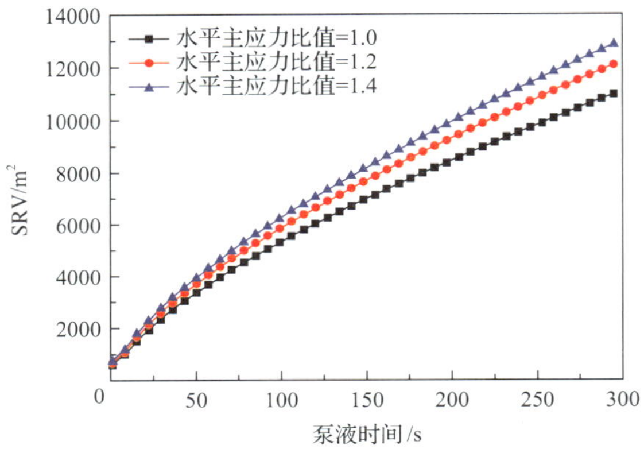

图 8.29 储层体积改造的计算模型

Fig. 8.29 Model-computed of the stimulated reservoir volume

8.3.4 现场应用实例分析

研究表明，用裂缝分支的虚拟个数来分析裂缝的复杂性，可以真实反映多级水力压裂的复杂性。以 M 区块作为研究实例，M 区块位于四川南部的威远—长宁地区，目的层为下志留统龙马溪组—上奥陶统五峰组，倾角小于 5°，呈宽缓向斜轴部显著特征，区块目的层埋深为 1600～3600m，其中威远地区的面积约为 250km^2，初步计算页岩气地质储量为 1890×10^{9}m^3，长宁地区的地质储量为 920×10^{9}m^3。该区龙马溪组为浅水—深水陆棚相沉积，因加里东运动抬升剥蚀，地层残余厚度为 100～300m，页岩地层厚度为 200～400m，富含有机质的页岩厚度为 20～260m，TOC 含量平均大于 1.8%。现场测试结果表明，研究区内龙马溪组页岩含气量在 0.3～5.09m^3/t，平均为 1.85m^3/t。其中威远地区 W1 井的页岩岩心样品含气量为 0.3～5.09m^3/t，平均为 1.82m^3/t；长宁地区 N1 井的页岩岩心样品含气量为 0.9～3.50m^3/t，平均为 1.93m^3/t，储层为低孔、超低渗透页岩储层，孔隙度小于 4.0%～6.5%，渗透率小于 10～19m^2，裂缝虽以钻井诱导裂缝为主，但仍发现页岩基质、有机质中存在大量微小孔洞和裂缝。综上所述，页岩气储层整体表现为孔隙度低、含气量较高等特点。

提取 M 区块两口压裂井数据，见表 8.10 和表 8.11。应用式(8.72)～式(8.75)分析两口井的压裂情况，具体如图 8.30 和图 8.31 所示。两口井中的裂缝虚拟个数的分析显示，W1 井压裂得到的裂缝虚拟个数是 9.4，N1 井压裂得到的裂缝虚拟个数是 7.3，说明 W1 井的裂缝复杂性指标比 N1 井强，后续的开采也证明了这一点。

裂缝虚拟个数是描述水力压裂裂缝复杂程度和油藏改造体积的一个重要指标，探讨裂缝虚拟个数对多级压裂设计的影响和最大限度地提高油井产能优化的因素是非常有必要的。多级水力压裂最可控的变量是泵入时间(t)和流体注入率(q_{inj})，该参数也是模型中主要的控制类参数。

表 8.10　W1 井数据计算参数表

Table 8.10　A summary of competed parameters data of well W1

名称	符号	取值	单位
流量	Q	8	m^3/min
裂缝分支平均压力	P	36	MPa
最小水平主应力	σ_h	30.19	MPa
最大水平主应力	σ_H	48.17	MPa
裂缝分支的平均高度	h	20	m
岩石的比表面能	e_s	0.15	10^6J/m^2
范宁摩擦系数	f	0.1	—
杨氏模量	E	4.9×10^4	MPa
泊松比	μ	0.18	—

表 8.11　N1 井数据计算参数表

Table 8.11　A summary of competed parameters data of well N1

名称	符号	取值	单位
排量	Q	7	m^3/min
裂缝分支平均压力	P	62	MPa
最小水平主应力	σ_h	55.14	MPa
最大水平主应力	σ_H	76.30	MPa
裂缝分支的平均高度	h	20	m
岩石的比表面能	e_s	0.19	10^6J/m^2
范宁摩擦系数	f	0.1	—
杨氏模量	E	5.9×10^4	MPa
泊松比	μ	0.21	—

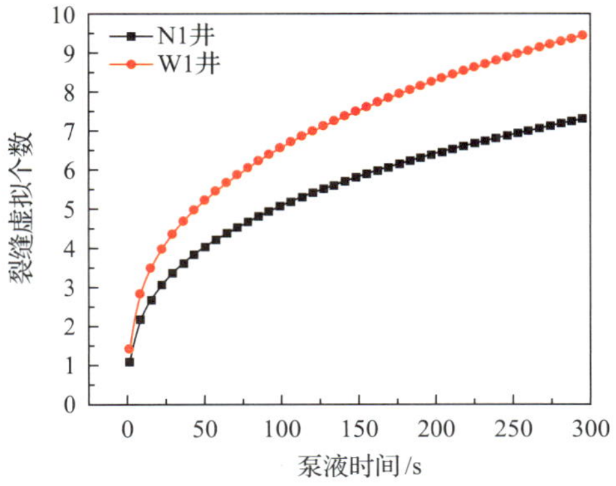

图 8.30　W1 井和 N1 井的裂缝虚拟个数

Fig. 8.30　The number of cracks in W1 and N1 wells

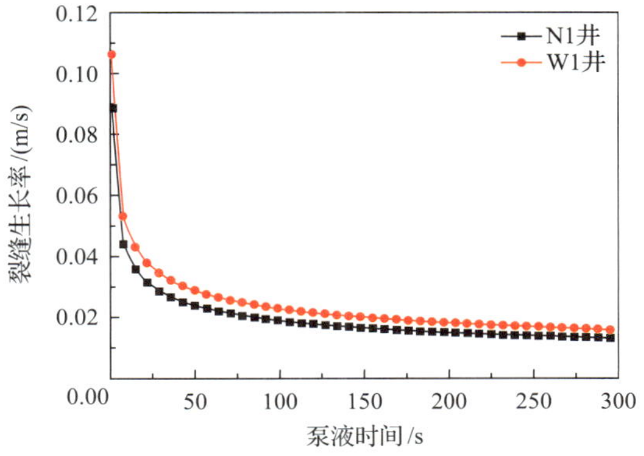

图 8.31　W1 井和 N1 井的裂缝生长率

Fig. 8.31　The effect of crack growth rate in W1 and N1 wells

第 9 章　页岩储层地应力场扰动规律

9.1　诱导应力计算模型

9.1.1　井筒诱导应力

页岩水平井井筒的方向通常为最小主应力方向（图 9.1），因此推导了平行于最小主应力方向的水平井井筒周围应力分布数学模型。

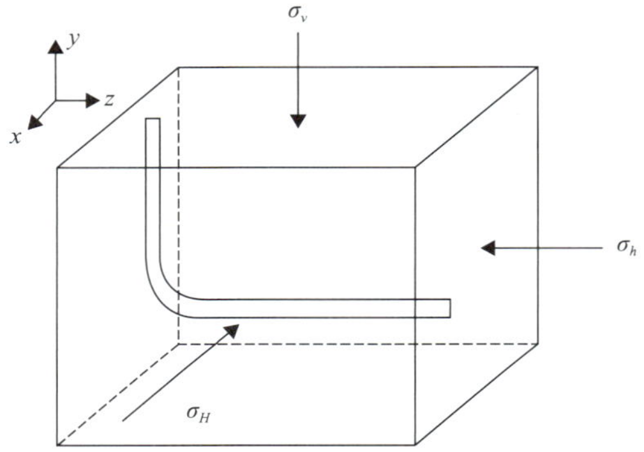

图 9.1　平行于最小主应力方向的水平井井筒示意图

Fig. 9.1　Schematic diagram of a horizontal wellbore parallel to the direction of the minimum principal stress

水平井井筒周围应力分布由井筒原地应力、井筒周围产生的集中应力及压裂液渗滤效应引起的附加应力 3 部分组成，其数学模型如下：

$$\begin{cases}\sigma_{r0}=\dfrac{r_{\mathrm{w}}^2}{r^2}P_{\mathrm{w}}+\dfrac{\sigma_v+\sigma_H}{2}\left(1-\dfrac{r_{\mathrm{w}}^2}{r^2}\right)+\dfrac{\sigma_v-\sigma_H}{2}\left(1+\dfrac{3r_{\mathrm{w}}^4}{r^4}-\dfrac{4r_{\mathrm{w}}^4}{r^2}\right)\cos 2\theta \\ \qquad +\delta\left[\dfrac{\alpha(1-2\mu)}{2(1-\mu)}\left(1-\dfrac{r_{\mathrm{w}}^2}{r^2}\right)-\phi\right]\left(P_{\mathrm{w}}-P_{\mathrm{p}}\right) \\ \sigma_{\theta0}=\dfrac{r_{\mathrm{w}}^2}{r^2}P_{\mathrm{w}}+\dfrac{\sigma_v+\sigma_H}{2}\left(1+\dfrac{r_{\mathrm{w}}^2}{r^2}\right)-\dfrac{\sigma_v-\sigma_H}{2}\left(1+\dfrac{3r_{\mathrm{w}}^4}{r^4}\right)\cos 2\theta \\ \qquad +\delta\left[\dfrac{\alpha(1-2\mu)}{2(1-\mu)}\left(1-\dfrac{r_{\mathrm{w}}^2}{r^2}\right)-\phi\right]\left(P_{\mathrm{w}}-P_{\mathrm{p}}\right) \\ \sigma_{z0}=\sigma_k+\mu\left[(\sigma_v+\sigma_H)-2(\sigma_v-\sigma_H)\right]\dfrac{r_{\mathrm{w}}^2}{r^2}\cos 2\theta+\delta\left[\dfrac{\alpha(1-2\mu)}{2(1-\mu)}-\phi\right]\left(P_{\mathrm{w}}-P_{\mathrm{p}}\right) \\ \tau_{xy0}=\tau_{yz0}=\tau_{zx0}=0\end{cases} \tag{9.1}$$

式中，σ_{r0}、$\sigma_{\theta 0}$、σ_{z0} 分别为柱坐标系(r, θ, z)下径向、周向和轴向力，MPa；τ_{xy0}、τ_{yz0}、τ_{zx0} 分别为柱坐标系(r, θ, z)下各面剪切力，MPa；σ_v、σ_H、σ_h 分别为原始地层的垂向应力、最大水平主应力和最小水平主应力，MPa；P_w 为井底压裂液压力，MPa；P_p 为地层孔隙压力，MPa；r 为井壁某点距井眼轴线的距离，m；r_w 为井眼半径，m；θ 为井筒柱坐标系下的极角，rad；δ 为渗透性系数，当井壁不可渗透时为 0，井壁可渗透时为 1；α 为 Biot 数，无量纲；μ 为岩石泊松比，无量纲；ϕ 为地层孔隙度，%。

9.1.2　压裂裂缝诱导应力

水平井压裂裂缝扩展延伸会在近井产生一定的诱导应力。选取水平井井筒轴线所在的横截面 zx 平面(图 9.2)，研究二维横向裂缝周围的诱导应力场(图 9.3)。

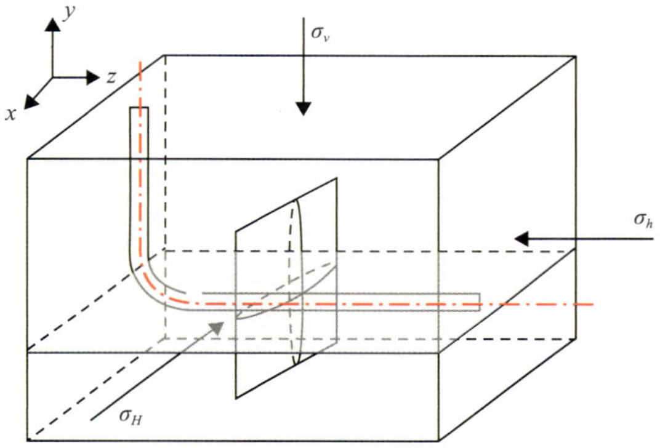

图 9.2　井筒轴线所在的横截面 zx 平面

Fig. 9.2　Section zx of the wellbore axis

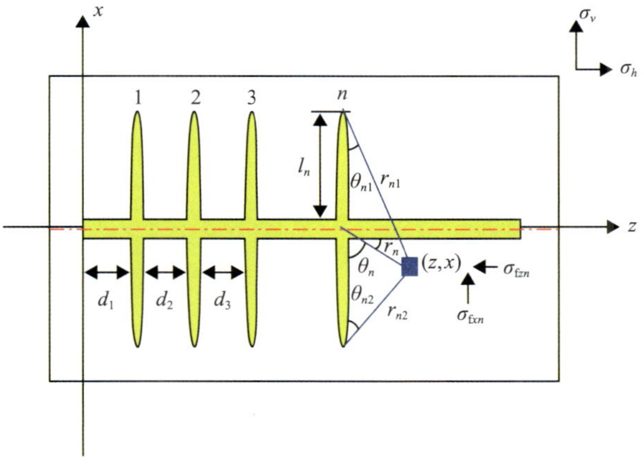

图 9.3　二维横向裂缝周围的诱导应力场

Fig. 9.3　Induced stress field around the two-dimensional transverse crack

确定的第 n 条裂缝在 zx 平面内裂缝周围某质点(z, x)处产生的诱导应力大小为

$$
\begin{cases}
\sigma_{\mathrm{fx}n} = -P_n \dfrac{r_n \sin\theta_n \sin\left[\dfrac{3}{2}(\theta_{n1}+\theta_{n2})\right]}{l_n}\left[\dfrac{(l_n)^2}{r_{n1}r_{n2}}\right]^{\frac{3}{2}} - P_n\left[\dfrac{r_n\cos\left(\theta_n-\dfrac{1}{2}\theta_{n1}-\dfrac{1}{2}\theta_{n2}\right)}{(r_{n1}r_{n2})^{\frac{1}{2}}}-1\right] \\
\sigma_{\mathrm{fy}n} = P_n \dfrac{r_n \sin\theta_n \sin\left[\dfrac{3}{2}(\theta_{n1}+\theta_{n2})\right]}{l_n}\left[\dfrac{(l_n)^2}{r_{n1}r_{n2}}\right]^{\frac{3}{2}} - P_n\left[\dfrac{r_n\cos\left(\theta_n-\dfrac{1}{2}\theta_{n1}-\dfrac{1}{2}\theta_{n2}\right)}{(r_{n1}r_{n2})^{\frac{1}{2}}}-1\right] \\
\sigma_{\mathrm{fz}n} = \mu(\sigma_{\mathrm{fx}n}+\sigma_{\mathrm{fy}n}) = -2\mu P_n\left[\dfrac{r_n\cos\left(\theta_n-\dfrac{1}{2}\theta_{n1}-\dfrac{1}{2}\theta_{n2}\right)}{(r_{n1}r_{n2})^{\frac{1}{2}}}-1\right] \\
\tau_{\mathrm{fxy}n} = -P_n\dfrac{r_n}{l_n}\left[\dfrac{(l_n)^2}{r_{n1}r_{n2}}\right]^{\frac{3}{2}}\sin\theta_n\cos\left[\dfrac{3}{2}(\theta_{n1}+\theta_{n2})\right]
\end{cases}
\tag{9.2}
$$

式中，$\sigma_{\mathrm{fx}n}$、$\sigma_{\mathrm{fy}n}$、$\sigma_{\mathrm{fz}n}$ 为先压开的第 n 条裂缝产生的诱导应力的正应力分量，MPa；$\tau_{\mathrm{fxy}n}$ 为先压开的第 n 条裂缝产生的诱导应力的剪切应力分量，MPa；P_n 为第 n 条裂缝内的流体压力，MPa；r_n、r_{n1}、r_{n2} 分别为横向裂缝中部、顶端和底端到受力点的距离，m；θ_n、θ_{n1}、θ_{n2} 分别为横向裂缝中部、顶端和底端到受力点直线与裂缝面的夹角，(°)；l_n 为第 n 条裂缝半长，m。各几何参数存在以下关系：

$$
\begin{cases}
r_n = \sqrt{\left(z-\sum_{i=1}^{n} d_i\right)^2 + x^2} \\
r_{n1} = \sqrt{\left(z-\sum_{i=1}^{n} d_i\right)^2 + (l_n - x)^2} \\
r_{n2} = \sqrt{\left(z-\sum_{i=1}^{n} d_i\right)^2 + (l_n + x)^2}
\end{cases},
\quad
\begin{cases}
\theta_n = \arctan\left[-\dfrac{\left(z-\sum_{i=1}^{n} d_i\right)}{x}\right] \\
\theta_{n1} = \arctan\left[\dfrac{\left(z-\sum_{i=1}^{n} d_i\right)}{l_n - x}\right] \\
\theta_{n2} = \arctan\left[\dfrac{\left(z-\sum_{i=1}^{n} d_i\right)}{l_n + x}\right]
\end{cases}
\tag{9.3}
$$

式中，d_i 为第 $i(i=1,2,\cdots,n)$ 条裂缝距离 y 轴的距离，m。

9.1.3 复合应力场

将每条裂缝所产生的诱导应力叠加，就可以得到压裂第 n 条裂缝所产生的复合应力场，而为了分析水平井压裂井筒周围的应力场，则需要把裂缝在直角坐标系(x, y, z)下产生的总诱导应力转换到水平井筒所在的柱坐标(r, θ, x)中，经转化得到如下表达式：

$$\begin{cases} \sigma_{r\mathrm{f}} = \sigma_{\mathrm{f}y} = \sum_{i=1}^{n} \sigma_{\mathrm{f}yi} \\ \sigma_{\theta\mathrm{f}} = \sigma_{\mathrm{f}z} = \mu\left(\sum_{i=1}^{n} \sigma_{\mathrm{f}xi} + \sum_{i=1}^{n} \sigma_{\mathrm{f}yi} \right) \\ \sigma_{x\mathrm{f}} = \sigma_{\mathrm{f}x} = \sum_{i=1}^{n} \sigma_{\mathrm{f}xi} \\ \tau_{rx\mathrm{f}} = \tau_{\mathrm{f}xy} = \sum_{i=1}^{n} \tau_{\mathrm{f}xyi} \end{cases} \tag{9.4}$$

式中，$\sigma_{r\mathrm{f}}$、$\sigma_{\theta\mathrm{f}}$、$\sigma_{x\mathrm{f}}$和$\tau_{rx\mathrm{f}}$分别为柱坐标系$(r, \theta, x)$下压开$n$条裂缝在井筒周围产生的径向、切向、轴向应力和剪切应力，MPa；$\sigma_{\mathrm{f}x}$、$\sigma_{\mathrm{f}y}$、$\sigma_{\mathrm{f}z}$分别为压开n条裂缝产生的总诱导应力的正应力分量，MPa；$\tau_{\mathrm{f}xy}$为压开n条裂缝产生的总诱导应力的剪切应力分量，MPa。

9.2 水平井压裂裂缝诱导应力主控因素和影响规律

影响水平井压裂裂缝诱导应力的主要因素包括缝内净压力、裂缝长度、裂缝条数及裂缝间距。针对不同的影响因素，利用有限元数值模拟，获得了水平井压裂近井裂缝复合应力场分布情况的研究，揭示了压裂裂缝局部应力场的影响规律。

9.2.1 单条裂缝诱导应力场

有限元模拟模型尺寸为 2000m×1000m，压裂裂缝半长为 100m，截取近井裂缝周围的扰动应力，如图 9.4 所示。

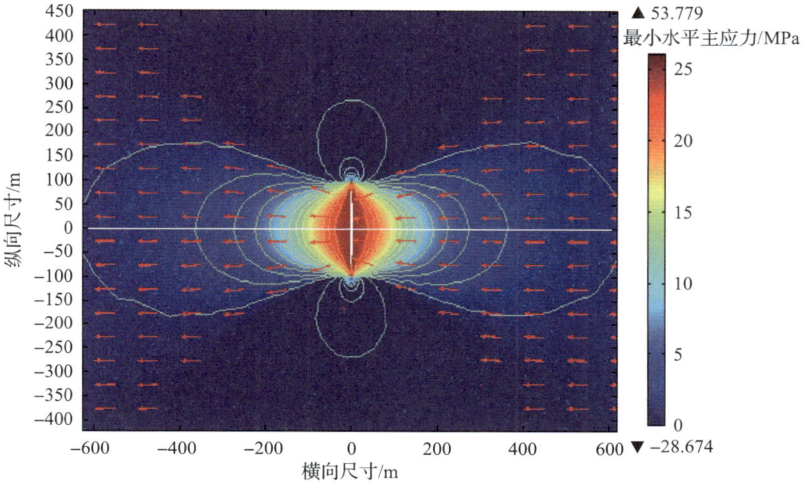

(a) 最小水平主应力分布

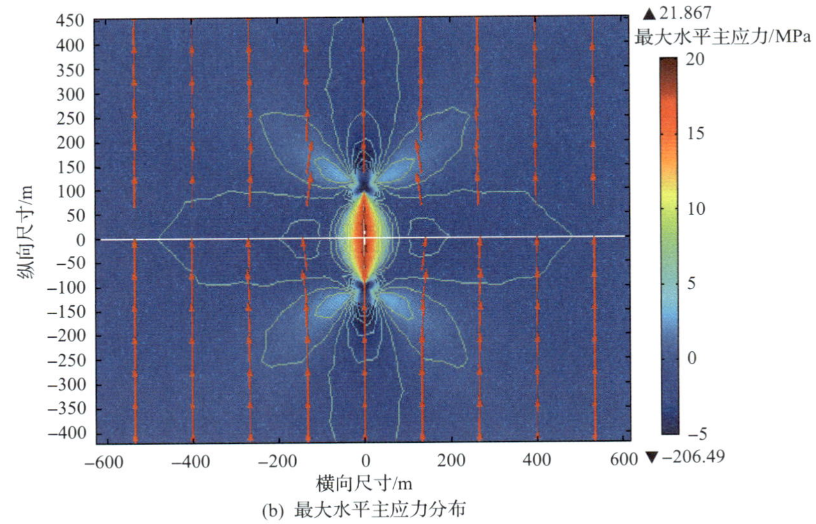

(b) 最大水平主应力分布

图 9.4 单缝周围应力等值线分布情况

Fig. 9.4 Distribution of stress contours around a single seam

以裂缝中心为原点，截取平行井筒轴线和沿裂缝方向的两条二维截线，分析单条裂缝周围应力扰动规律。将横、纵坐标值进行无量纲化处理，横坐标设定为距裂缝中心距离 (x, y) 与裂缝半长 (l_f) 的比值，纵坐标设定为扰动应力与缝内压力的比值。经过处理后，得到两条基准线上的扰动应力变化规律，如图 9.5 所示。

模拟结果显示，近井裂缝产生的扰动应力影响更显著，对最小水平主应力扰动程度更大。随着距裂缝中心距离的增大，扰动应力逐渐减小至零，意味着恢复到了原地应力状态。

9.2.2 裂缝净压力对局部应力场的影响

裂缝净压力可以是裂缝内流体压力与裂缝闭合压力的差值，闭合压力取决于储层条件和瞬时关井（井口）压力，裂缝内流体压力直接影响裂缝周围的诱导应力。针对裂缝净压力，模拟裂缝净压力在 0～30MPa 变化范围内的局部应力场分布情况，分析不同裂缝净压力对近井裂缝局部应力场的影响规律，如图 9.6 所示。

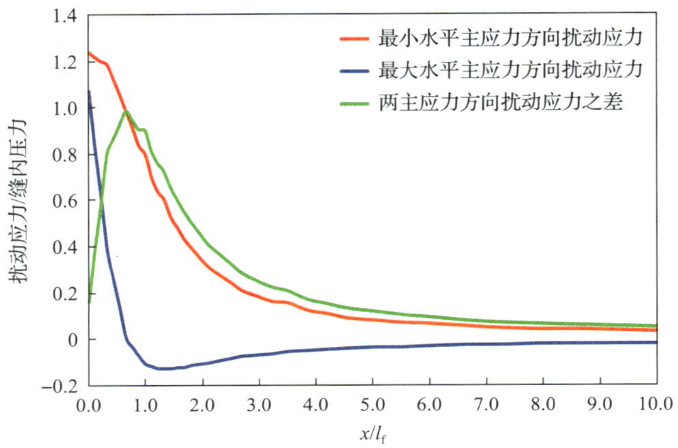

(a) 平行井筒方向

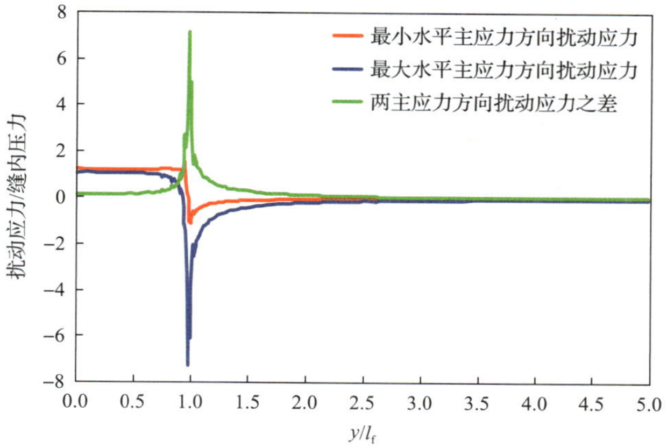

(b) 沿裂缝方向

图 9.5 单条裂缝周围应力变化规律

Fig. 9.5 Stress variation around a single crack

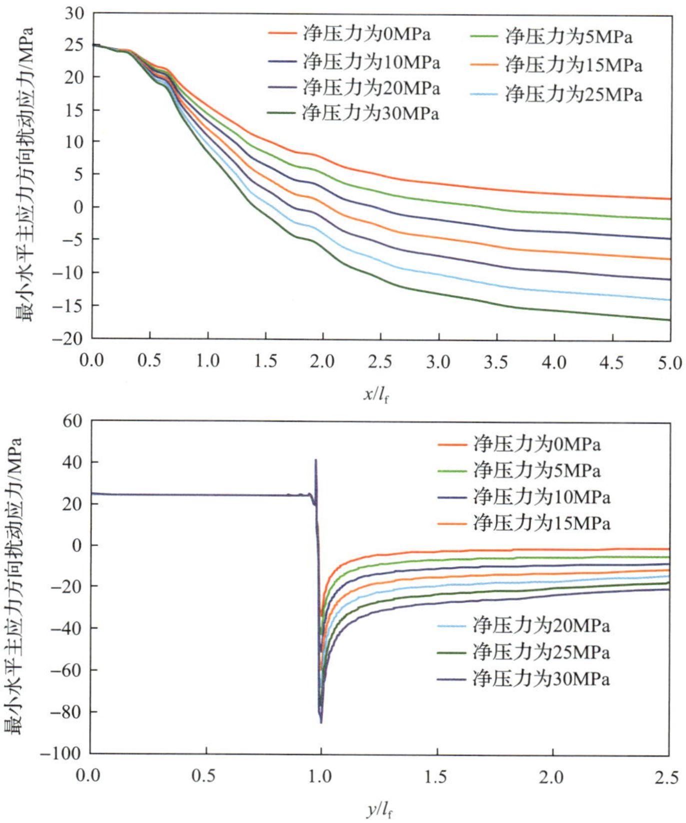

(a) 最小水平主应力分布(上图为平行井筒方向，下图为沿裂缝方向)

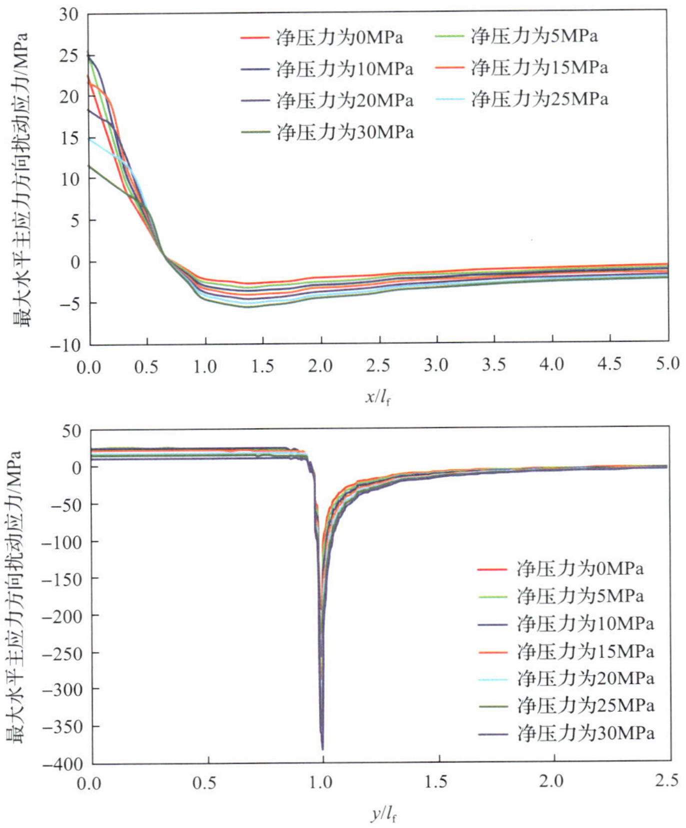

(b) 最大水平主应力分布(上图为平行井筒方向，下图为沿裂缝方向)

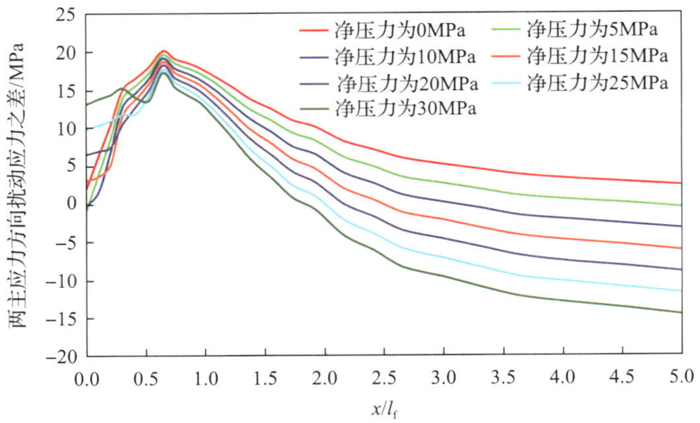

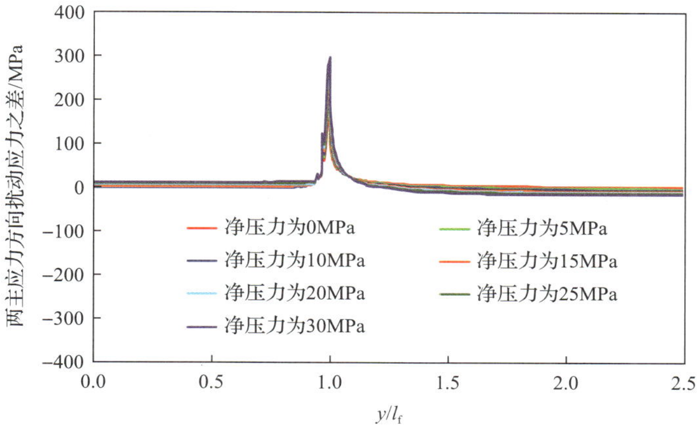

(c) 扰动应力差分布(上图为平行井筒方向，下图为沿裂缝方向)

图 9.6 不同裂缝净压力下近井裂缝局部应力场分布规律

Fig. 9.6 Distribution of local stress field under net pressure of different cracks

模拟结果显示，随着缝内净压力的增大，应力扰动幅度增大，但其扰动范围不变。在平行井筒方向，缝内净压力对最小水平主应力值的扰动幅度较大，随着沿井筒方向距裂缝距离的不断增大，最小水平主应力值下降逐渐加快，逐渐由拉应力转变为压应力。在沿裂缝方向上，裂缝净压力对局部应力场的影响主要体现在裂缝尖端，随着净压力的增大，裂缝尖端的主应力绝对值增大。

9.2.3 裂缝维度参数对局部应力场的影响

1. 裂缝长度对局部应力场的影响

针对裂缝长度，模拟裂缝半长在 30～450m 变化范围内的局部应力场分布情况，分析不同裂缝长度对近井裂缝局部应力场的影响规律，如图 9.7 所示。

模拟结果显示，随着裂缝长度的增加，应力扰动程度越来越大。在平行井筒方向，裂缝长度对最小水平主应力的扰动程度影响较大，其对近井裂缝局部应力场的影响主要体现在扰动范围上，随着裂缝长度的增大，同一位置上的扰动应力绝对值越大；在沿裂缝方向，随着裂缝长度的增加，裂缝尖端的扰动拉应力逐渐增大，而其对扰动范围的增加的影响并不显著。

2. 裂缝条数对局部应力场的影响

针对裂缝条数，将相邻两条裂缝间距定为 100m，模拟裂缝条数在 1～7 条变化范围内的局部应力场分布情况，分析不同裂缝条数对近井裂缝局部应力场的影响规律。裂缝条数在沿井筒方向逐渐累加，根据单条裂缝局部应力分布规律可知，多缝间应力扰动主要体现在沿井筒方向，而在沿裂缝方向多裂缝引起的诱导应力仅局限在各自缝端，叠加效应并不显著。所以此处主要分析沿井筒方向的应力分布，如图 9.8 所示。

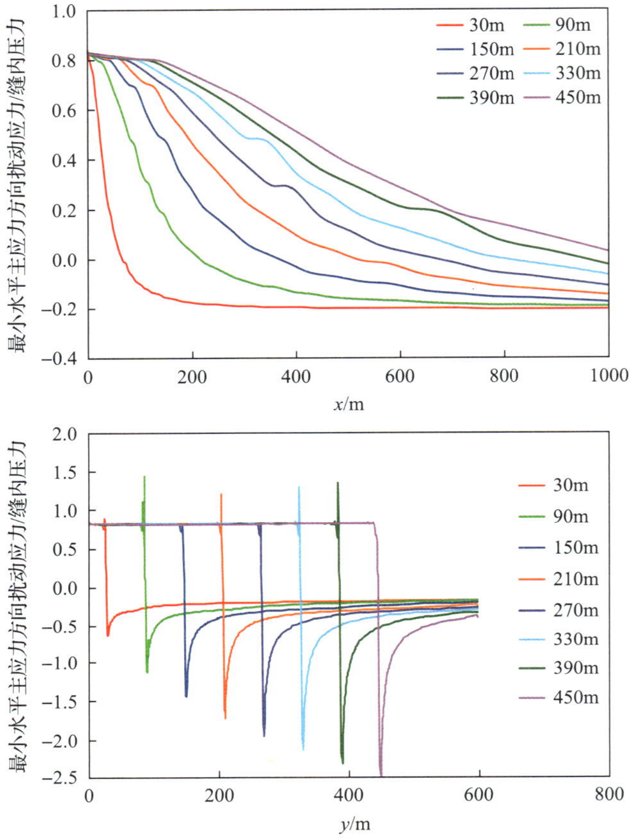

(a) 最小水平主应力分布(上图为平行井筒方向，下图为沿裂缝方向)

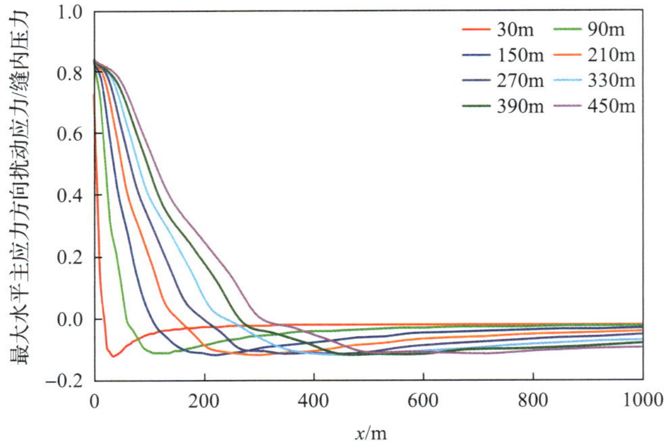

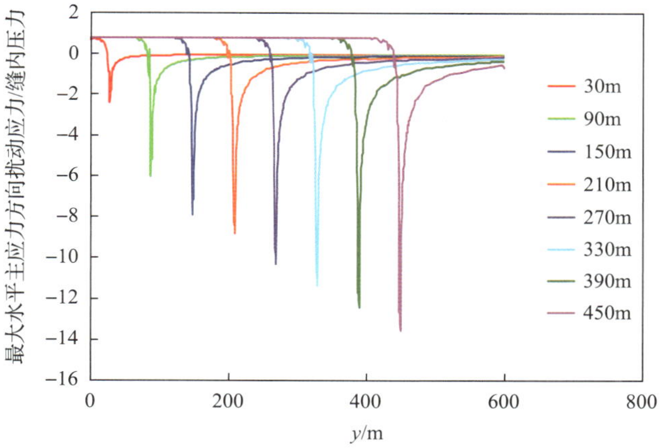

(b) 最大水平主应力分布(上图为平行井筒方向，下图为沿裂缝方向)

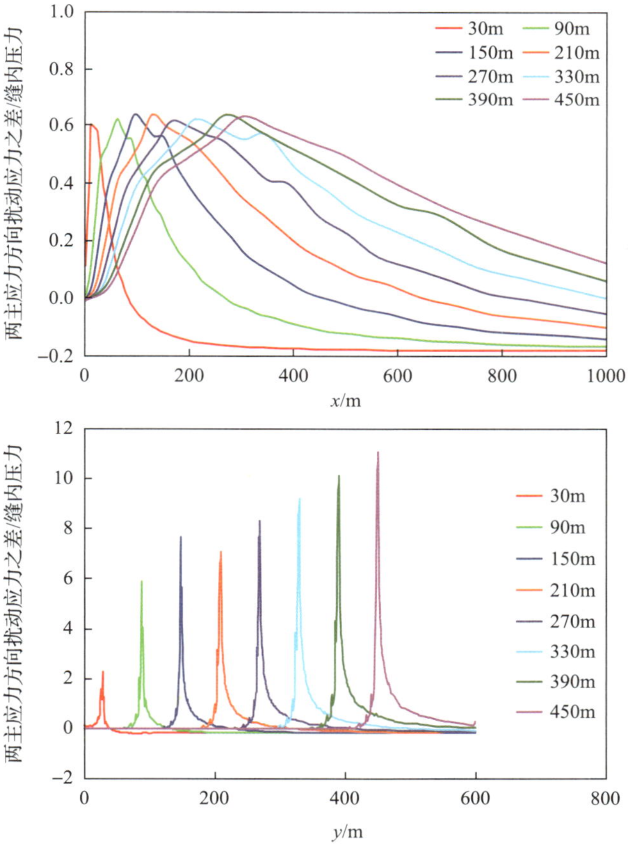

(c) 扰动应力差分布(上图为平行井筒方向，下图为沿裂缝方向)

图 9.7 不同裂缝半长下局部应力场分布规律

Fig. 9.7 Distribution of local stress field under different crack lengths

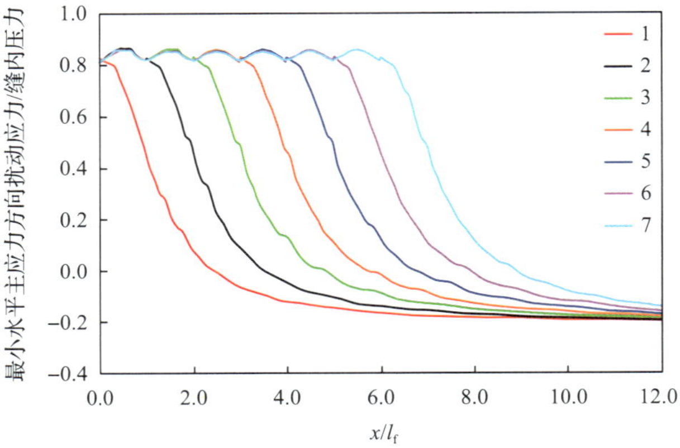

(a) 最小水平主应力分布

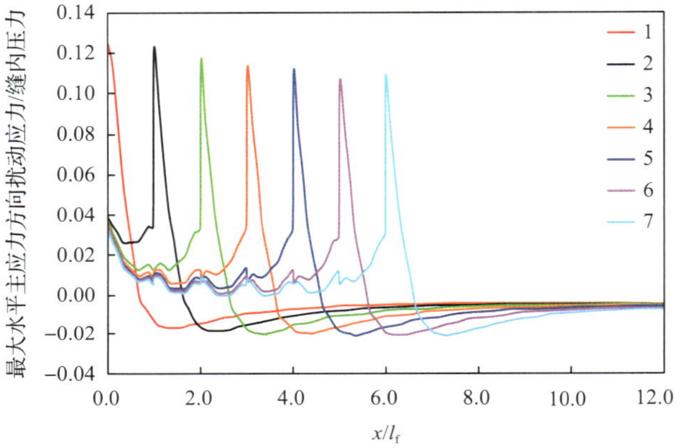

(b) 最大水平主应力分布

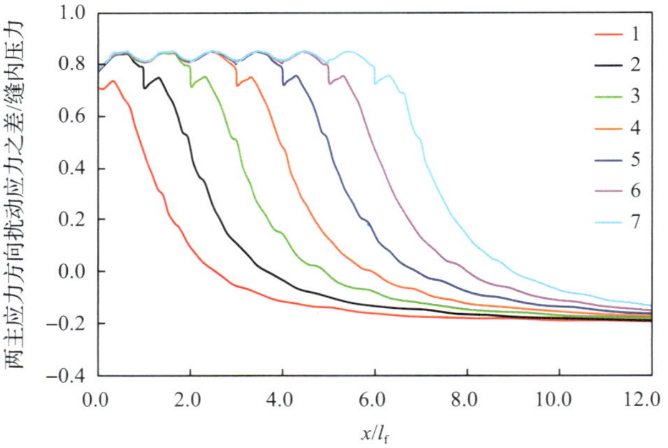

(c) 扰动应力差分布

图 9.8 不同裂缝条数下局部应力场分布规律(沿井筒方向)

Fig. 9.8 Distribution of local stress field under different crack numbers

模拟结果显示，在同一裂缝间距下，裂缝条数的增多对缝间扰动应力无显著影响。对于最小水平主应力，近井裂缝局部应力场的扰动应力峰值不会随着裂缝条数的增加而增大，不同裂缝条数下，其峰值相近；随着裂缝条数的增加，其扰动范围有所增大，同一水平距离处的扰动应力值增大。而对于最大水平主应力，缝间扰动应力随着裂缝条数的增加逐渐减小，存在缝间应力干扰，当裂缝条数达到 4 以后，其减小程度减弱，缝间应力值相近。

3. 裂缝间距对局部应力场的影响

针对裂缝间距，设置两条压开的相邻裂缝，模拟裂缝间距变化的局部应力场分布情况，分析不同裂缝间距对近井裂缝局部应力场的影响规律，如图 9.9 所示。

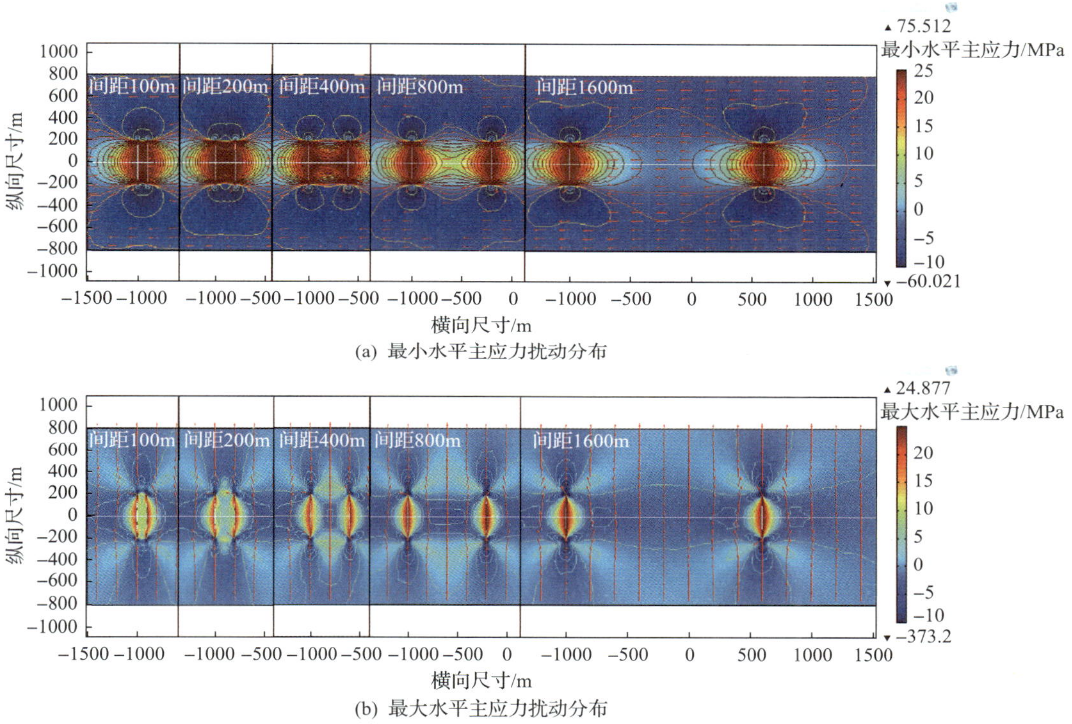

图 9.9　不同裂缝间距下局部应力场等值线分布情况

Fig. 9.9　Distribution of contours of local stress field under different crack spacings

随着裂缝间距的增加，裂缝间的应力干扰逐渐降低，直至裂缝间扰动应力消失，恢复到单条裂缝周围应力的分布情况。裂缝间应力叠加主要体现在沿井筒方向，因此，分析沿井筒方向局部应力场的扰动规律，如图 9.10 所示。

模拟结果显示，裂缝间距的增加使缝间应力干扰程度逐渐降低直至消失，应力扰动存在最优间距。对于最小水平主应力，在平行井筒方向上，随着裂缝间距的增加，两裂缝中间位置的应力值逐渐增大，在某一间距下出现最大值，之后随着裂缝间距的增加，缝间扰动应力值逐渐降低；在沿裂缝方向上，裂缝间距对最小水平主应力的影响并不显著。对于最大水平主应力，在平行井筒方向上，缝间应力叠加后小于单缝壁面处的原应力值，随着裂缝间距的增大，缝间应力越来越小，当裂缝间距达到一定程度后，裂缝间距继续增大对缝间应力不再产生影响。在沿裂缝方向上，随着裂缝间距的增大，两裂缝中间处的应力绝对值逐渐增大。

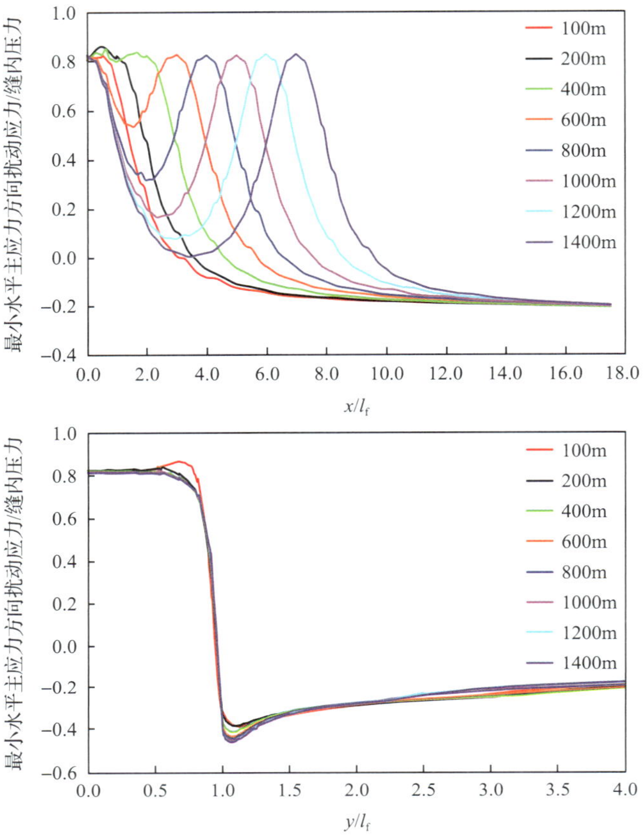

(a) 最小水平主应力分布(上图为平行井筒方向，下图为沿裂缝方向)

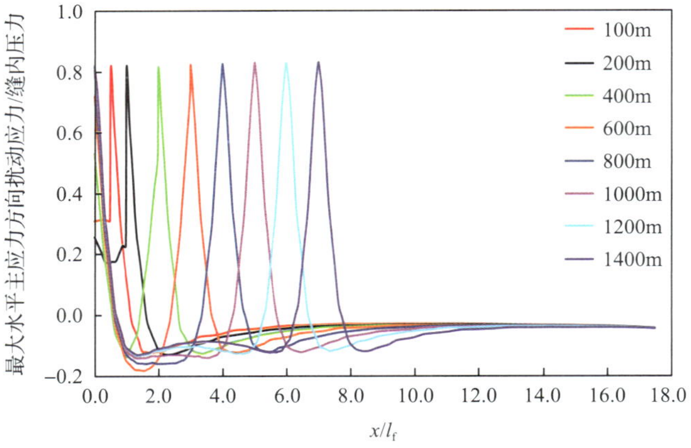

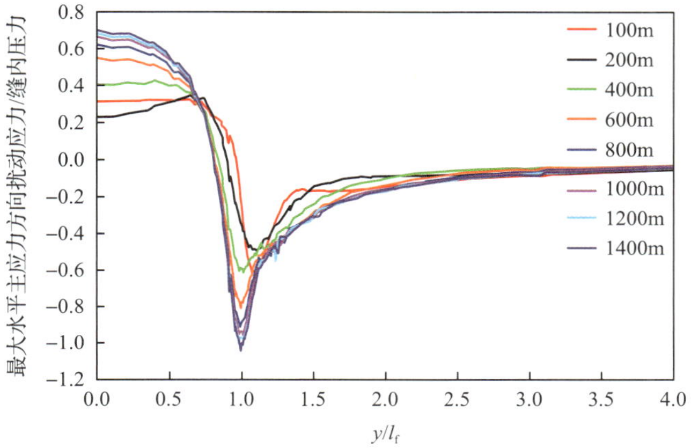

(b) 最大水平主应力分布(上图为平行井筒方向，下图为沿裂缝方向)

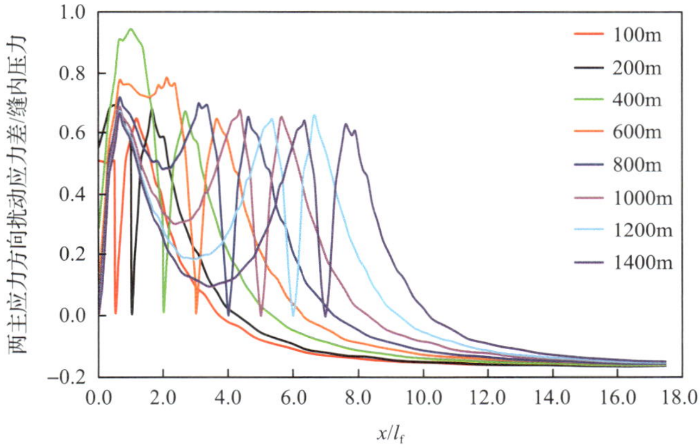

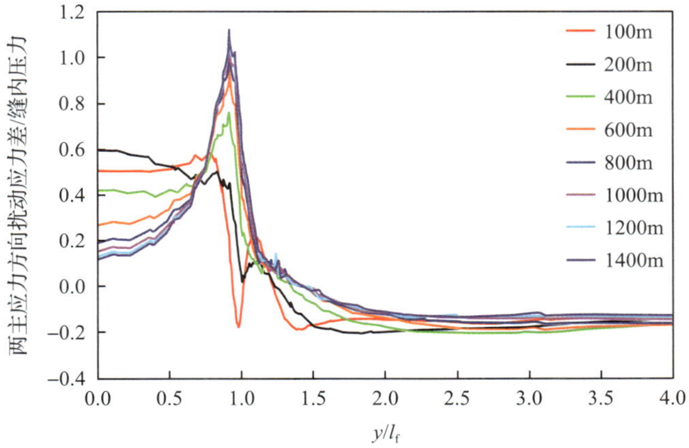

(c) 扰动应力差分布(上图为平行井筒方向，下图为沿裂缝方向)

图 9.10　不同裂缝间距下局部应力场分布规律

Fig. 9.10　Distribution of local stress field under different crack spacings

9.3 天然裂缝与人工裂缝的协同扰动研究

9.3.1 天然裂缝的随机数学描述

表征裂缝几何特征的参数主要包括形状、位置、产状、大小及开度。开展天然裂缝几何参数的表征研究，是描述储层天然裂缝的前提。在实际储层中，裂缝的这些几何特征参数在总体上并没有遵循某些确定性的规律，并且从测井资料和地震反演数据中只能观测到少量裂缝的几何特征，不能将其作为确定性研究方法的理论依据。因而，针对储层的天然裂缝，应用概率论和数理统计的方法，从概率的角度探究其数学描述方法具有更强的适用性。

1. 裂缝体积单元模型

设定随机天然裂缝的体积单元模型为 Baecher 椭圆盘模型，定义模型的性质如下：

(1) 椭圆盘模型的中心点由密度参数控制的三维泊松点过程构成。

(2) 椭圆盘的长半径相互独立，具有相同分布。

(3) 椭圆盘的短半径相互独立，具有相同分布。

(4) 椭圆盘的产状相互独立，具有相同分布。

(5) 椭圆盘的开度相互独立，具有相同分布。

(6) 对于天然裂缝的大小，因为裂缝的大小由椭圆盘的半径、产状、开度等共同决定，所以其概率分布模型不满足某一常规概率模型，但各个裂缝之间又相互独立。

2. 天然裂缝位置分布

天然裂缝位置分布的不同决定了原地应力场的应力分布和相互影响机制，也是后续开展天然裂缝与人工裂缝协同扰动研究的基础研究条件。天然裂缝的几何位置分布可以看成裂缝中心点的三维空间分布，可以描述为三维泊松点在研究域内出现的过程[212]。由泊松过程的定义可知，裂缝中心点在三维研究域内的位置相互独立，每个裂缝中心点出现的概率是均匀的，且其相互之间的距离服从指数分布。密度参数是泊松分布的主控参数，决定了天然裂缝在三维空间内单位体积内的平均值。该密度参数可以由现场测量得到，也可以根据比较成熟的工程中应用的三维裂缝密度参数表征方法得到。

定义天然裂缝密度参数为 ρ_f 。在二维平面和三维空间内裂缝密度分别用用 ρ_{f2} 和 ρ_{f3} 表示，其分别表示单位面积内天然裂缝的长度和单位体积内天然裂缝的表面积。已有成果多应用于表征圆盘模型的裂缝，表征公式如下：

$$\rho_{f2} = \frac{2\sum_{i=1}^{n} R_i}{A} \tag{9.5}$$

$$\rho_{f3} = \frac{\pi \sum_{i=1}^{n} R_i^{\ 2}}{V} \tag{9.6}$$

式中，n 为研究区域内裂缝的条数；R_i 为第 i 条裂缝的半径，m；A 为二维平面区域的面积，m^2；V 为三维研究区域的体积，m^3。式 (9.5) 为二维平面的表征公式，式 (9.6) 为三维平面的表征公式。该定义方式说明了裂缝总的研究区域内裂缝的相对大小和总数量，是描述离散裂缝非常有效的一种密度表示方法。裂缝密度的数值越高，说明储层中裂缝分布越广泛。

相对于圆盘模型而言，椭圆模型可以更加准确地描述天然裂缝，与现场实际储层中的天然裂缝具有更好的相似性。所以本书根据所选择的椭圆模型，定义二维和三维空间内的天然裂缝密度表征函数为

$$\rho_{f2} = \frac{\sum_{i=1}^{n} L_i}{A} \tag{9.7}$$

$$\rho_{f3} = \frac{\pi \sum_{i=1}^{n} R_{Li} R_{si}}{V} \tag{9.8}$$

式中，R_{Li} 为椭圆模型的长轴半径，m；R_{si} 为椭圆模型的短轴半径，m；L_i 为二维空间下天然裂缝长度，m。式 (9.7) 为二维平面的表征公式，式 (9.8) 为三维平面的表征公式。

3. 天然裂缝产状

天然裂缝产状是指裂缝的倾角、倾向和走向这 3 方面的几何参数。在天然裂缝产状的描述方面主要针对倾角和走向进行研究，其现场实际数据可以通过成像测井等方式获取。天然裂缝产状的随机数学表征方法可以简述为：首先，根据现场实测数据，对统计占优的数据进行分组处理。其次，建立该对应分组数据的先验概率数学模型，基于统计数据拟合和插值得到模型待定参数。最后，根据天然裂缝产状的数学表征模型，应用随机数值方法生成产状的倾角、走向等参数。

4. 天然裂缝开度

裂缝开度决定着裂缝的渗透率和孔隙度。目前研究成果多集中在裂缝产状和裂缝位置的研究上，对于天然裂缝开度的研究成果比较少见。许多学者认为裂缝开度和裂缝的长度、半径、渗透率有一定的关系，而一般认为其概率分布函数满足对数正态分布或正态分布[66,76]。在现场实际应用中，对于天然裂缝开度的随机数学描述通常采用的方式是先构建裂缝开度与其他几何属性的函数关系，再基于此函数关系建立天然裂缝开度的随机概率分布函数。储层中天然裂缝面的形态多样，主要分为张开裂缝、变形裂缝、矿物充填裂缝及孔洞裂缝。由于模拟条件等限制，本章暂不考虑天然裂缝的开度变化。

5. 天然裂缝大小

天然裂缝大小在空间内表现为裂缝长度，而由于天然裂缝的随机性和复杂性，其长度无法通过现有技术手段测量得到确切数值，一般采用的工程测量方法是采用观测裂缝面与露头面的交线—迹线的方式而获得。已有研究成果采用正态分布、指数分布、幂函数分布等先验概率模型对裂缝大小进行描述，取得了一定的应用效果[213,214]，可以在研究区域内宏观把握天然裂缝大小的分布情况。但由于实验数据有限和实验技术的约束，限制了概率分布函数的裂缝长度表征方式。本章采用分形维数法对天然裂缝的大小进行描述，建立其随机分形表征模型。分形法能够很好地保证裂缝的随机性，反映裂缝的不规则几何变化，通常采用的分形维数测量方法有盒覆盖法、半方差法、功率频谱密度(PSD)法等。分形裂缝大小的描述从单一分形维数的计算开始，定义单一分形维数为 D_{R}，则有如下公式：

$$N_R = \frac{C}{R^{D_{\mathrm{R}}}} \tag{9.9}$$

式中，N_R 为裂缝半长大于等于 R 的天然裂缝条数；C 为常数。

设 $R_{\min}$ 为研究区域内天然裂缝半长的最小值，$R_{\max}$ 为研究区域内天然裂缝半长的最大值，$N_{\min}^{\max}$ 为裂缝半长在 $R_{\min} \sim R_{\max}$ 的天然裂缝总条数，则由式(9.9)可以得到：

$$N_{\min}^{\max} = C\left(\frac{1}{R_{\min}^{D_{\mathrm{R}}}} - \frac{1}{R_{\max}^{D_{\mathrm{R}}}}\right) \tag{9.10}$$

设 η 为大于 $R_{\min}$ 的天然裂缝数量百分比，R_η 为这些裂缝中半径最大的天然裂缝条数：

$$N_{R_{\min}}^{R_\eta} = \eta N_{R_{\min}}^{R_{\max}} = \eta C\left(R_{\min}^{-D_{\mathrm{R}}} - R_\eta^{-D_{\mathrm{R}}}\right) \tag{9.11}$$

由分形维数的定义计算公式得到在 $R_{\min} \sim R_\eta$ 的天然裂缝数量为

$$N_{R_{\min}}^{R_\eta} = C\left(R_{\min}^{-D_{\mathrm{R}}} - R_\eta^{-D_{\mathrm{R}}}\right) \tag{9.12}$$

由式(9.11)和式(9.12)可得

$$R_\eta = \left[(1-\eta)\left(R_{\min}^{-D_{\mathrm{R}}} - \eta R_{\max}^{-D_{\mathrm{R}}}\right)\right]^{-\frac{1}{D_{\mathrm{R}}}} \tag{9.13}$$

基于该公式可以产生天然裂缝长度(半径)，其操作方式可以描述为先得到所生成的满足同一分布的随机数 η，再根据式(9.13)计算得到天然裂缝长度。

9.3.2 天然裂缝的随机数值模拟

基于以上方法建立天然裂缝随机数学描述模型，综合应用马尔科夫链蒙特卡罗

(Markov chain Monte Carlo, MCMC) 方法，将满足相应概率分布模型的天然裂缝几何参数通过抽样的方式分配到各条天然裂缝，完成对天然裂缝的随机数值表征。MCMC 方法是一种基于概率论、数理统计、随机过程的随机数值模拟算法，其实质是一种基于 Markov 过程的 Monte Carlo 方法。

根据已有研究成果，天然裂缝的几何参数一般满足正态分布、均匀分布、泊松分布等概率分布，从这些概率分布中抽取出平稳细致的 Markov 链随机样本是天然裂缝几何参数随机仿真的关键研究内容。现基于 Metropolis-Hastings 抽样方法，以正态分布为例介绍天然裂缝几何参数抽样的基本步骤。

(1) 定义天然裂缝某项几何参数满足正态分布为 $N(\mu,\sigma^2)$； $X_1,X_2,\cdots,X_N$ 为 N 个随机变量。

(2) 根据已有天然裂缝的基础数据和正态分布的均值 μ 及标准差 σ 给出 Markov 链的状态空间，定义为 D。定义 Markov 链的数量为 M。

(3) 初始化第 i 条 Markov 链 $\{Y_t^i : t \geqslant 0\}$，选取状态空间 D 内的一点为 Markov 链的初始时刻状态，对于正态分布一般选取 μ 周围的数值点，定义 Markov 链初始时刻的状态 $Y_0^i = x_0$。

(4) 设 Markov 链 t 时刻状态为 $Y_t^i = x_t$，平稳分布 $\pi(x) = N(\mu,\sigma^2)$，由 t 时刻状态转移到 $t+1$ 时刻的转移核为 $p(x_t,x_{t+1}) = q(x_t,x_{t+1})a(x_t,x_{t+1})$，其中，建议分布密度函数 $q(x_t,x_{t+1})$ 为 $q(x_t,x_{t+1}) = \dfrac{1}{2\pi\sigma}\exp\left(-\dfrac{x-x_t}{\sigma^2}\right)$， $a(x_t,x_{t+1}) = \min\left\{1,\dfrac{\pi(x_{t+1})}{\pi(x_t)}\right\}$。

(5) 随机生成一个满足 $U(0,1)$ 的随机数 u，如果 $a(x_t,x_{t+1}) \leqslant u$，则拒绝发生转移；否则就接受状态 x_{t+1}，发生转移。

(6) 重复步骤 (3)、(4)，直到 Markov 链平稳分布后按顺序取 N 个样本，即完成一条 Markov 链的建立和一组样本的选取。

(7) 进行第 i 条 Markov 链的误差分析，存储误差数值。令 $i=i+1$，判断 i 是否小于 M，如果是则重复步骤 (3)～(5)，进行下一条 Markov 链抽样；否则，输出误差值最小的 Markov 链随机样本作为最终结果。

经过以上步骤即可获得满足正态分布的天然裂缝的几何参数样本。特别是进行天然裂缝几何位置抽样时，状态空间在每次状态转移的过程中按一定概率去除已经采过样的状态，具体操作时，可以随机生成一个 u_1，如果 $a(x_t,x_{t+1})$ 同时大于 u 和 u_1，则去除状态 x_t 后再进行 x_{t+1} 的采样，否则就不去除该状态。

由 Metropolis-Hastings 抽样方法可知，抽样的质量主要由初始状态的选取和转移核来构造，所以对于均匀分布和泊松分布，在调整初始状态取值和转移核之后也可采用以上步骤进行 Markov 链抽样。均匀分布和泊松分布的初始状态和转移核设计如下所述。

1) 均匀分布

初始状态：对于均匀分布 $U(a,b)$，一般选取其均值附近的数值点。

转移核：$q(x_t, x_{t+1}) = \dfrac{1}{b-a}$， $a(x_t, x_{t+1}) = \min\left\{1, \dfrac{\pi(x_{t+1})q(x_{t+1}, x_t)}{\pi(x_t)q(x_t, x_{t+1})}\right\}$。

2) 泊松分布

初始状态：对于泊松分布 $P(X=k) = \dfrac{\lambda^k}{k!}\mathrm{e}^{-\lambda}(k=0,1,\cdots)$，一般选择均值 λ 附近的点。

转移核：$q(x_t, x_{t+1}) = \dfrac{x_t^k}{k!}\mathrm{e}^{-x_t}$， $a(x_t, x_{t+1}) = \min\left\{1, \dfrac{\pi(x_{t+1})q(x_{t+1}, x_t)}{\pi(x_t)q(x_t, x_{t+1})}\right\}$

应用 MCMC 方法分别对给定概率分布的天然裂缝几何参数进行了抽样，共产生了 3 组随机天然裂缝，将其引入三维地质模型，如图 9.11 所示。其中各组天然裂缝的几何参数满足如下分布。

(1) 研究区域体积规格为 500m×500m×500m，天然裂缝条数为 30 条，裂缝几何位置满足 1/400 的均匀分布；裂缝长半轴和短半轴分别满足 50m、20m 的正态分布；满足标准差分别为 20、5，裂缝方位角为 0°的均匀分布；倾角满足均值为 45°、标准差为 5°的正态分布，如图 9.11(a) 所示。

(2) 研究区域体积规格为 500m×500m×500m，天然裂缝条数为 30 条，裂缝几何位置满足 1/400 的均匀分布；裂缝长半轴和短半轴分别满足 50m、20m 的正态分布；满足标准差分别为 20、5，裂缝方位角均值为 0°，裂缝集中参数 K 为 100 的 Fisher 分布；倾角满足均值为 45°、标准差为 5°的正态分布，如图 9.11(b) 所示。

(3) 研究区域体积规格为 500m×500m×500m，天然裂缝条数为 30 条，裂缝几何位置满足均值为 250 的泊松分布；裂缝长半轴和短半轴分别满足 50m、20m 的正态分布；满足标准差分别为 20、5，裂缝方位角均值为 0°，裂缝集中参数 K 为 100 的 Fisher 分布；倾角满足均值为 45°、标准差为 5°的正态分布，如图 9.11(c) 所示。

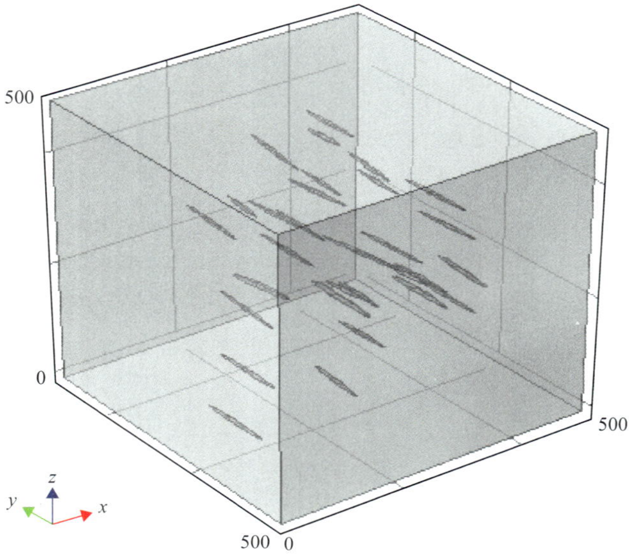

(a) 几何位置均匀分布、方位角均匀分布

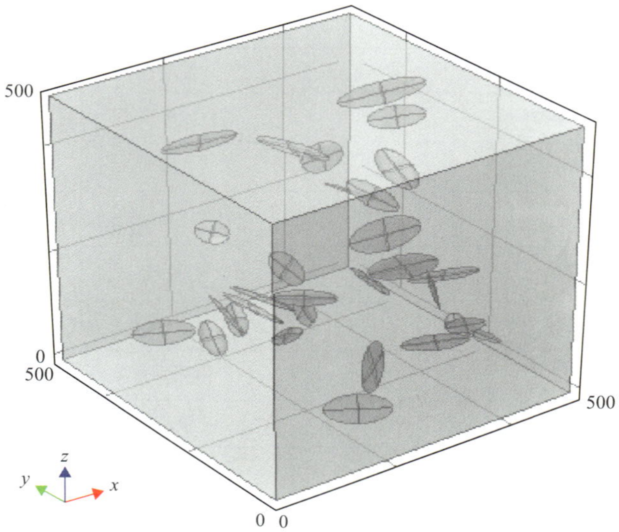

(b) 几何位置均匀分布、方位角呈Fisher分布

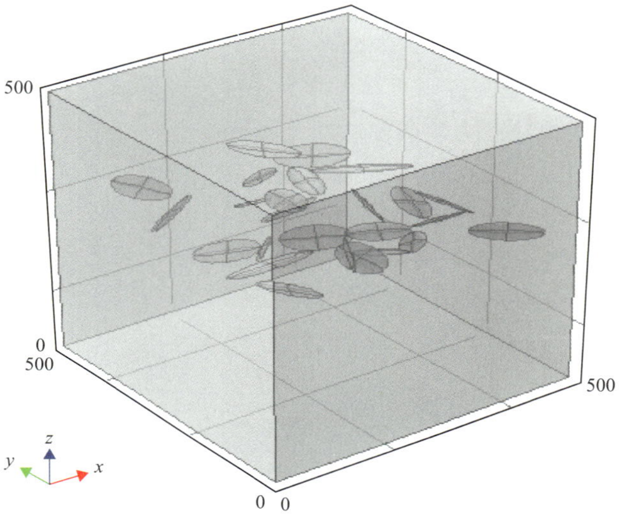

(c) 几何位置呈泊松分布、方位角呈Fisher分布

图 9.11　不同几何参数下的随机天然裂缝分布

Fig. 9.11　Distribution of random natural cracks under different geometric parameters

9.3.3 随机天然裂缝对应力场的扰动影响

利用 MATLAB 软件与有限元数值模拟软件 COMSOL Mutiphysics 将通过数值重构的储层随机天然裂缝引入三维原地应力场模型，根据表 9.1 设置模型边界载荷和约束条件，模拟计算不同几何参数下的随机天然裂缝对原地应力场的扰动情况，分析天然裂缝的应力扰动规律。其中设定 x 轴方向为最小水平主应力方向，y 轴方向为最大水平主应力方向，拉应力为正值，压应力为负值。

表 9.1 模型计算基本数据

参数	数值	参数	数值
最大水平主应力 σ_H /MPa	50	杨氏模量 E/MPa	20387.1
最小水平主应力 σ_h /MPa	30	泊松比 μ	0.13
垂向主应力 σ_v /MPa	36	岩石密度 $\rho/(g/cm^3)$	2.71
孔隙压力 P_p /MPa	20	孔隙度 ϕ/%	4.32
裂缝内净压力 P_i /MPa	10	岩石渗透率 K/mD	0.005398
水平井方位角 β /(°)	90	渗透性系数 δ	1(井壁渗透)
地层温度增量 ΔT/℃	5	修正系数 c	0.95
岩石热膨胀系数 δ/℃$^{-1}$	0.00002		

首先分析几何位置均匀分布、方位角均匀分布的随机天然裂缝，得到方位角均匀分布条件下的天然裂缝扰动应力场 3D 云图如图 9.12 所示。根据模拟结果可以看出，天然裂缝的存在使原地应力场方向发生局部偏转，主要分布在裂缝周围区域，对比图 9.12(a)和图 9.12(b)可知，天然裂缝对最小水平主应力的扰动程度明显大于最大水平主应力，应力偏转程度较大。对于原地应力场所施加的边界载荷均为压应力，而对于整个模型的最小水平主应力而言，如图 9.12(a)所示，最大值出现拉应力，可达 83.888MPa，最大压应力为 77.692MPa，地层整体呈 30MPa 左右的压应力，与所加最小水平主应力载荷相近，只在壁面附近压应力减小，为低压应力区；对于最大水平主应力整体均为压应力，主要分布在 50MPa 附近，如图 9.12(b)所示，裂缝边缘局部会出现较大的压应力值，最大可达 267.46MPa。

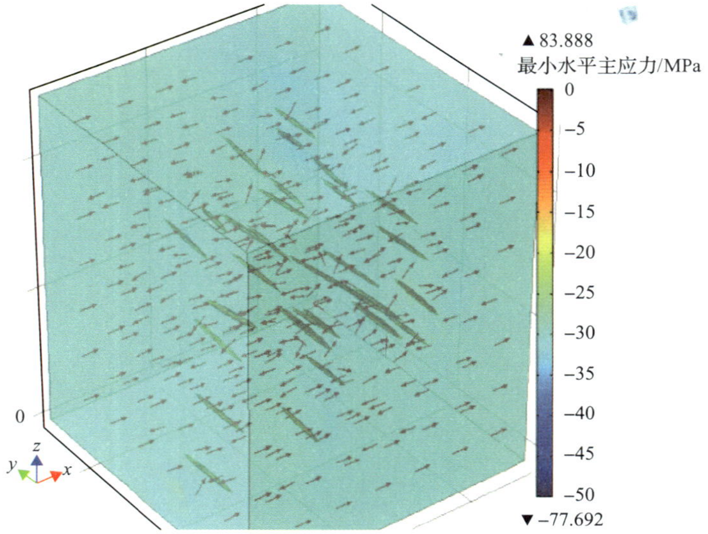

(a) 最小水平主应力

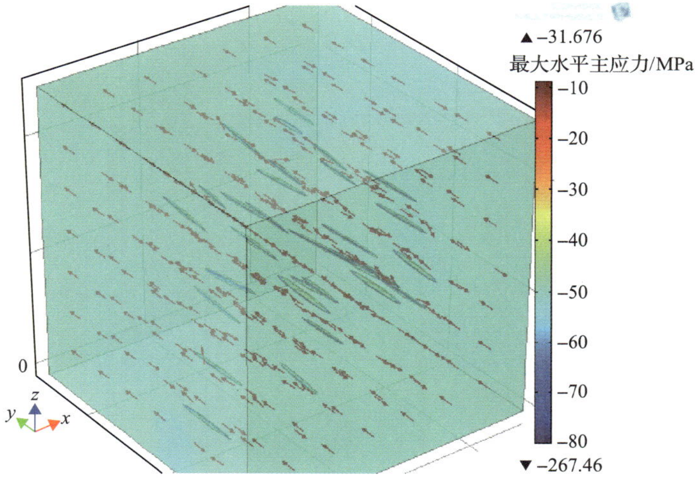

(b) 最大水平主应力

图 9.12 方位角均匀分布条件下的天然裂缝扰动应力场 3D 云图

Fig. 9.12 3D cloud map of the natural crack disturbance stress field under azimuthal sharing

为了更加清晰地了解天然裂缝附近的应力分布状态，选取任一最大、最小水平主应力所在的横截面作为研究区域，如图 9.13 所示，裂缝走向相近，大体都垂直最小水平主应力方向，其周围水平方向上的应力偏转并不明显，只在裂缝局部区域发生小幅度转向；其周围应力变化规律与第 4 章所分析的单条人工裂缝相似。对于最小水平主应力，如图 9.13(a)所示，随着距离裂缝壁面垂线距离的增大，应力由拉应力逐渐减小，转换为压应力后逐渐增大，恢复至原场应力状态。最大水平主应力的分布如图 9.13(b)所示，裂缝附近的压应力逐渐增大，裂缝尖端出现较高的压应力；相邻裂缝周围的应力场会发生连通，由于裂缝产状相近，应力场连通叠加的范围较小。

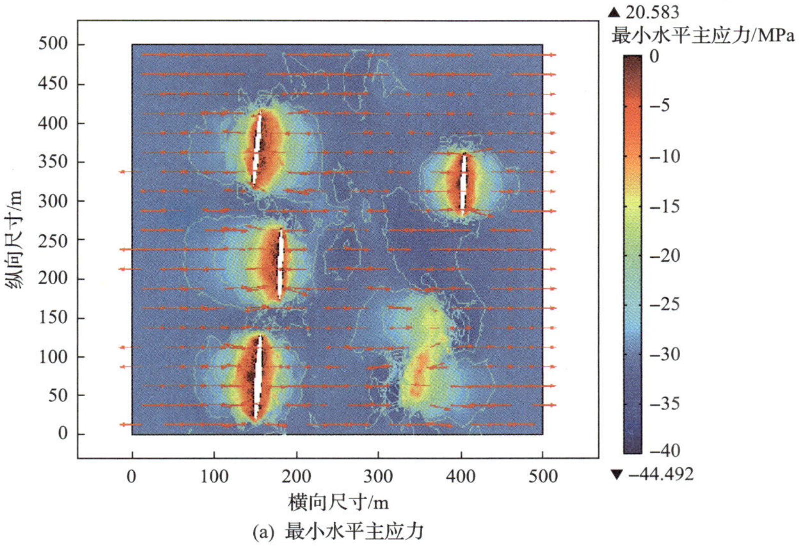

(a) 最小水平主应力

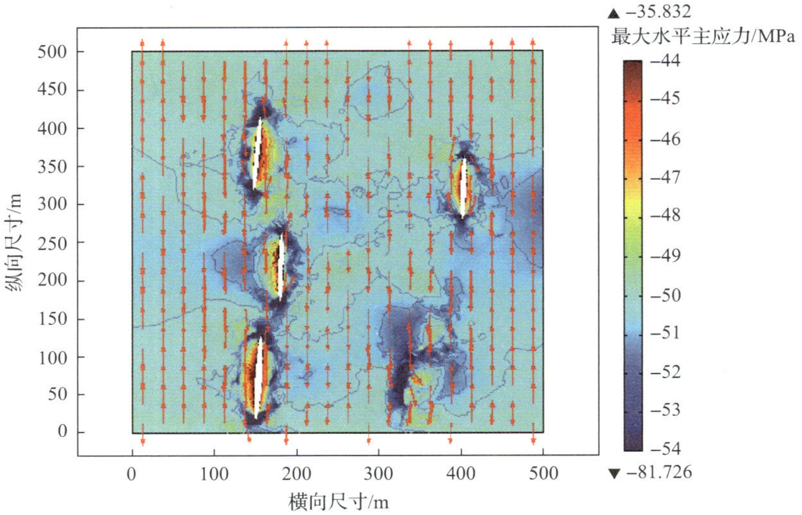

(b) 最大水平主应力

图 9.13 方位角均匀分布条件下的天然裂缝扰动应力场 2D 云图

Fig. 9.13 2D cloud image of natural crack disturbing stress field under azimuthal sharing

方位角均匀分布状态下的裂缝周围应力偏转程度较小，相邻裂缝间的应力干扰程度并不显著。改变天然裂缝方位角的概率分布模型，分析方位角差异较大，即方位角满足 Fisher 分布时的应力状态，如图 9.14 所示。从图 9.14 中可以看出，对比方位角均匀分布状态下的应力分布范围而言，Fisher 分布条件下，整个模型最小水平主应力的分布范围较小，整体分布在–49.434～55.252MPa，而最大水平主应力的分布范围则较大，分布在–267.45～–0.9114MPa。如图 9.14(a)所示，天然裂缝壁面处的最小水平主应力与边缘处应力大小相

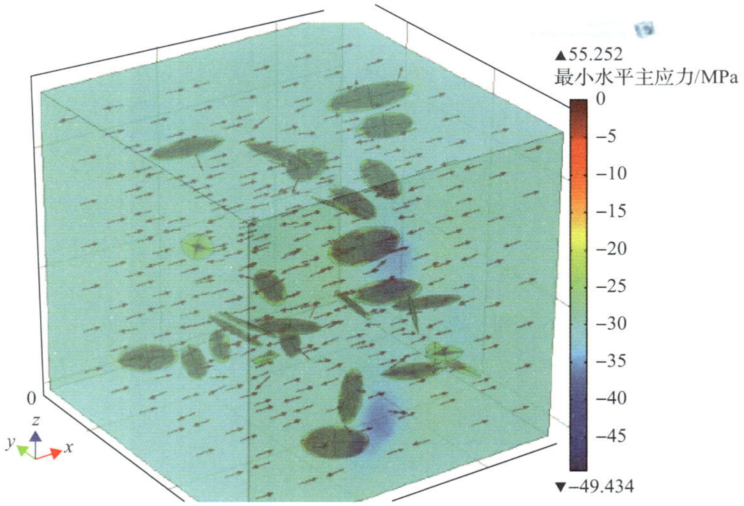

(a) 最小水平主应力

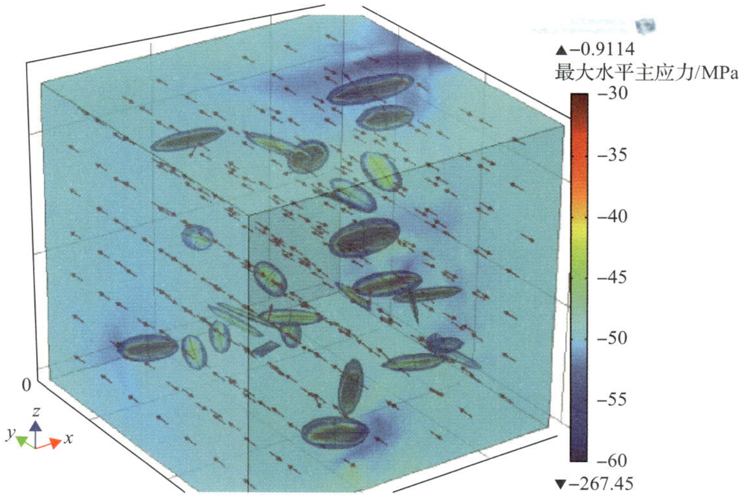

(b) 最大水平主应力

图 9.14 方位角 Fisher 分布条件下的天然裂缝扰动应力场 3D 云图

Fig. 9.14 3D Cloud Image of Natural Crack Disturbing Stress Field under Azimuthal Fisher Distribution

近，差值不超过 15MPa；而对于最大水平主应力，裂缝边缘处出现较高的压应力，与壁面处的应力差值为 30MPa 左右。

同样选取任一水平横截面作为研究区域，如图 9.14 所示，裂缝方位角方向有很大差异，并存在两邻近裂缝相交的情况。当裂缝走向与最小水平主应力方向接近，即方位角为 90°左右时，对于最小水平主应力，如图 9.14(a) 所示，裂缝壁面处的应力发生大幅度转向，偏转角度接近 90°，随着方位角逐渐降低，应力偏转程度减弱；而对于最大水平主应力，应力偏转主要发生在裂缝尖端局部范围内，扰动并不显著。当两裂缝发生交叉时，应力场发生缝间叠加，局部应力场扰动明显，扰动范围相对较大。

9.3.4 天然裂缝与人工裂缝的协同扰动规律

天然裂缝的随机分布使原场应力发生改变，这也会对水平井压裂过程中人工裂缝的起裂和扩展造成一定的影响。为了分析天然裂缝与人工裂缝的协同扰动规律，对复杂条件下的随机天然裂缝与人工裂缝共同作用下的应力场分布情况进行分析。

选取几何位置为泊松分布、方位角为 Fisher 分布的随机天然裂缝模型，模拟水平井压裂过程中受天然裂缝扰动的应力场分布情况，如图 9.15 所示。

通过模拟计算可以看出，随机天然裂缝存在时，水平井筒周围的应力场扰动并不显著，应力场的扰动主要是天然裂缝周边的应力分布发生改变，从箭头偏转程度来看，最小水平主应力的扰动要大于最大水平主应力。所以选取最小水平主应力分布为研究对象，以压裂裂缝垂直最小水平主应力方向起裂为前提，考虑随机天然裂缝的影响，设定压裂人工裂缝初始半长为 20m，压裂位置在天然裂缝较密集的地方，以每 10m 为一个单元，绘制水平井压裂过程中人工裂缝的扩展路径，选取其中路径发生改变较为明显的 6 个阶

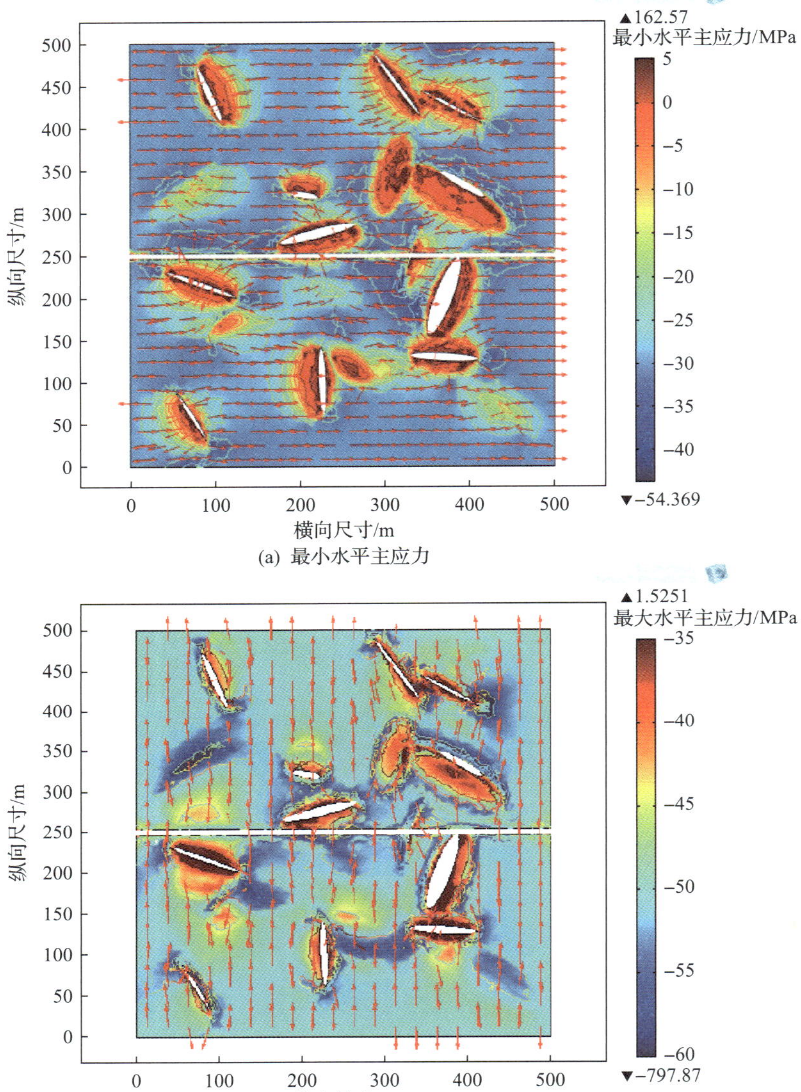

(a) 最小水平主应力

(b) 最大水平主应力

图 9.15 天然裂缝影响下的水平井压裂局部应力场分布云图

Fig. 9.15 Distribution of local stress field distribution of horizontal well fracturing under the influence of natural cracks

段下的裂缝扩展情况进行分析，如图 9.16 所示。已知此种随机天然裂缝分布下，人工裂缝周围的天然裂缝可划分为 A、B、C、D 和 E 5 个区域。

根据以上分析可知，初始人工裂缝周围受到来自天然裂缝水平截面 B、C 区域的应力扰动；在第二阶段的延伸过程中裂缝发生偏转，背离天然裂缝 B、C 区域壁面发生弯曲，第二阶段中人工裂缝周围的应力发生转向，垂直裂缝壁面；随着人工裂缝的不断扩

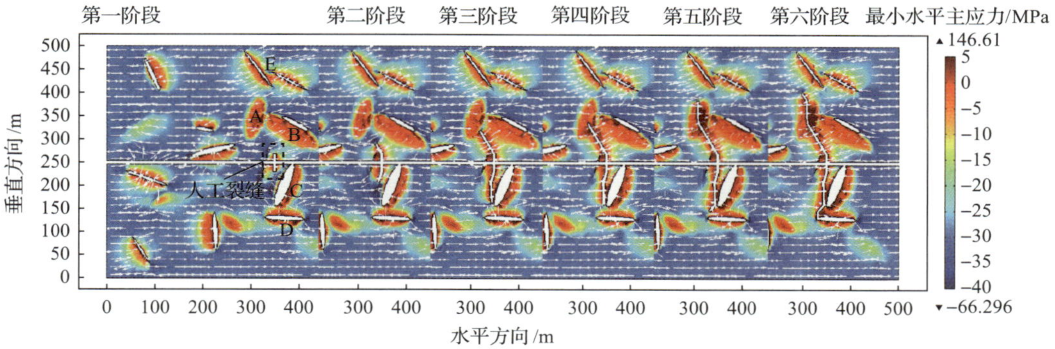

图 9.16 天然裂缝影响下的人工裂缝扩展路径

Fig. 9.16 Artificial crack extension path under the influence of natural cracks

展，到达第三阶段过程中，天然裂缝上部朝 A 区域发展，下部沿 C 区域壁面切向竖直延伸(A 区域为三维天然裂缝某一裂缝壁面在所选水平面上产生的扰动应力区，不存在此天然裂缝横切面，该区最小水平主应力为 0MPa 左右，其周围的应力没有发生明显偏转)；第四阶段，人工裂缝继续背离 B、C 区域壁面，上部进入应力为 0MPa 的 A 区域；第五阶段，人工裂缝上部在 A 区域内发生转向，垂直穿过 A 区域，下部受到 D 区域天然裂缝的影响，发生短距离偏转；第六阶段，随着人工裂缝的延伸，上部受到 E 区域影响发生偏转，下部与 D 区域尖端相连通。在人工裂缝延伸的过程中，其周围也会产生扰动应力，与天然裂缝共同作用，使裂缝间的压应力值逐渐变小。在该种随机裂缝分布及边界载荷设定条件下，人工裂缝背离天然裂缝方向延伸，当两天然裂缝相近，且产状夹角较大时，人工裂缝与天然裂缝则会产生连通路径。综上所述，随机天然裂缝对应力场的扰动会造成人工裂缝扩展路径的改变，而随着人工裂缝的扩展，人工裂缝与天然裂缝之间发生协同作用，使其周围应力场的压应力减小。天然裂缝越复杂，人工裂缝越容易与其沟通，从而有利于复杂缝网的形成。

参 考 文 献

[1] 雷雨. 当前我国页岩气开采现状的研究与展望[J]. 石化技术, 2019, 26(5): 220.

[2] Curtis J B. Fractured shale-gas systems[J]. AAPG Bulletin, 2002, 86(11): 1921-1938.

[3] Curtis M E, Sondergeld C H, Ambrose R J, et al. Microstructural investigation of gas shales in two and three dimensions using nanometer-scale resolution imaging[J]. AAPG Bulletin, 2012, 96(4): 665-677.

[4] 龙鹏宇, 张金川, 唐玄, 等. 泥页岩裂缝发育特征及其对页岩气勘探和开发的影响[J]. 天然气地球科学, 2011, 22(3): 525-532.

[5] 张金川, 徐波, 聂海宽, 等. 中国页岩气资源勘探潜力[J]. 天然气工业, 2008, 28(6): 136-140.

[6] 张雪芬, 陆现彩, 张林晔, 等. 页岩气的赋存形式研究及其石油地质意义[J]. 地球科学进展, 2010, 25(6): 597-604.

[7] Martini A M, Walter L M, Ku T C W, et al. Microbial production and modification of gases in sedimentary basins: A geochemical case study from a Devonian shale gas play, Michigan basin[J]. AAPG Bulletin, 2003, 87(8): 1355-1375.

[8] Kinley T J, Cook L W, Breyer J A, et al. Hydrocarbon potential of the Barnett Shale (Mississippian), Delaware Basin, west Texas and southeastern New Mexico[J]. AAPG Bulletin, 2008, 92(8): 967-991.

[9] Fathi E. Matrix heterogeneity effects on fluid transport in porous medium: Using perturbation theory[D]. Norman: The University of Oklahoma, 2010.

[10] 霍多特. 煤与瓦斯突出[M]. 宋士钊, 王佑安译. 北京: 中国工业出版社, 1966.

[11] 焦堃, 姚素平, 吴浩, 等. 页岩气储层孔隙系统表征方法研究进展[J]. 高校地质学报, 2014, 20(1): 151-161.

[12] Maex K, Baklanov M R, Shamiryan D, et al. Low dielectric constant materials for microelectronics[J]. Journal of Applied Physics, 2003, 93(11): 8793-8841.

[13] Fredrich J T, Ménendez B, Wong T F. Imaging the pore structure of geomaterials[J]. Science, 1995, 268(5208): 276-279.

[14] Reed R M, John A, Katherine G. Nanopores in the Mississippian Barnett shale: Distribution, morphology, and possible genesis[C]. GAS Annual Meeting & Exposition, Denver, 2007.

[15] 邹才能, 朱如凯, 白斌, 等. 中国油气储层中纳米孔首次发现及其科学价值[J]. 岩石学报, 2011, 27(6): 1857-1864.

[16] Loucks R G, Reed R M, Ruppel S C, et al. Morphology, genesis, and distribution of nanometer-scale pores in siliceous mudstones of the Mississippian Barnett Shale[J]. Journal of Sedimentary Research, 2009, 79(12): 848-861.

[17] Chalmers G R, Bustin R M, Power I M. Characterization of gas shale pore systems by porosimetry, pycnometry, surface area, and field emission scanning electron microscopy/transmission electron microscopy image analyses: Examples from the Barnett, Woodford, Haynesville, Marcellus, and Doig units[J]. AAPG Bulletin, 2012, 6(96): 1099-1119.

[18] Loucks R G, Reed R M, Ruppel S C, et al. Spectrum of pore types and networks in mudrocks and a descriptive classification for matrix-related mudrock pores[J]. AAPG Bulletin, 2012, 96(6): 1071-1098.

[19] Bai B J, Elgmati M, Zhang H, et al. Rock characterization of fayetteville shale gas plays[J]. Fuel, 2013, 105: 645-652.

[20] Nelson P H. Pore-throat sizes in sandstones, tight sandstones, and shales[J]. AAPG Bulletin, 2009, 93(3): 329-340.

[21] Ross D, Bustin R M. The importance of shale composition and pore structure upon gas storage potential of shale gas reservoirs[J]. Marine and Petroleum Geology, 2009, 26(6): 916-927.

[22] 陈尚斌, 夏筱红, 秦勇, 等. 川南富集区龙马溪组页岩气储层孔隙结构分类[J]. 煤炭学报, 2013, 38(5): 760-765.

[23] 谢晓永, 唐洪明, 王春华, 等. 氮气吸附法和压汞法在测试泥页岩孔径分布中的对比[J]. 天然气工业, 2006, 26(12): 100-102, 202-203.

[24] 田华, 张水昌, 柳少波, 等. 压汞法和气体吸附法研究富有机质页岩孔隙特征[J]. 石油学报, 2012, 33(3): 419-427.

[25] Clarkson C R, Solano N, Bustin R M, et al. Pore structure characterization of North American shale gas reservoirs using USANS/SANS, gas adsorption, and mercury intrusion [J]. Fuel, 2013, 103(1): 606-616.

[26] Yao Y B, Liu D M, Che Y, et al. 2010. Petrophysical characterization of coals by low-field nuclear magnetic resonance (NMR)[J]. Fuel, 89(7): 1371-1380.

[27] 孙军昌, 陈静平, 杨正明, 等. 页岩储层岩芯核磁共振响应特征实验研究[J]. 科技导报, 2012, 30(14): 25-30.
[28] Ma L, Dowey P, Fauchille A L, et al. Correlative multi-scale 3D imaging of shales: An example from the Haynesville-Bossier Shale, southeast USA[C]. EGU General Assembly Conference, Vinenna, 2017.
[29] 白斌, 朱如凯, 吴松涛, 等. 利用多尺度 CT 成像表征致密砂岩微观孔喉结构[J]. 石油勘探与开发, 2013, 40(3): 329-333.
[30] Nelson R. Geologic Analysis of Naturally Fractured Reservoirs[M]. Boston: Gulf Professional Publishing, 2001.
[31] 丁文龙, 许长春, 久凯, 等. 泥页岩裂缝研究进展[J]. 地球科学进展, 2011, 26(2): 135-144.
[32] 王超, 石万忠, 张晓明, 等. 页岩储层裂缝系统综合评价及其对页岩气渗流和聚集的影响[J]. 油气地质与采收率, 2017, 24(1): 50-56.
[33] 朱利锋, 翁剑桥, 吕文雅. 四川长宁地区页岩储层天然裂缝发育特征及研究意义[J]. 地质调查与研究, 2016, 39(2): 104-110.
[34] 丁文龙, 尹帅, 王兴华, 等. 致密砂岩气储层裂缝评价方法与表征[J]. 地学前缘, 2015, 22(4): 173-187.
[35] 王玉满, 董大忠, 杨桦, 等. 川南下志留统龙马溪组页岩储集空间定量表征[J]. 中国科学: 地球科学, 2014, 44(6): 1348-1356.
[36] 郭旭升, 胡东风, 魏祥峰, 等. 四川盆地焦石坝地区页岩裂缝发育主控因素及对产能的影响[J]. 石油与天然气地质, 2016, 37(6): 799-808.
[37] 汪吉林, 朱炎铭, 宫云鹏, 等. 重庆南川地区龙马溪组页岩微裂缝发育影响因素及程度预测[J]. 天然气地球科学, 2015, 26(8): 1579-1586.
[38] 王艻川, 赵靖舟, 丁文龙, 等. 渝东南地区龙马溪组页岩裂缝发育特征[J]. 天然气地球科学, 2015, 26(4): 760-770.
[39] Fidler L J. Natural fracture characterization of The New Albany Shale, Illinois Basin, United States[D]. Austin: The University of Texas at Austin, 2011.
[40] 丁文龙, 李超, 李春燕, 等. 页岩裂缝发育主控因素及其对含气性的影响[J]. 地学前缘, 2012, 19(2): 212-220.
[41] 王玉满, 黄金亮, 李新景, 等. 四川盆地下志留统龙马溪组页岩裂缝孔隙定量表征[J]. 天然气工业, 2015, 35(9): 8-15.
[42] 王濡岳, 丁文龙, 龚大建, 等. 渝东南—黔北地区下寒武统牛蹄塘组页岩裂缝发育特征与主控因素[J]. 石油学报, 2016, 37(7): 832-845.
[43] 杨春梅, 白永强, 朱伦葳, 等. 龙马溪组页岩微裂缝发育与含气量的关系研究[J]. 科学技术与工程, 2016, 16(20): 108-113.
[44] Gale J F W, Reed R M, Holder J. Natural fractures in the Barnett Shale and their importance for hydraulic fracture treatments[J]. AAPG Bulletin, 2015, 91(4): 603-622.
[45] Curtis M E, Ambrose R J, Sondergeld C H. Structural characterization of gas shales on the micro- and nano-scales[C]. Canadian Unconventional Resources and International Petroleum Conference, Calgary, 2010.
[46] Dershowitz W S, Einstein H H. Characterizing rock joint geometry with joint system models[J]. Rock Mechanics and Rock Engineering, 1988, 21(1): 21-51.
[47] Olson J, Yuan Q, Jon H, et al. Constraining the spatial distribution of fracture networks in naturally fractured reservoirs using fracture mechanics and core measurements[C]. SPE Technical Conference and Exhibition, New Orleans, 2001.
[48] Einstein H H, Stephansson O J S. Fracture systems, fracture propagation and coalescence[C]. Proceedings of the International Conference on Geotechnical & Geological Engineering, Melbourne, 2000: 348-388.
[49] Julia F W G, Reed R M, Holder J. Natural fractures in the Barnett Shale and their importance for hydraulic fracture treatments [J]. AAPG Bulletin, 2007, 91(4): 603-622.
[50] Dershowitz W S. Rock Joint Systems[D]. Cambridge: Massachusetts Institute of Technology, 1984.
[51] Baecher G B, Lanney N A, Einstein H H. Statistical description of rock properties and sampling[C]. Proceedings of the 18th U.S. Symposium on Rock Mechanics, Golden, 1997.
[52] 李玮. 基于分形理论的储层特征及压裂造缝机理研究[D]. 大庆: 大庆石油学院, 2010.
[53] 耿永政, 陈坚. 结合图论的 JSEG 彩色图像分割算法[J]. 计算机技术与发展, 2014, 5: 15-19.

[54] Klammler H, Hatfield K, Newman M A, et al. A new device for characterizing fracture networks and measuring groundwater and contaminant fluxes in fractured rock aquifers[J]. Water Resources Research, 2016, 52(7): 5400-5420.
[55] Murray G H. Quantitative fracture study, Sanish pool, Mckenzie county, North Dakota[J]. AAPG Bulletin, 1968, 52(1): 57-65.
[56] 曾锦光, 罗元华, 陈太源. 应用构造面主曲率研究油气藏裂缝问题[J]. 力学学报, 1982, 2(2): 202-206.
[57] 丁中一, 钱祥麟, 霍红. 构造裂缝定量预测的一种新方法——二元法[J]. 石油与天然气地质, 1998, 19(1): 1-7, 14.
[58] 周新桂, 邓宏文, 操成杰, 等. 储层构造裂缝定量预测研究及评价方法[J]. 地球学报, 2003, 24(2): 175-180.
[59] 季宗镇, 戴俊生, 汪必峰, 等. 构造裂缝多参数定量计算模型[J]. 中国石油大学学报: 自然科学版, 2010, 34(1): 24-28.
[60] Pedersen S I, Skov T, Randen T, et al. Automatic fault extraction using artificial ants[J]. SEG Technical Program Expanded, 2002, 7: 107-116.
[61] 王军, 李艳东, 甘利灯. 基于蚂蚁体各向异性的裂缝表征方法[J]. 石油地球物理勘探, 2013, 48(5): 763-769.
[62] 申辉林, 高松洋. 基于 BP 神经网络进行裂缝识别研究[J]. 新疆石油天然气, 2006, 2(4): 39-42.
[63] 贾凌霄, 贾家磊, 张毅, 等. 改进 BP 神经网络在裂缝预测中的应用[J]. 工程地球物理学报, 2012, 9(3): 301-305.
[64] 侯贵廷. 裂缝的分形分析方法[J]. 应用基础与工程科学学报, 1994, 2(4): 299-305.
[65] Borodich F M. Some fractal models of fracture[J]. Journal of the Mechanics and Physics of Solids, 1997, 45(2): 239-259.
[66] 鞠玮, 侯贵廷, 潘文庆, 等. 塔中 I 号断裂带北段构造裂缝面密度与分形统计[J]. 地学前缘, 2011, 18(3): 317-323.
[67] 曾联波, 高春宇, 漆家福, 等. 鄂尔多斯盆地陇东地区特低渗透砂岩储层裂缝分布规律及其渗流作用[J]. 中国科学, 2008, 38(S1): 41-47.
[68] Davide E, Doug S. An integrated numerical modeling-discrete fracture network approach applied to the characterisation of rock mass strength of naturally fractured pillars[J]. Rock Mechanics and Rock Engineering, 2010, 43(1): 3-19.
[69] 郎晓玲, 郭召杰. 基于 DFN 离散裂缝网络模型的裂缝性储层建模方法[J]. 北京大学学报(自然科学版), 2013, 49(6): 964-972.
[70] 石林, 张旭东, 金衍, 等. 深层地应力测量新方法[J]. 岩石力学与工程学报, 2004, 23(14): 2355-2358.
[71] 卢运虎, 陈勉, 金衍, 等. 深层地应力地理方位确定的新方法[J]. 岩石力学与工程学报, 2011, 30(2): 234-237.
[72] 王成虎. 地应力主要测试和估算方法回顾与展望[J]. 地质论评, 2014, (5): 971-996.
[73] 蔡美峰, 刘卫东, 李远. 玲珑金矿深部地应力测量及矿区地应力场分布规律[J]. 岩石力学与工程学报, 2010, 29(2): 227-233.
[74] Hubbert M K, Willis D G. Mechanics of hydraulic fracturing[J]. Journal of Petroleum Technology, 1957, 9(6): 153-168.
[75] Hubbert M K. Energy from fossil fuels[J]. Science, 109(2823): 103-109.
[76] Haimson B, Fairhurst C. Initiation and extension of hydraulic fractures in rocks[J]. Society of Petroleum Engineers Journal, 1967, 7(6): 310-318.
[77] Haimson B C, Rummel F. Hydrofracturing stress measurements in the Iceland Research Drilling Project drill hole at Reydarfjordur, Iceland[J]. Journal of Geophysical Research Solid Earth, 1982, 87(B8): 6631-6649.
[78] Haimson B, Fairhurst C. Hydraulic Fracturing in Porous-Permeable Materials[J]. Journal of Petroleum Technology, 1969, 21(7): 811-817.
[79] Haimson B. Hydraulic fracturing in porous and non-porous rock and its potential for determining in-situ stresses at great depth[D]. Minneapolis: University of Minnesota, 1968.
[80] 黄荣樽. 水力压裂裂缝的起裂与扩展[J]. 石油勘探与开发, 1982, (5): 65-77.
[81] 李传亮, 孔祥言. 油井压裂过程中岩石破裂压力计算公式的理论研究[J]. 石油钻采工艺, 2000, 22(2): 54-56.
[82] Daneshy A A. Rock properties controlling hydraulic fracture propagation[R]. SPE European Spring Meeting, Amsterdam, 1976.
[83] Daneshy A A. Experimental investigation of hydraulic fracturing through perforations[J]. Journal of Petroleum Technology, 1973, 25(10): 1201-1206.
[84] Daneshy A A. Proppant distribution and flowback in off-balance hydraulic fractures[J]. SPE Production and Facilities, 2004, 20(1): 41-47.

[85] Behrmann L A, Elbel J L. Effect of perforations on fracture initiation[J]. Journal of Petroleum Technology, 1991, 43(5): 608-615.

[86] Abass H H, Brumley J L, Venditto J J. Oriented perforations-A rock mechanicals view[R]. SPE Technical Conference and Exhibition, New Orleans, 1994.

[87] Yang Z, Crosby D G, Akgun F, et al. Investigation of the factors influencing hydraulic fracture initiation in highly stressed formations[R]. SPE Asia Pacific Oil and Gas Conference and Exhibition, Kuala Lumpur, 1997.

[88] Papanastasiou P, Zervos A. Three-dimensional stress analysis of a wellbore with perforations and a fracture[R]. SPE/SRM Rock Mechanics in Petroleum Engineering, Trondheim, 1998.

[89] Walton I C, Atwood D C, Halleck P M, et al. Perforating unconsolidated sands: An experimental and theoretical investigation[R]. SPE Technical Conference and Exhibition, New Orleans, 2001.

[90] 李传亮. 射孔完井条件下的岩石破裂压力计算公式[J]. 石油钻采工艺, 2002, 24(2): 37-38.

[91] 银本才. 压裂井射孔设计方法及其软件研制[D]. 成都: 西南石油学院, 2004.

[92] 胡永全, 赵金洲, 曾庆坤, 等. 计算射孔井水力压裂破裂压力的有限元方法[J]. 天然气工业, 2003, 23(2): 58-59.

[93] 张广清, 陈勉, 殷有泉, 等. 射孔对地层破裂压力的影响研究[J]. 岩石力学与工程学报, 2003, 22(1): 40-44.

[94] 邓金根, 蔚宝华, 王金凤, 等. 定向射孔提高低渗透油藏水力压裂效率的模拟试验研究[J]. 石油钻探技术, 2003, 31(5): 14-16.

[95] 赵德安, 陈志敏, 蔡小林, 等. 中国地应力场分布规律统计分析[J]. 岩石力学与工程学报, 2007, 26(6): 1265-1271.

[96] 沈传波, 梅廉夫, 刘立林, 等. 基于三维古构造应力场数值模拟的断层封闭性研究[J]. 石油实验地质, 2004, 26(1): 103-107.

[97] 王建军. 应用水压致裂法测量三维地应力的几个问题[J]. 岩石力学与工程学报, 2000, 19(2): 229.

[98] 刘洪, 胡永全, 赵金洲, 等. 重复压裂气井诱导应力场模拟研究[J]. 岩石力学与工程学报, 2004, 23(23): 4022-4027.

[99] 刘洪, 胡永全, 赵金洲, 等. 重复压裂气井造新缝机理研究[J]. 天然气工业, 2004, 24(12): 102-104.

[100] 刘洪, 胡永全, 赵金洲, 等. 重复压裂气井三维诱导应力场数学模型[J]. 石油钻采工艺, 2004, (2): 57-61.

[101] Roussel N P, Sharma M M. Optimizing fracture spacing and sequencing in horizonral-well fracturing[C]. SPE International Symposium and Exhibition on Formation Damage Control, Lafayette, 2011.

[102] Roussel N P, Sharma M M. Strategies to minimize fracture spacing and stimulate natural fractures in horizontal completions[C]. SPE Technical Conference and Exhibition, Denver, 2011.

[103] Roussel N P, Sharma M M. Implications of fracturing pressure data recorded during a horizontal completion on stage spacing design[C]. SPE Hydraulic Fracturing Technology Conference, The Woodlands, 2012.

[104] Li J, Guo B Y, Feng Y. An analytical solution of fracture-induced stress and its application in shale gas exploitation[J]. Journal of Energy Resources Technology, 2014, 136(2): 1-6.

[105] 刘建军, 冯夏庭, 裴桂红. 水力压裂三维数学模型研究[J]. 岩石力学与工程学报, 2003, (12): 2042-2046.

[106] 刘建军, 冯夏庭. 我国油藏渗流-温度-应力耦合的研究进展[J]. 岩土力学, 2003, (S2): 645-650.

[107] 张劲, 张士诚. 水平多缝间的相互干扰研究[J]. 岩石力学与工程学报, 2004, (14): 2351-2354.

[108] 罗天雨, 赵金洲, 王嘉淮, 等. 水力压裂横向多裂缝延伸模型[J]. 天然气工业, 2007, 27(10): 75-78.

[109] 于永军, 朱万成, 李连崇, 等. 水力压裂裂缝相互干扰应力阴影效应理论分析[J]. 岩石力学与工程学报, 2017, 36(12): 2926-2939.

[110] 尹建, 郭建春, 曾凡辉. 水平井分段压裂射孔间距优化方法[J]. 石油钻探技术, 2012, 40(5): 67-71.

[111] 翁定为, 严星明, 卢拥军, 等. 考虑应力干扰的致密油气压裂设计及实现方法[J]. 中国矿业大学学报, 2014, 43(4): 639-645.

[112] Dahi-Taleghani A, Olson J E. Numerical modeling of multistranded-hydraulic-fracture propagation: Accounting for the interaction between induced and natural fractures[J]. SPE Journal, 2011, 16(3): 575-581.

[113] 邵尚奇, 田守嶒, 李根生, 等. 水平井缝网压裂裂缝间距的优化[J]. 石油钻探技术, 2014, 42(1): 86-90.

[114] Bowker K A. Recent development of the Barnett Shale play, Forth Worth Basin[J]. West Texas Geological Society Bulletin, 2003, 42(6): 4-11.

[115] 王兰生, 邹春艳, 郑平, 等. 四川盆地下古生界存在页岩气的地球化学依据[J]. 天然气工业, 2009, 29(5): 59-62.

[116] 王淑芳, 董大忠, 王玉满, 等. 中美海相页岩气地质特征对比研究[J]. 天然气地球科学, 2015, 26(9): 1666-1678.

[117] 姚光华, 陈乔, 刘洪, 等. 渝东南下志留统龙马溪组层理性页岩力学特性试验研究[J]. 岩石力学与工程学报, 2015, 34(S1): 3313-3319.

[118] 岳锋, 焦伟伟, 郭淑军. 渝东南牛蹄塘组页岩裂缝及其分布控制因素[J]. 煤田地质与勘探, 2015, 43(6): 39-44.

[119] 许小强, 姜呈馥, 高栋臣, 等. 鄂尔多斯盆地东南部延长组长 7 页岩气储层裂缝特征及其控制因素[J]. 延安大学学报: 自然科学版, 2013, 32(4): 82-86.

[120] Curtis M E, Cardott B J, Sondergeld C H, et al. Development of organic porosity in the Woodford Shale with increasing thermal maturity[J]. International Journal of Coal Geology, 2012, 103: 26-31.

[121] Jarvie D M, Hill R J, Ruble T E, et al. Unconventional shale-gas systems: The Mississippian Barnett Shale of north-central Texas as one model for thermogenic shale-gas assessment[J]. AAPG Bulletin, 2007, 91(4): 475-799.

[122] Milliken K L, Rudnicki M, Awwiller D N, et al. Organic atter-hosted pore system, Marcellus Formation(Devonian), Pennsylva-nia[J]. AAPG Bulletin, 2013, 97(2): 177-200.

[123] 邹才能, 李建忠, 董大忠, 等. 中国首次在页岩气储集层中发现丰富的纳米级孔隙[J]. 石油勘探与开发, 2010, 37(5): 508-509.

[124] 邱振, 邹才能, 李熙喆, 等. 论笔石对页岩气源储的贡献——以华南地区五峰组-龙马溪组笔石页岩为例[J]. 天然气地球科学, 2018, (5): 606-615.

[125] 聂海宽, 包书景, 高波, 等. 四川盆地及其周缘下古生界页岩气保存条件研究[J]. 地学前缘, 2012, 19(3): 280-294.

[126] 杨峰, 宁正福, 胡昌蓬, 等. 页岩储层微观孔隙结构特征[J]. 石油学报, 2013, 34(2): 301-311.

[127] Gale J F W, Laubach S E, Marrett R A. Predicting and characterizing fractures in dolostone reservoirs: using the link between diagenesis and fracturing[J]. Geological Society London Special Publications, 2004, 235(1): 177-192.

[128] Gale J F W, Holder J. Natural fractures in some US shales and their importance for gas production[C]. Geological Society of London, London, 2010: 1131-1140.

[129] Zeng W T, Zhang J C, Ding W L, et al. Fracture development in Paleozoic shale of Chongqing area(South China). Part one: Fracture characteristics and comparative analysis of main controlling factors[J]. Journal of Asian Earth Sciences, 2013, 75(5): 251-266.

[130] 王适择. 川南长宁地区构造特征及志留系龙马溪组裂缝特征研究[D]. 成都: 成都理工大学, 2014.

[131] Wilson T H, Hart A K, Sullivan P. Characterization of Marcellus shale fracture systems for fracture model development using 3D seismic and microseismic data[C]. Society of Exploration Geophysicists, Denver, 2014: 5183.

[132] Longoni L, Arosio D, Scaioni M, et al. Surface and subsurface non-invasive investigations to improve the characterization of a fractured rock mass[J]. Journal of Geophysics & Engineering, 2012, 9(5): 461-472.

[133] Nelson R A. Natural fracture systems: Description and classification: Geologic notes[J]. AAPG Bulletin, 1979, 63(12): 2214-2221.

[134] Olson J E, Laubach S E, Lander R H. Natural fracture characterization in tight gas sandstones: Integrating mechanics and diagenesis[J]. AAPG Bulletin, 2009, 93(11): 1535-1549.

[135] 周文. 裂缝性油气储集层评价方法[M]. 成都: 四川科技出版社, 1998.

[136] Priest S D, Hudson J A. Estimation of discontinuity spacing and trace length using scanline surveys[J]. International Journal of Rock Mechanics & Mining Sciences & Geomechanics Abstracts, 1981, 18(3): 183-197.

[137] Bockman S. Estimation of discontinuity spacing and trace length using scanline surveys[J]. Sociological Inquiry, 2007, 61(4): 452-470.

[138] Zhang W, Chen J P, Zhang W, et al. Determination of critical slip surface of fractured rock slopes based on fracture orientation data[J]. Science China (Technological Sciences), 2013, 56(5): 1248-1256.

[139] 孙庆春, 孙晓猛, 王璞珺, 等. 松辽盆地东缘营城组节理构造特征、分布规律及其储层预测[J]. 吉林大学学报(地球科学版), 2007, (6): 1091-1096.

[140] Niemeyer L, Pietronero L, Wiesmann H J. Fractal dimension of dielectric breakdown[J]. Physical Review Letters, 52(12): 1033-1036.

[141] Oldham K B, Spanier J. The fractional calculus[J]. Mathematical Gazette, 1974, 56(247): 396-400.

[142] Ortega O J, Marrett R A, Laubach S E. A scale-independent approach to fracture intensity and average spacing measurement[J]. AAPG Bulletin, 2006, 90(2): 193-208.

[143] 吕文雅, 曾联波, 张俊辉, 等. 川中地区中下侏罗统致密油储层裂缝发育特征[J]. 地球科学与环境学报, 2016, 38(2): 226-234.

[144] 杨峰, 宁正福, 孔德涛, 等. 高压压汞法和氮气吸附法分析页岩孔隙结构[J]. 天然气地球科学, 2013, 24(3): 450-455.

[145] Sakhaee-Pour A, Bryant S L. Pore structure of shale[J]. Fuel, 2015, 143: 467-475.

[146] Drummond C, Israelachvili J. Surface forces and wettability[J]. Journal of Petroleum Science & Engineering, 2002, 33(1): 123-133.

[147] Kuila U, Prasad M. Specific surface area and pore-size distribution in clays and shales[J]. Geophysical Prospecting, 2013, 61(2): 341-362.

[148] Fang H J, Kamakoti P, Zang J, et al. Prediction of CO_2 adsorption properties in zeolites using force fields derived from periodic dispersion-corrected DFT calculations[J]. Journal of Physical Chemistry C, 2012, 116(19): 10692-10701.

[149] Vafaie A, Habibnia B, Moallemi S A. Experimental investigation of the pore structure characteristics of the Garau gas shale formation in the Lurestan Basin, Iran[J]. Journal of Natural Gas Science & Engineering, 2015, 27(10): 432-442.

[150] Sing K S W. Reporting physisorption data for gas/solid systems with special reference to the determination of surface area and porosity[J]. Pure and Applied Chemistry, 1985, 57(4): 603-619.

[151] 郭旭升, 李宇平, 刘若冰, 等. 四川盆地焦石坝地区龙马溪组页岩微观孔隙结构特征及其控制因素[J]. 天然气工业, 2014, 34(6): 9-16.

[152] Ross D J K, Bustin R M. Characterizing the shale gas resource potential of Devonian-Mississippian strata in the Western Canada sedimentary basin: Application of an integrated formation evaluation[J]. AAPG Bulletin, 2008, 92(1): 87-125.

[153] Chalmers G R L, Bustin R M. The organic matter distribution and methane capacity of the Lower Cretaceous strata of Northeastern British Columbia, Canada[J]. International Journal of Coal Geology, 2007, 70(1-3): 223-239.

[154] Lu X C, Li F C, Watson A T. Adsorption measurements in Devonian shales[J]. Fuel, 1995, 74(4): 599-603.

[155] Passey Q R, Bohacs K, Esch W L, et al. From oil-prone source rock to gas-producing shale reservoir-geologic and petrophysical characterization of unconventional shale gas reservoirs[C]. International oil and gas conference, Beijing, 2010.

[156] 王茂桢, 柳少波, 任拥军, 等. 页岩气储层黏土矿物孔隙特征及其甲烷吸附作用[J]. 地质论评, 2015, 61(1): 207-216.

[157] 顾忠安, 郑荣才, 王亮, 等. 渝东涪陵地区大安寨段页岩储层特征研究[J]. 岩性油气藏, 2014, 26(2): 67-73.

[158] 毛志强, 张冲, 肖亮. 一种基于核磁共振测井计算低孔低渗气层孔隙度的新方法[J]. 石油地球物理勘探, 2010, 45(1): 105-109.

[159] Abu-Shanab M M, Hamada G M, Oraby M E, et al. Improved porosity estimation in tight gas reservoirs from NMR and density logs[J]. Emirates Journal for Engineering Research, 2005, 10(2): 9-13.

[160] 王濡岳, 丁文龙, 王哲, 等. 页岩气储层地球物理测井评价研究现状[J]. 地球物理学进展, 2015, 30(1): 228-241.

[161] 何建华, 丁文龙, 付景龙, 等. 页岩微观孔隙成因类型研究[J]. 岩性油气藏, 2014, 26(5): 30-35.

[162] Montgomery S L, Jarvie D M, Bowker K A, et al. Mississippian Barnett Shale, Fort Worth basin, north-central Texas: Gas-shale play with Multitrillion cubic foot potential[J]. AAPG Bulletin, 2005, 89(2): 155-175.

[163] 王玉满, 董大忠, 李建忠, 等. 川南下志留统龙马溪组页岩气储层特征[J]. 石油学报, 2012, 33(4): 551-561.

[164] 聂海宽, 张金川. 页岩气储层类型和特征研究——以四川盆地及其周缘下古生界为例[J]. 石油实验地质, 2011, 33(3): 219-225, 232.

[165] Helgason S. Groups and Geometric Analysis: Integral Geometry, Invariant Differential Operators, and Spherical Functions[M]. Providence: American Mathematical Society, 1984.
[166] Schneider R, Weil W. Stochastic and integral geometry[M]. Springer Science & Business Media, 2008.
[167] 任德麟. 积分几何学引论[M]. 上海: 上海科学技术出版社, 1988.
[168] Santaló L A. 积分几何与几何概率[M]. 吴大任, 译. 天津: 南开大学出版社, 1991.
[169] Gelfand I M, Graev M I, Vilenkin N Y. Integral Geometry and Representation Theory[M]. Son Diego: Academic Press, 2014.
[170] 鞠杨, 杨永明, 宋振铎, 等. 岩石孔隙结构的统计模型[J]. 中国科学, 2008, 38(7): 1026-1041.
[171] 李建胜, 王东, 康天合. 基于显微CT试验的岩石孔隙结构算法研究[J]. 岩土工程学报, 2010, 32(11): 1703-1708.
[172] Bagherzadeh R, Latifi M, Najar S S, et al. Three-dimensional pore structure analysis of Nano/Microfibrous scaffolds using confocal laser scanning microscopy[J]. Journal of Biomedical Materials Research Part A, 2013, 101(3): 765-774.
[173] Cremers C J, Birkebak R C. Application of the Abel integral equation to spectrographic data[J]. Applied Optics, 1966, 5(6): 1057-1064.
[174] Applications of fractional calculus in physics[M]. River Edge: World Scientific, 2000.
[175] Khamforoush M, Shams K, Thovert J F, et al. Permeability and percolation of anisotropic three-dimensional fracture networks[J]. Physical Review E Statistical Nonlinear & Soft Matter Physics, 2008, 77(5): 056307.
[176] Mauldon M, Dunne W M, Jr M B R. Circular scanlines and circular windows: New tools for characterizing the geometry of fracture traces[J]. Journal of Structural Geology, 2001, 23(2): 247-258.
[177] Santaló L A. Integral Geometry and Geometric Probability[M]. 2th ed. Cambridge: Cambridge University Press, 2004.
[178] Kumar P R, Varaiya P. Stochastic Systems: Estimation, Identification, and Adaptive Control[M]. Philadelphia: Society for Industrial and Applied Mathematics, 2015.
[179] Adler P M, Thovert J F. Fractures and Fracture Networks[M]. Dordrecht: Springer Science & Business Media, 1999.
[180] 苏培东, 秦启荣, 黄润秋. 储层裂缝预测研究现状与展望[J]. 西南石油学院学报, 2005, 27(5): 14-17.
[181] Sanderson D J, Nixon C W. The use of topology in fracture network characterization[J]. Journal of Structural Geology, 2015, 72: 55-66.
[182] Barrett L K, Yust C S. Some fundamental ideas in topology and their application to problems in metallography[J]. Metallography, 1970, 3(1): 1-33.
[183] Odling N E. 1997. Scaling and connectivity of joint systems in sandstones from western Norway[J]. Journal of Structural Geology, 1997, 19: 1257-1271.
[184] Fisher R. Dispersion on a sphere[J]. Proceedings of the Royal Society A: Mathematical, Physical and Engineering Science, 1953, 217(1130): 295e305.
[185] Bear J, Tsang C F, Marsily G D. 1993. Flow and Contaminant Transport in Fractured Rocks[M]. Son Diego: Academic Press, 1993.
[186] Min K B. Fractured rock masses as equivalent continua-A numerical study[D]. Stockholm: KTH, 2004.
[187] Min K B, Jing L. Stress-dependent mechanical properties and bounds of Poisson's ratio for fractured rock masses investigated by a DFN-DEM technique[J]. International Journal of Rock Mechanics and Mining Sciences 2004, 41(3): 390e5.
[188] 糜利栋, 姜汉桥, 李俊键, 等. 页岩储层渗透率数学表征[J]. 石油学报, 2014, 35(5): 928-934.
[189] 苟燕, 孙军昌, 杨正明, 等. 复杂岩性储层渗透率-应力敏感性及其对气井产能的影响[J]. 岩土力学, 2014, 35(9): 2535-2542.
[190] Clemo T, Smith L. A hierarchical model for solute transport in fractured media[J]. Water Resources Research, 1997, 33(8): 1763-1784.
[191] Renshaw C E. On the relationship between mechanical and hydraulic apertures in rough-walled fractures[J]. Journal of Geophysical Research Atmospheres, 1995, 100(B12): 24629-24636.
[192] 施泽进, 涂涛. 裂隙连通性研究的重正化群方法: 以一个二维裂隙模型为例[J]. 成都理工学院学报, 1997, 24(3): 58-63.
[193] 邬光辉, 岳国林, 师骏, 等. 塔中奥陶系碳酸盐岩裂缝连通性分析及其意义[J]. 中国西部油气地质, 2006, 2(2): 42-45.

[194] Berkowitz B, Bour O, Davy P, et al. Scaling of fracture connectivity in geological formations[J]. Geophysical Research Letters, 2000, 27(14): 2061-2064.

[195] Xu C, Dowd P A, Mardia K V, et al. A connectivity index for discrete fracture networks[J]. Mathematical Geology, 2006, 38(5): 611-634.

[196] Alghalandis Y F, Dowd P A, Xu C. Connectivity field: A measure for characterising fracture networks[J]. Mathematical Geosciences, 2015, 47(1): 1-21.

[197] Gillespie P A, Howard C B, Walsh J J, et al. Measurement and characterisation of spatial distributions of fractures[J]. Tectonophysics, 1993, 226(1-4): 113-141.

[198] Dreuzy J R, Davy P, Bour O. Percolation parameter and percolation-threshold estimates for three-dimensional random ellipses with widely scattered distributions of eccentricity and size[J]. Physical Review, E, Statistical Physics, Plasmas, Fluids & Related Interdisciplinary Topics, 2000, 62(5): 5948-5952.

[199] ESSCA.FracaFlow User's Technical Manual[M]. Paris: Institut Francais Du Petrole, 2005.

[200] Balberg I, Anderson C H, Alexander S, et al. Excluded volume and its relation to the onset of percolation[J]. Physical Review B, 1984, 30(7): 3933-3943.

[201] Pointe P. A method to characterize fracture density and connectivity through fractal geometry[J]. International Journal of Rock Mechanics and Mining Sciences & Geomechanics Abstracts, 1988, 25(6): 421-429.

[202] Ozkaya S I, Mattner J. Fracture connectivity from fracture intersections in borehole image logs[J]. Computers & Geosciences, 2003, 29(2): 143-153.

[203] 冯增朝，赵阳升，吕兆兴．强随机分布裂隙介质的二维逾渗规律研究[J]．岩石力学与工程学报，2006，25(z2): 3904-3908.

[204] Shmueli G, Minka T P, Kadane J B, et al. A useful distribution for fitting discrete data: Revival of the Conway-Maxwell-Poisson distribution[J]. Journal of the Royal Statistical Society, 2005, 54(1): 127-142.

[205] 茆诗松，濮晓龙，程依明．概率论与数理统计简明教程[M]．北京：高等教育出版社, 2012.

[206] 刘士光，张涛．弹塑性力学基础理论[M]．武汉：华中科技大学出版社, 2008.

[207] 范天佑．断裂力学基础[M]．北京：科学出版社, 2003.

[208] Branagan P T, Peterson R E, Warpinski N R. Propagation of a hydraulic fracture into a remote observation Wellbore results of C-sand experimentation at the GRI/DOEM-site project[J]. Gas Field, 1997: 99-113.

[209] Warpinski N R, Branagan P T, Peterson R E, et al. An interpretation of M-site hydraulic fracture diagnostic results[C]. SPE Rocky Mountain Regional/Low-Permeability Reservoirs Symposium, Denver, 1998.

[210] Guo B Y, Jiang S X. Use of calculus of variations and energy method to characterize volume fracturing on shale gas/oil reservoirs[C]. International Mechanical Engineering Congress & Exposition, Houston, 2015.

[211] Mayerhofer M J, Lolon E P, Warpinski N R, et al. What is stimulated reservoir volume[J]. SPE Production & Operations, 2010, 25(1): 89-98.

[212] 张凯．基于泊松方程的三维表面重建算法的研究[D]．天津：河北工业大学, 2014.

[213] 曾联波，周天伟．塔里木盆地库车坳陷储层裂缝分布规律[J]．天然气工业, 2004, (9): 23-25.

[214] 孙焕泉，王加滢．地下构造裂缝分布规律及其预测[J]．大庆石油学院学报, 2000, 24(3): 82-85.